LE VIVIER DE DARWIN

TIJS GOLDSCHMIDT

LE VIVIER DE DARWIN

Un drame dans le lac Victoria

TRADUIT DU NÉERLANDAIS
PAR MICHELINE GOCHE

OUVRAGE TRADUIT AVEC LE CONCOURS
DE LA FONDATION POUR LA PRODUCTION ET LA TRADUCTION
DE LA LITTÉRATURE NÉERLANDAISE

ÉDITIONS DU SEUIL
27, rue Jacob, PARIS VIe

Titre original : *Darwins hofvijver*
Éditeur original : Prometheus Amsterdam

ISBN original : 90 5333 611 7

ISBN 2-02-037601-6

www.seuil.com

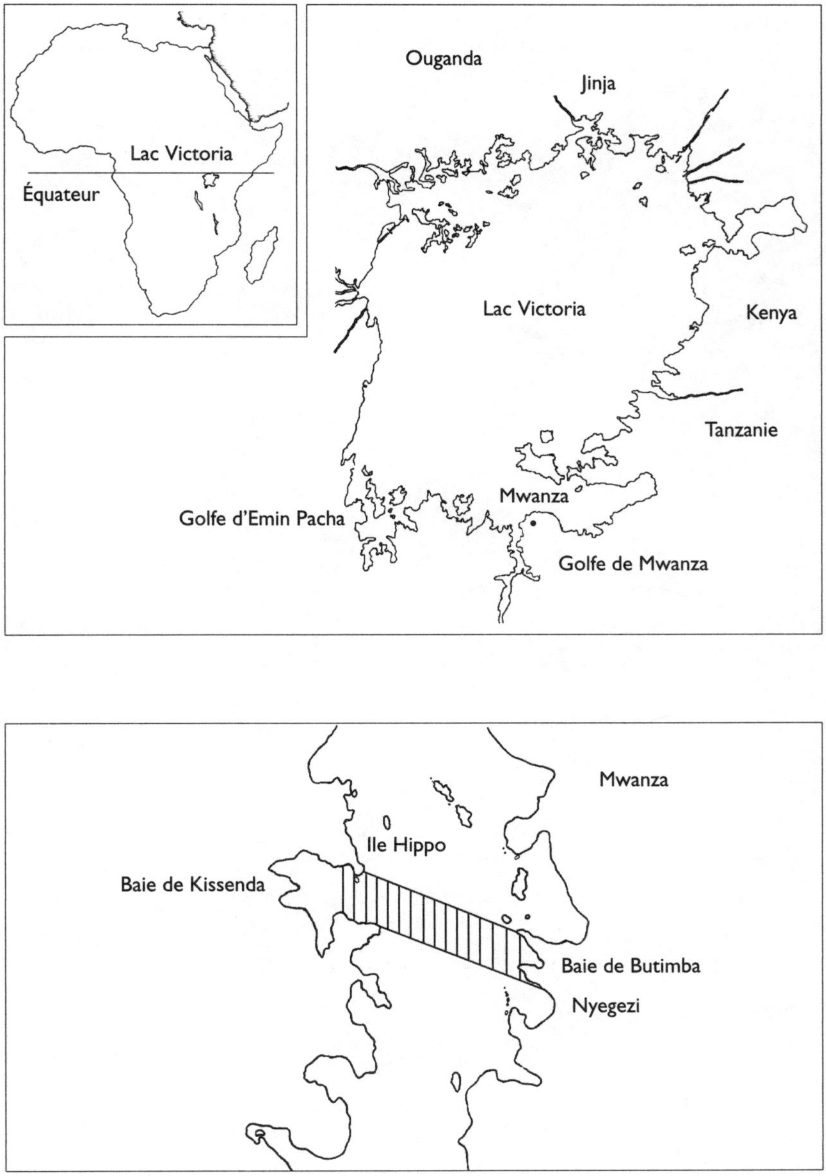

Le lac Victoria et le golfe de Mwanza avec l'indication (en traits hachurés) de la section où des échantillons ont été prélevés pendant de nombreuses années.

I

Le choc

Lentement, le filet disparaît sous l'eau. Les flotteurs, trois boules de plastique rouge, prennent leur place, à quarante mètres derrière la petite embarcation de bois. Mhoja donne un peu de gaz pour tendre les câbles d'acier entre le filet et le bateau. Lorsqu'ils apparaissent à la surface de l'eau, dégoulinants, l'adolescent me regarde sans dire un mot. Je dessine un cercle dans l'air. Mhoja jette un coup d'œil à sa montre et ouvre les gaz à fond.

Nous sommes en 1985, à la saison des pluies. Nous naviguons dans le golfe de Mwanza, sorte de hernie de la partie méridionale du lac Victoria. Dans dix minutes, nous hisserons le chalut à bord. Elimo, qui a écopé le bateau avec une boîte d'Africafé rouillée, va s'asseoir à côté de Mhoja. Ils regardent fixement à travers les caillebotis. L'eau s'infiltre à l'intérieur en plusieurs endroits. En peu de temps, le fond, rongé par une colonie de larves d'insectes, s'est transformé en un labyrinthe de galeries. Mhoja sort une touffe de coton écru de la poche de son pantalon et l'enfonce dans une voie d'eau à l'aide d'un bâtonnet. Pendant ce temps, je me demande s'il vaut mieux continuer à écoper cette passoire ou interrompre le travail et réparer le bateau. Une réparation qui sera longue, sans nul doute. L'essence a manqué pendant des années et, maintenant que le pays dispose enfin d'un peu de carburant, le bateau fait eau.

Je ne veux pas gâcher cette journée. Je lève les yeux. Au-dessus du golfe de Mwanza plane un ciel hollandais du XVIIe siècle.

– Regardez, dis-je. *Mawingu kama picha ya mbwana Salomoni Ruysdael, m'Holanzi*, un ciel comme ceux des tableaux de monsieur Salomon Ruysdael, un Hollandais.

– *Sawa, sawa*, c'est très bien, disent amicalement Mhoja et Elimo, mais, sans poursuivre sur ce terrain, ils reprennent leur gargarisme en sukuma. C'est amusant, j'arrive enfin à suivre sans difficulté leurs conversations en swahili, et voilà qu'à présent ils retournent à leur langue maternelle, que je comprends beaucoup moins bien. Vais-je apprendre le sukuma ou, par politesse, cesser de les épier ? Je suis curieux de connaître cette langue. Je n'ai jamais réussi à en trouver une grammaire, mais Clementi, un père franco-canadien qui a passé la moitié de sa vie ici, m'a promis une copie de ses notes. Il m'a appris un fait curieux : les hommes qui comptent en sukuma utilisent d'autres mots que les femmes et les jeunes gardiens de troupeaux comptent encore différemment.

Elimo et Mhoja ont épuisé le sujet du prix du kilo de haricots bruns. Mes bras pendent mollement dans l'eau et je regarde mes mains. Pendant quelques minutes, on n'entend que le bruit du moteur du hors-bord, jusqu'à ce qu'un balbuzard glatisse haut dans le ciel. Alors, reprenant leur conversation, Elimo et Mhoja abordent leur sujet favori : le prix d'une épouse. Je regrette de ne pouvoir les suivre mieux. Elimo a jeté son dévolu sur une jeune fille, jolie et sérieuse, Maisha. Une incarnation de la fécondité, dont le prix est à l'avenant. Ils claquent tour à tour leur langue contre leur palais et secouent la tête en poussant de brefs « eh ! » répétés. Comment Elimo pourrait-il se procurer suffisamment de bétail pour satisfaire les parents de la jeune fille ? Il n'a pas envie de passer sa vie comme esclave sur leurs terres jusqu'à ce qu'il ait payé l'intégralité de la dot. Si sa famille pouvait l'aider ! Qu'est-ce qu'ils sont embêtants, les parents de Maisha ! De vrais paysans. La dot, ça ne se fait plus maintenant. Quoi qu'il en soit, Elimo s'est fait une raison, il lui faudra payer et il épargne autant qu'il le peut. Ce regard avide chaque fois que le filet sort de l'eau ! Là, ce gros poisson, donne-le-moi, c'est encore un œil, un auriculaire ou une corde vocale. En pêchant, Elimo rassemble par morceaux la dot de la Maisha tant désirée. Il vendra du poisson et, dès qu'il aura assez d'argent, il le convertira en valeurs sukuma, c'est-à-dire en bœufs. Les billets de banque s'entassent inutilement tandis que les bovins, eux, font des jeunes, ainsi raisonnent les Sukuma.

Aussi longtemps qu'Elimo et Mhoja peuvent emporter les poissons négociables, ça leur est bien égal que je garde le menu fretin plein d'arêtes pour mon travail – ils sont trop polis pour prononcer

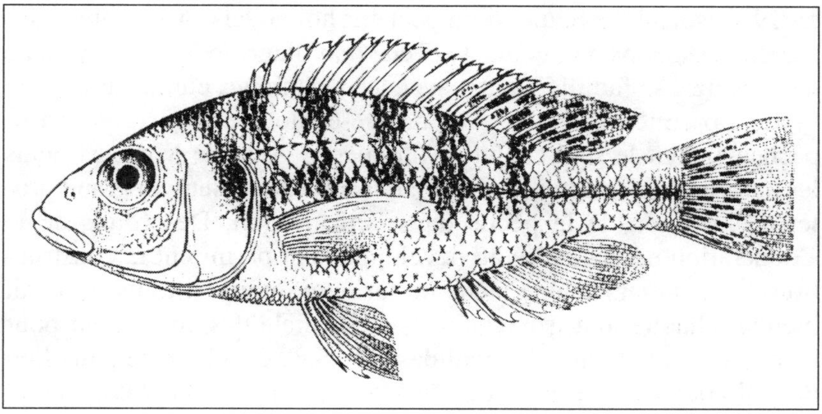

Un furu typique.

le mot – grotesque. L'enthousiasme que je manifeste parfois, même lorsque nous n'avons rien pris de toute une journée, leur paraît insensé. Que l'absence de certaines espèces puisse avoir pour moi autant de signification que leur présence leur semble encore plus hermétique que le tableau *Herberies près de Haarlem*.

Le lac Victoria est une mer d'eau douce. Une cuvette peu profonde pleine à ras bord, dont la superficie est le cinquième de celle de la France. Les frontières de la Tanzanie, du Kenya et de l'Ouganda le traversent. L'équateur scalpe sa partie nord. Quant au golfe de Mwanza, son étendue est comparable à celle de l'estuaire de la Gironde. Au début des années soixante-dix, les pouvoirs publics néerlandais s'intéressèrent au développement de la pêche dans cette région. On savait qu'un groupe de petits poissons perciformes, les cichlides, appartenant au genre *Haplochromis*, dominait, par le nombre d'espèces et la biomasse, la faune de ce lac. C'est donc sur eux que l'attention se porterait. On envoya sur les lieux des techniciens et un bateau de pêche à la crevette acheté d'occasion dans l'île de Texel. Un navire l'amena des Pays-Bas au port kenyan de Mombasa. De là, arrimé sur un wagon à ciel ouvert, il traversa le Kenya, à destination du lac Victoria. Pour les Masais, qui n'avaient jamais encore vu un navire de haute mer, c'était la dernière trouvaille des Occidentaux pour trouer le silence de la savane. De Kisumu, le bateau navigua vers Mwanza où la pêche au chalut avait commencé en 1973, sous la conduite d'un pêcheur hollandais. A son bord, des élèves tanzaniens de l'école de pêche du village de Nyegezi, proche de Mwanza, se familiarisaient avec les techniques européennes.

Les premières années, le navire-école, le *Mdiria* (martin-pêcheur), était le seul chalut à sillonner le golfe de Mwanza, mais les autorités tanzaniennes et néerlandaises caressaient un grand projet d'extension de la pêche dans cette région. Des fonds de la Coopération néerlandaise au développement permirent la construction de chalutiers et une usine de farine de poisson transformerait bientôt, chaque jour, soixante tonnes de cichlides en aliment pour bétail. Soixante tonnes de cichlides par jour ? Combien de jours faudrait-il pour vider le golfe de Mwanza de ses poissons ? Quelqu'un en avait-il la moindre idée ? L'étendue de la population des cichlides avait-elle été déterminée ? Avait-on notion de l'élasticité de l'écosystème ? Combien de cichlides pourrait-on prendre par an sans l'endommager de manière irréversible ? Force fut de constater qu'on n'en savait pratiquement rien.

Deux zoologistes de l'université de Leyde, Anker et Barel, eurent vent du projet et en furent atterrés. Comment la faune fragile du golfe de Mwanza survivrait-elle à une pêche aussi intensive ? Répondant à l'appel du devoir, ces savants en chambre partirent, à contrecœur, pour l'Afrique orientale. Mais ils étaient soudés à leur laboratoire comme des cirripèdes au basalte et n'avaient qu'un seul désir, rentrer chez eux le plus vite possible. Ils le comprirent trop tard et, tout en se disputant, parcoururent donc la savane paradisiaque, sur les traces de celui qui « découvrit » le lac Victoria au XIXe siècle, Speke, et de son compagnon de voyage Burton. Barel, qui aspirait depuis longtemps à lancer un projet en un endroit exotique, où il ne se fût cependant pas rendu pour tout l'or du monde, voyait ici la chance de sa vie. Anker, symbole de crédibilité et de constance, mais sans doute trop réfléchi pour s'engager jamais dans la moindre aventure, mettait surtout l'accent sur les inconvénients : la chaleur caniculaire, les Africains énigmatiques, la malaria et les mouches tsé-tsé. « Rongeant leur frein près d'une source du Nil, deux savants en chambre décidèrent qu'au fond les Pays-Bas étaient un pays merveilleux », telle est la fable qui circule dans le laboratoire de zoologie de Leyde. Ils rentrèrent. Que faire alors ? Barel imagina une solution somme toute assez classique. Lui-même resta à Leyde, mais, en 1977, il posta en Afrique quelques jeunes collaborateurs passionnés par le travail sur le terrain. Ceux-ci et leurs successeurs, accompagnés de biologistes tanzaniens, se plongèrent dans l'écosystème du golfe de Mwanza et de ses environs immédiats. Pendant ce temps, les anatomistes de Leyde poursuivaient chez eux l'étude de ces poissons à l'aide des spécimens de toutes les espèces qu'ils pouvaient souhaiter, venus tout droit de leur biotope. Voilà, en résumé, le contexte dans lequel j'ai vogué sur le lac de 1981 à 1986.

Au milieu des années soixante-dix, on ne connaissait pratiquement rien de la biologie des cichlides du lac Victoria. Humphry Greenwood, ancien conservateur du British Museum d'histoire naturelle de Londres, consacra sa vie à la description de ces animaux[1], mais, dans les années cinquante, il avait récolté les poissons essentiellement dans la partie ougandaise du lac. Du côté tanzanien, nous n'avons pas réussi à classer les espèces. La clé utilisée par Greenwood n'était pas applicable au site du golfe de Mwanza. Ses descriptions n'étaient pas satisfaisantes, mais il n'y était pour rien. Au fil des ans, un flux ininterrompu d'espèces anonymes apparurent à la surface de l'eau. Les taxinomistes de l'*Haplochromis* Ecology Survey Team (HEST), comme fut appelée l'équipe de Barel, découvrirent en tout 150 nouvelles espèces. Leur enthousiasme des premières années se mua ensuite en découragement, car rien n'émousse plus l'intérêt que de faire, chaque semaine, une trouvaille extraordinaire. J'ai moi-même remis un jour à l'eau un petit mâle anonyme aux flancs pourpres et au masque de jais, animé d'une fougue et d'une rage de vivre exceptionnelles, parce que, ce jour-là, je n'étais pas d'humeur à découvrir une nouvelle espèce. Je ne crois pas qu'il ait jamais été repris.

Il était rare que l'on pût observer le comportement des cichlides haplochromides dans ce bouillon bourbeux où règne une température de vingt-cinq degrés. De temps en temps, par vent calme, je les voyais creusant un nid, virant au violet ou à l'orange vif, engagés dans un âpre combat ou occupés à manger un ver. Ces moments me permettaient de tenir le coup. Il y avait donc bel et bien une vie sous l'eau, mais qui étaient ces « êtres » ? Les espèces se ressemblaient fort entre elles et leur nombre était désespérément élevé. Il fallait des mois pour apprendre à connaître un tant soit peu un groupe donné. La classification, point de départ de toute étude écologique, n'était pas facile. Certains n'y arrivaient jamais, et même ceux qui avaient le sens de la forme, de la structure et de la couleur de ces animaux devaient s'accrocher et s'exercer régulièrement. Après quelques semaines de vacances, il fallait des jours à un taxinomiste pour se familiariser à nouveau avec son groupe spécifique de cichlides.

En plusieurs endroits de *La Pensée sauvage*, Lévi-Strauss fait référence à l'étendue des connaissances taxinomiques de certaines populations non occidentales :

> L'extrême familiarité avec le milieu biologique, l'attention passionnée qu'on lui porte, les connaissances précises qui s'y rattachent ont souvent frappé les enquêteurs comme dénotant des attitudes et des préoccupations qui distinguent les indigènes de leurs visiteurs blancs [2].

Pour rien au monde je n'aurais voulu être identifié au visiteur blanc de l'ouvrage de Lévi-Strauss. Plein d'espoir et tout à fait disposé à me laisser guider par leur connaissance des cichlides, je présentai aux habitants de Nyegezi les espèces d'*Haplochromis* les plus diverses : grands, petits, allongés, courtauds, peu ou fortement lippus, lie-de-vin, d'un jaune éclatant, d'un noir velouté, mais, chaque fois, je reçus la même réponse :

– Ce poisson, tu veux le nom de ce poisson ? *Furu*, ça s'appelle un *furu*.

– Mais encore ?

Suivait, en général, un long moment de réflexion, puis la réponse était répétée, solennelle et polie :

– *Mzungu**, étranger, tu as pris un *furu*. *Haki a Mungu*, je t'assure.

Certes, les habitants de Nyegezi connaissaient les noms de poissons tels que le tilapia, le poisson à museau d'éléphant, le silure errant et le dipneuste, mais ils distinguaient mal les nombreuses espèces de cichlides les unes des autres. Par tradition, les Sukuma sont des agriculteurs et des éleveurs, non des pêcheurs. Ceci explique sans

* Le sens original de ce mot semble être « vagabond. » Les premiers Occidentaux qui se rendirent en Afrique orientale étaient appelés ainsi. Plus tard, le mot a désigné l'« Européen » ou l'« Occidental. »

doute cela. A l'exception de Greenwood, les biologistes africains et occidentaux avaient fini par admettre, à leur grand soulagement, que les furus du lac Victoria (surtout ceux qui appartenaient au genre *Haplochromis*) constituaient un groupe trop difficile à comprendre.

Qu'est-ce qui nous poussait à nous intéresser malgré tout à ces animaux ? Tout d'abord, il semblait insensé d'élaborer une politique de la pêche sans connaître l'écosystème. Mais notre motivation était aussi teintée d'égocentrisme. Les furus du lac Victoria intriguaient les anatomistes, les écologistes, les éthologues et les évolutionnistes [3]. Nous pensions que le lac pourrait receler un essaim d'espèces, c'est-à-dire un groupe d'espèces étroitement apparentées, issues, dans un passé relativement récent, d'un ancêtre commun [4]. Un tel essaim est un sujet d'étude idéal. Les comparaisons de la forme, de la physiologie ou du comportement des espèces qui le composent ne sont pas faussées par des différences fondamentales de structure. En outre, nous avions l'impression que cet essaim n'était pas encore cristallisé, mais, au contraire, dynamique. Il semblait probable que de nouvelles espèces continuaient à s'y ajouter à un rythme accéléré.

Ces raisons ne justifient pas, à elles seules, une expédition au lac Victoria. Pourquoi n'allions-nous pas dans l'archipel des Galapagos ? On trouve là l'exemple typique de l'essaim d'espèces : les pinsons de Darwin, répartis dans les différentes îles. Ces oiseaux descendent d'un petit groupe de pinsons du continent sud-américain amenés par les vents sur cet archipel perdu, dans cet univers désolé, quasi exempt de concurrents. Tout au plus rivalisaient-ils entre eux.

Cette situation initiale, conjuguée à l'isolement mutuel des îles, entraîna l'apparition de treize espèces. Et une quatorzième naquit dans les îles Cocos. Les pinsons de Darwin sont très différents les uns des autres, surtout par la forme et la structure de leur bec ainsi que par leurs comportements de recherche et d'ingestion de nourriture. Ils ont divergé vers diverses spécialisations. Le nom officiel de ce phénomène est l'essaimage adaptatif. Ce groupe de pinsons se prêtait bien à une étude comparative, mais faisait déjà l'objet de nombreuses recherches biologiques [5]. Un autre archipel perdu qui fut le théâtre d'essaimages d'oiseaux – dont certains ont disparu depuis – est Hawaï. D'un ancêtre commun sont issues vingt-deux espèces de passereaux butineurs *(Drepaniidae)*, chacune adaptée à la recherche et à l'ingestion d'un type particulier de nourriture. Encore un groupe qui ferait un beau sujet d'étude comparative ; et on pourrait en citer bien d'autres. Mais aucun d'eux n'effectue d'essaimages aussi spectaculaires que les cichlides.

Dans le rift d'Afrique orientale, une bande d'écorce terrestre allongée et fragilisée par des failles, s'égrène une série de lacs profonds : Malawi, Tanganyika, Kivu, Édouard et Albert [6]. Autant de laboratoires de recherche sur l'évolution où, tout comme dans le lac Victoria, se sont produits des essaimages de cichlides [7], auprès desquels ceux des pinsons de Darwin et des passereaux butineurs faisaient bien pâle figure. Ils sont, en effet, les plus spectaculaires au monde ; on les croirait l'œuvre d'un magistral illusionniste désireux de s'étonner lui-même de temps à autre. Alors, il met une espèce, ou quelques-unes tout au plus, dans son chapeau duquel ressortent immuablement des dizaines, voire des centaines d'autres, aux formes, aux couleurs et aux comportements les plus invraisemblables. C'est avec les cichlides que le tour réussit le mieux, et de loin, mais, s'il le faut, on peut aussi le réaliser avec d'autres groupes d'animaux, comme les siluriens, les escargots, les ostracodes ou les éponges, dont on connaît des essaimages plus restreints [8].

En fait, la recette est simple : creusez une cuvette dans la terre ou découpez prudemment une fente dans la croûte terrestre (pas trop profonde, car la chaleur trop intense du manteau pourrait tout gâcher). Laissez la cuvette ou la fente se remplir d'eau douce. Veillez à ce que quelques cichlides fluviatiles, de préférence d'une espèce omnivore, arrivent dans le lac vierge. Le reste se fait tout seul. Après quelques centaines de milliers d'années, pas plus, des dizaines, voire des centaines d'espèces de cichlides, très colorées, seront apparues, en gros très semblables entre elles, mais caractérisées par des organes et des comportements adaptés à l'ingestion de nourritures très diverses. Au bout de plusieurs millions d'années, l'essaimage aura progressé : la diversité des formes, des couleurs et des comportements sera devenue telle que tout profane apprendra sans peine à différencier les espèces, qui seront alors aussi éloignées l'une de l'autre qu'une vache d'un cheval. Après plus de dix millions d'années, les écarts seront encore plus grands, tandis que de nombreuses formes intermédiaires auront disparu.

Le désir de comprendre ce processus est l'une des principales raisons qui nous ont poussés à étudier précisément les essaims d'espèces des lacs d'Afrique orientale. Dans ces écosystèmes, en effet, celles-ci naissent, se transforment et disparaissent littéralement sous nos yeux.

Les lacs d'Afrique orientale se sont formés à différentes époques et, pour autant qu'on sache, certains d'entre eux n'ont jamais été en communication avec d'autres lacs. Cette caractéristique offre d'extraordinaires possibilités de comparaison : on peut observer les essaimages des cichlides à divers stades de leur évolution et, qui plus est, sur des animaux vivants. En général, la comparaison des différentes étapes d'évolution d'un groupe est l'apanage des paléontologues. Mais ceux-ci n'ont évidemment à leur disposition que crânes, arêtes et écailles et ne peuvent qu'imaginer le reste. Le comportement, les couleurs si riches d'enseignements, les parties molles et les caractéristiques physiologiques ne se fossilisent pas.

Si, donc, il est facile de déclencher un essaimage, il est beaucoup plus ardu d'en comprendre le processus. Des dizaines de biologistes de l'évolution s'y sont attelés au cours du siècle écoulé, en s'efforçant, avant toute chose, de classer, de décrire et de dresser le tableau des schémas d'essaimage. C'est par là qu'il faut commencer. Qui est qui ? Qui apparaît, où et quand ? Certains biologistes ont essayé de découvrir si on pouvait donner aux furus le nom d'essaim : sont-ils réellement tous issus d'une seule espèce ancestrale, à l'intérieur des limites du bassin du lac Victoria ? Si oui, comment ? Selon quels mécanismes ? La sélection naturelle a-t-elle joué un rôle important dans la différenciation des formes, dans l'apparition de nouvelles espèces ou dans les deux ? Quel fut le rôle de la sélection sexuelle, cette forme particulière de sélection naturelle ? A quelles activités se livrent, par exemple, ces centaines d'espèces de furus, quel rôle jouent-elles dans l'écosystème ? Comment se fait-il qu'ils vivent en si grand nombre des mêmes ressources alimentaires sans que la concurrence pour l'espace et la nourriture ne tourne inévitablement au drame ? Il est étrange aussi que ce soit toujours les furus qui forment de nouvelles espèces et essaiment de manière explosive. Pourquoi la « petite sardine », *Rastrineobola argentea*, ne se manifeste-t-elle jamais ? Ou le dipneuste ? N'est-il pas temps qu'il se renouvelle enfin, lui qui s'est à peine modifié depuis des millions d'années ?

Ces beaux petits poissons qui tiennent dans le creux de la main m'inspirent. J'ai l'intuition d'être sur une bonne piste. Il ne m'étonnerait pas que les essaimages de ces animaux dans les lacs d'Afrique orientale puissent servir de modèle pour l'étude de nombreux groupes plus anciens, tels que les poissons, les oiseaux et les mammifères [9]. Un jeune groupe essaimant dans un microcosme isolé, voilà peut-être la clé d'une meilleure compréhension de l'évolution.

Tandis que je me pose ces questions, auxquelles aucune réponse satisfaisante n'a été donnée jusqu'ici, les jeunes Sukuma, assis avec moi dans la même embarcation mue par la même essence, « collectionnent » les femmes. Bientôt, ils auront une ferme, des champs, quatre épouses et seize enfants, ils donneront des fêtes dansantes, se peindront le corps et, qui sait, ils sculpteront peut-être de gigantesques statues expressionnistes. Comment chacun utilise-t-il son carburant ? Tout le problème est là.

Un ravage ?

Sans rien dire, Elimo va s'asseoir devant l'un des treuils à main. Je me dirige vers l'autre. Mhoja reste à la barre et regarde à nouveau sa montre. Dans trente secondes, les dix minutes seront écoulées. Au signal de Mhoja, Elimo et moi enroulerons les câbles sur les tambours grinçants. Après toutes ces années passées dans le golfe de Mwanza, les lieux me sont devenus si familiers que je prévois sans difficulté quels furus seront capturés à un endroit donné. Cette fois encore, j'attends certaines espèces bien déterminées en me demandant combien de spécimens de chacune j'emporterai à l'Institut. Quant aux autres poissons, Elimo et Mhoja s'en chargeront.

Le visage d'Elimo se rembrunit lorsque le filet est remonté à bord. La prise est plus maigre que d'habitude. L'air réprobateur, il dénoue l'extrémité du filet et vide celui-ci en le secouant au-dessus d'un seau de plastique. Le butin se compose principalement de furus, mais, plus j'observe le contenu du seau, moins je comprends où nous sommes. Il y a quelque chose qui cloche. Sont-ce vraiment les espèces que je connais ? Comme ivre, je regarde autour de moi pour m'orienter. Droit devant nous, il y a Mwanza et la baie de Butimba. Derrière nous, s'étend la baie de Kissenda, qui jouxte le marais aux papyrus. Nous sommes bien à la station G, la partie du golfe de Mwanza où l'on trouve le plus d'échantillons, mais, dès que je jette un coup d'œil dans le seau, je suis ailleurs. Plus au nord ? J'ai vu ces espèces, en effet, mais pas en cet endroit. Celles qui n'ont jamais fait défaut ici manquent à l'appel, pour la première fois en tant d'années. L'invasion récente des perches du Nil y est-elle pour quelque chose ? Depuis plus d'un an déjà, les pêcheurs prennent de grandes quantités de ce prédateur importé. Au début, ils croyaient qu'un monstre s'était introduit dans le golfe de Mwanza. Les chaluts portaient d'énormes trous. Le monstre traversait le fin maillage des fragiles filets.

Les perches du Nil se nourrissent essentiellement de furus et atteignent des dimensions gigantesques. Certains spécimens pèsent plus de soixante-dix kilos. Les animaux sur lesquels j'ai travaillé pendant tant d'années ont-ils disparu subitement, après s'être d'abord lentement raréfiés ? Tout semble indiquer que leur place a été prise par quelques espèces de furus venues d'eaux plus profondes. Mhoja dit en riant : « T'en fais pas, tes petits poissons sont partis pour quelque temps. Toi aussi, tu pars parfois. Ils reviendront, c'est sûr. » Je suis moins optimiste que Mhoja. Les animaux auxquels nous donnions nous-mêmes un nom et dont certains commençaient tout doucement à nous devenir familiers ont-ils disparu dans la bouche des perches du Nil ? Peut-être celles-ci vont-elles soudain se multiplier d'une manière fulgurante après un lent démarrage.

Au-dessus de l'eau, tout est normal, mais ce calme est trompeur. Quelques martins-pêcheurs tachetés de noir et de blanc butinent dans le sillage du bateau et, à l'horizon, on entend crachoter le bac du chercheur d'or allemand, qui, depuis l'indépendance de la Tanzanie, ne peut plus chercher, mais seulement faire la navette. Tout près, un dipneuste sort de l'eau sa tête primitive vert et noir, aspire une pleine goulée d'air et disparaît dans les profondeurs pour y poursuivre son existence. Mais pour combien de temps encore ? Assiste-t-on à un ravage causé par des hordes de perches du Nil géantes qui exterminent les furus et autres poissons autochtones ? Si c'est le cas, il n'aura fallu, pour que soit totalement rompu l'équilibre de cet écosystème qu'est le plus grand lac tropical au monde, que la détermination d'un homme armé d'un seau.

Malheureusement pour eux, ces petits poissons ne sont pas chauds, n'ont pas de poils et vivent en eau trouble. On ne leur prête guère attention. Mais je n'aimerais pas que leur disparition passe inaperçue. Personne n'avait pu prédire avec précision les transformations qui se produisent dans le lac Victoria. Rétrospectivement, on perçoit cependant un début d'explication. Mais permettez-moi de décrire d'abord ce qui se voyait, et qui rendait ces petits poissons si particuliers.

II

Rien moins qu'un arracheur d'yeux : l'arborescence des formes

Mwanza, 1981

Tout d'abord ce voyage. Interminable. Par l'Aéroflot vers Moscou, puis vers Aden via Le Caire. Morne oisiveté dans les aéroports et, enfin, après des jours et des jours, Dar es-Salaam, la destination. Une semaine plus tard, en route pour Mwanza, dans un avion fantôme pratiquement vide, dont on m'avait dit maintes fois qu'il serait bondé ; toutes les places avaient été réservées. Il m'a fallu insister longtemps avant de pouvoir en obtenir une. Où sont tous ces détenteurs de billets ? Sommes-nous vraiment en train de voler ? Je n'entends rien et mes sensations s'émoussent petit à petit. Mes jambes ont sombré dans un profond sommeil et l'insensibilité gagne lentement mais sûrement ma taille. Pourquoi ai-je choisi cet exil ? Suis-je vraiment capable d'arriver quelque part, de conquérir un endroit, de créer mon coin à moi ?

L'appareil vole plus bas, puis encore plus bas, comme s'il descendait lentement sur un tapis roulant de brouillard. Devant nous, le lac bleu, des marais à papyrus sur les berges, des champs détrempés. Les taches d'encre des palmiers le long des rouges chemins et sentiers. Huttes d'argile et petites maisons de pierre aux toits de tôle ondulée. Africains qui prennent rapidement taille et poids. Aigrettes, si immobiles, si blanches qu'elles semblent sorties de la verdure. Serais-je séduit par un paysage ?

L'avion touche à plusieurs reprises la piste d'atterrissage et le rêve se termine dans les rebonds. Mais aussitôt l'appareil immobilisé, c'est à nouveau l'enchantement : la caresse du vent en haut de la passerelle. Des odeurs lourdes et grasses et une agréable chaleur.

Si seulement je pouvais m'asseoir ici un instant pour découvrir Mwanza avant de m'y rendre. On me pousse dans le dos.

Je descends et me dirige lentement vers le hall. La rencontre qui suit rompt le charme. Car qui m'attend là ? Ceux que j'avais cru fuir en quittant les Pays-Bas. Ils se moquent de moi et, plus ils en font, plus ferme est ma décision de mettre fin, un jour, à tout ça une fois pour toutes. Les Européens, pour la plupart des compatriotes brûlés de soleil, me serrent de près. L'un d'eux me frôle même.

– On n'a pas fini d'en parler.

– Ils ne comprendront jamais.

Autour de moi, des voix bourdonnent : « Si, mais il faudra du temps…

– Les Tanzaniens… ?

– Jamais. Ça fait cinquante ans qu'on essaie…

On, ils, ça ? Où suis-je tombé ? Y a des Tanzaniens ici ? Je ne vois que les Européens désabusés qui m'ont encerclé. Ah ! oui, heureusement : décrivant une large courbe, une unique tête noire tourne, comme un électron, autour de ce noyau blanc de râleurs. Ai-je parcouru 8 000 kilomètres pour me retrouver au fond d'une nasse d'Européens ? Je me précipite aux toilettes. Bah ! que représentent cinq années dans la vie d'un homme, me dis-je, cesse de raisonner comme si tu échouais à Bergen-Belsen. Il y a sûrement des gens sympathiques parmi eux. Au lieu de déclarer tout de suite que tu n'aimes pas qu'on te fasse marcher.

Tandis que je vomis abondamment dans une cuvette pleine d'excréments mais dépourvue d'eau, je cherche un réconfort dans cette tête silencieuse découverte parmi les Européens : des boucles châtain sombre rebelles, un visage plutôt rond aux yeux vifs. Un tempérament passionné. Comme Rembrandt. Le jeune Rembrandt échoué dans le service de santé publique ou le secteur des engrais artificiels ?

En l'espace d'une demi-heure, j'ai compris que j'étais un « célibataire » et, surtout, qu'il valait mieux ne pas l'être. En réponse à ma question sur les possibilités de logement, on me fit comprendre que je n'avais aucune chance. Ce n'est que lorsque toutes les familles ont été confortablement installées que les célibataires ont droit à l'une des maisons de la « communauté néerlandaise ». En attendant, ils sont condamnés à loger à l'hôtel à leurs frais ou à chercher eux-mêmes une maison. Pour moi, ce n'est pas très grave. Je n'ai pas très envie d'habiter un quartier de villas, entouré d'Européens.

J'appris, par hasard, qu'une retraite de pères blancs était inoccupée. Le toit fuyait, certes, mais cela se répare. Elle était située au point le plus élevé de la région, au sommet du mont Luguru, à douze kilomètres de Mwanza. Aucun expatrié ne voulait y habiter parce qu'un jour, il y a des années de cela, un religieux y avait été abattu par des cambrioleurs. Le sommet de cette montagne est connu comme un endroit isolé et dangereux. J'aurais voulu louer la maison de l'économe, mais un missionnaire du bureau du diocèse me dit qu'elle était réservée à une famille. Fort de cette information, je me rendis en ville. Je redoutais de me retrouver dans une sinistre chambre d'hôtel du centre poussiéreux de Mwanza. Mais, tout en flânant le long des rues, je conçus un projet que je ne mis à exécution que quelques jours plus tard. J'empruntai à un expatrié une femme d'allure misérable et son jeune enfant. La femme à mes côtés et l'enfant à la main, je demandai plusieurs fois « s'il ne serait pas possible... ». Un aimable missionnaire de Boxtel, différent de celui que j'avais rencontré lors de ma première visite, et une robuste religieuse furent pris de compassion pour la jeune famille errante qui, ainsi, obtint enfin un toit.

1982, j'habitais depuis plusieurs mois déjà sur le mont Luguru. Je n'y étais pas vraiment seul. Levocatus Enoka, le gardien, était chargé par la mission de veiller sur les bâtiments de la retraite. Il était aussi *mgenga*, guérisseur traditionnel, et donnait ses consultations à côté de chez l'économe. Mhoja et Elimo habitaient également sur la montagne, dans une petite maison située à un jet de pierre de la mienne. Et, de temps en temps, venaient des visiteurs. Entre autres, des scientifiques appartenant à des universités européennes et américaines : biologistes, paléontologues et anthropologues qui se sentaient souvent dépaysés – surtout s'ils se trouvaient pour la première fois en Afrique – et qui, dès leur arrivée, s'accrochaient à moi comme des noyés. Cela m'arrangeait bien, car j'aspirais à rencontrer des gens qui partageaient mes préoccupations intellectuelles et ceux-là, au moins, séjournaient dans le voisinage. Mieux informés que moi des derniers développements de notre discipline, ils constituaient une source importante d'inspiration. Et puis, ils avaient du fromage, des boissons et des batteries.

C'est l'après-midi. Après le travail, je rentre chez moi en compagnie d'Isaac, un anthropologue de Leyde. Nous longeons les champs de petits paysans. Depuis un mois, il a à peine plu. Le maïs est bien mal en point.

– Pourquoi les paysans n'irriguent-ils pas leurs champs ? demande Isaac. Le lac est à moins de cent mètres.

– Ils n'ont pas les moyens d'acquérir un système de pompage. Ou on le leur vole. Ou il tombe en panne et il n'y a pas de pièces de rechange. Ou des voleurs découpent des bracelets dans les tuyaux de plastique qui amènent l'eau. C'est risqué d'entreprendre quelque chose, dis-je.

– Mais pourquoi ne font-ils pas, de temps en temps, une chaîne humaine pour amener des seaux d'eau depuis le lac ? Une heure chaque jour et ils n'auraient plus à craindre une mauvaise récolte.

Nous rencontrons sur son champ une paysanne à l'air joyeux. Nous échangeons quelques mots, puis je lui demande son avis :

– La pluie peut encore venir, répond gaiement la femme. Peut-être même ce soir.

Nous éclatons de rire :

– Oui, qui sait ?

La réponse de cette paysanne nous parut empreinte de fatalisme. Y a-t-il une « attitude islamiste » ?

> Allah possède toutes les qualités des hommes au sens absolu : Il en sait plus que le plus grand savant, Il est le Juge de tous les juges, Il est le meilleur Protecteur, le Sauveur infaillible ; quand les paysans prient pour qu'il pleuve, ils implorent le Généreux, le Donateur, le Bienfaiteur, Celui qui fait pousser les céréales, Celui qui fait et défait toutes choses. Et nous touchons ici une croyance fondamentale de l'islam, souvent appelée fatalisme : *Mambo Mungu atendaye*, comme l'énonce un proverbe swahili : « Dieu est le Créateur de toutes choses. » Ceci est à prendre au sens littéral : il n'est rien que l'homme fasse de lui-même sans que le Seigneur l'ait d'abord décidé. Ce qu'Il veut arrive ; ce qu'Il ne veut pas n'arrive pas. Aucune initiative n'est laissée à

> l'homme, nous n'agissons que guidés par Sa volonté... Ainsi chaque homme est-il Abd-Allah, esclave de Dieu, ainsi l'occupation principale de l'homme, bien plus importante que le labour et les semailles, est-elle de vénérer le Seigneur en répétant sans cesse les louanges à la gloire de Son infinie grandeur [10].

Nous prenons congé de la femme et gravissons la montagne.

– Beaucoup de choses tournent autour de la pluie. Les gens en parlent comme d'un personnage : la Pluie approche, tombe à leur grand soulagement ou se tapit derrière la crête d'une colline. Je te raconte l'histoire du pluviomètre ? demandé-je à Isaac. Depuis des mois, je relève chaque matin le nombre de millimètres de pluie. Ensuite, je vide le verre de l'appareil, le remets sur son support et note la mesure. Un matin, après une forte averse, j'étais très curieux de connaître la quantité d'eau tombée. A mon grand étonnement, le verre était vide.

Isaac me lance un regard interrogateur.

– Mama Thérésa, qui m'aide de temps en temps au ménage, avait compris que ce verre devait être vidé. Voulant m'éviter ce travail, le matin, dès son arrivée, avant même mon réveil, elle jetait l'eau du verre. L'ennui, c'est que je ne peux plus retrouver quand elle a commencé cela. C'est ainsi que la science progresse. Lentement, mais avec dignité.

– Que veux-tu savoir exactement ? demande Isaac.

Je résume : quel est le nombre de millimètres de pluie tombée, quelle est la force du vent, à quelle profondeur la lumière pénètre dans l'eau et quelle est sa longueur d'onde. J'espère comprendre ainsi pourquoi la plupart des furus fraient en certaines saisons et non toute l'année. A la période sèche, quand les vents sont violents, l'eau du lac est largement brassée. La disposition en couches disparaît. La température de l'eau et sa concentration en oxygène sont pratiquement les mêmes de la surface au fond. Sous l'action du vent, la vase est agitée et les sels nutritifs qui se sont déposés retournent dans l'eau où ils peuvent être captés par les algues. Celles-ci se développent donc : en une semaine, le lac peut brusquement devenir tout vert. La croissance des algues signifie l'abondance de nourriture pour le zooplancton qui prolifère donc rapidement. C'est juste avant ce foisonnement que fraient la plupart des furus. Les femelles qui font éclore leurs œufs dans leur bouche lâchent leurs petits juste à temps pour qu'ils trouvent sûrement à manger en quittant définitivement la bouche maternelle. Il est question de proposer aux Tanzaniens d'interrompre la pêche commerciale pendant la période du frai, pour laisser sa chance à la nouvelle génération de poissons [11]. Mais il faut d'abord avoir une connaissance plus précise du fonctionnement de l'écosystème. Il est dangereux de fixer une date pour la fermeture de la saison, parce que les années sont différentes les unes des autres et que l'année moyenne n'existe pas. Je parle souvent avec les biologistes locaux de mon objectif : à partir du nombre de rotations par heure des ailes d'un moulin à vent, pouvoir déduire dans combien de jours les furus femelles auront la bouche pleine de petits. Cette idée les séduit, je crois. Ils y voient une certaine magie.

– Les Tanzaniens manifestent quelque intérêt pour vos activités ?

– Pas beaucoup. La plupart des gens, même les plus instruits, ont les plus grandes difficultés à survivre. Quand on ne peut être assuré de faire deux repas par jour, on n'a pas le temps de méditer sur la théorie de l'évolution. Le poisson est évidemment une source essentielle de protéines. Les possibilités d'application de notre travail suscitent un certain intérêt, mais personne ici ne se soucie ni de théorie de l'évolution ni de protection de la nature. Au fait, est-ce que ces sujets préoccupent jamais les gens ?

Je ramasse un morceau de papier froissé sur le sable du sentier et lis à haute voix :

– *How sugar is produced from sugar cane. Sucrose or sugar is manufactured in the leaves of the plant by photosynthesis...*

Un peu plus tard, Isaac se penche, ramasse une coupure de journal et lit :

– *Our objective was to cultivate a further and deeper understanding of Socialism and Selfreliance. The Party ideology and its implications...*

Le sentier est propre. Mais, sur le talus, il y a des papiers, des pelures de fruits et un unique morceau de plastique. Dès qu'Isaac a terminé, je prends la relève et lis ce qui se trouve sur le chiffon que je viens d'exhumer :

– *... durch der Engel Halleluja, tont es laut von fern und nah : Christ der Retter ist da.*

Soudain, nous sommes entourés de jeunes enfants qui nous aident avec enthousiasme à chercher des bouts de papier.

– Regarde, *Mzungu*, étranger, c'est pour toi, dit, avec un rire timide, un garçonnet vêtu seulement d'une chemise pleine de trous en me tendant un bout de carton.

Je le remercie et lis à haute voix, tandis que le petit garçon sautille de plaisir :

– *It is fantastic what money can buy* : TROPICANA.

Les lettres surmontent la photo de deux Africains en costume noir fumant des cigarettes. Ils portent des chaussures de cuir blanc et sont assis sur un canapé dans un intérieur tape-à-l'œil. Cherchant, ramassant et lisant tour à tour, nous longeons le sentier qui gravit la montagne. Nous ne trouvons aucun fragment de texte écrit en swahili ou en sukuma. Le cortège d'enfants qui nous accompagne grossit sans cesse.

– Voilà le seul vrai problème, dis-je à Isaac. S'il n'y avait que huit millions de Tanzaniens au lieu des plus de vingt millions qui vivent ici maintenant, tout irait bien. La population s'accroît chaque année de plus de quatre pour cent. Malthus[12] aurait un arrêt cardiaque s'il voyait sortir des bois cet essaim de gosses. L'enfer qu'il prédisait ne peut être bien loin.

Les enfants ne se lassent pas de nous saluer : les « *Good morning father* » et « *Good morning teacher* » fusent autour de nous.

Ayant atteint le sommet de la montagne, nous passons devant la chapelle en ruine dont un seul mur est encore à moitié debout. Kiokikote, un amour de chien errant qui est arrivé ici un jour et n'est jamais reparti, se précipite joyeusement à notre rencontre. Je heurte du pied un tuyau de gaz scié qui servait autrefois de cloche d'église et dis :

– J'aurais voulu construire un poulailler à cet endroit, mais les Tanzaniens s'y sont violemment opposés. Pas de poules sur un sol sacré. J'ai renoncé.

Sur le carrelage rouge brunâtre de l'ancienne maison de Dieu gît une balance rouillée, entourée de morceaux de tuyau métallique et de canne à sucre à moitié pourrie. A côté de la balance, une croix de fer plantée de travers surgit des ruines. Sur le sol, une large ligne tracée à la chaux délimite le contour d'un rectangle, mais, au moment de retrouver son début, elle recule et plonge vers l'intérieur de la figure. Après un zigzag hésitant, la ligne meurt dans le creux d'un V où elle est entourée de cinq cercles, trois grands et deux petits. Sur le dessin, vont et viennent des lézards à la tête violette et au corps bleu foncé. Ils font des mouvements verticaux cahotants du chef et filent dès que le spectre « homme » apparaît sur leur rétine préhistorique.

Cet endroit, peu fréquenté par les hommes, grouille d'animaux. Des damans, apparentés aux éléphants mais à l'aspect de robustes marmottes, donnent l'alarme dès que nous nous approchons trop. A toute vitesse, ils escaladent verticalement les rochers escarpés et, arrivés à une hauteur sécurisante, se figent dans l'immobilité d'une collection de couvre-théières gris. Isaac ne les voit pas. Je les lui indique. Il ne les voit toujours pas. Puis, soudain, il les aperçoit. Trois, sept, des dizaines. Il ne pourra plus ne pas les voir. Comme chez les oiseaux, leur image s'est imprimée dans son esprit. Le grand absent, c'est le léopard. Avant leur disparition, ces félidés limitaient le nombre des damans, mais actuellement ces derniers se multiplient à une vitesse foudroyante. Nous nous asseyons sur les rochers et restons silencieux. J'établis des comparaisons homériques avec les ingrédients suivants : surpopulation, léopard, homme, lézard et Église catholique.

Le ciel parfaitement bleu est moucheté de milans noirs qui volent très haut. Ils décrivent une trajectoire tourbillonnante de lignes entrelacées confinée au courant d'air chaud sur lequel ils planent. Lyrique et clair.

De ce point culminant, on a une vue panoramique. Trois cent soixante degrés. A l'est, le Sukumaland, sauvage et rocheux, au sud, le golfe de Mwanza, qui se ramifie enfin, après de longues hésitations. Hésitations bien compréhensibles, si on y repense. Car quelle nappe d'eau africaine aimerait s'appeler « bras de Smith » ou « bras de Stuhlmann » ? Quelle nappe d'eau aimerait porter le nom d'un organisateur d'expéditions punitives, même si celui-ci mérite sans doute la reconnaissance de la zoologie lorsqu'il plonge au passage une épuisette dans l'eau pour envoyer aux biologistes de l'Institut Bismarck quelques daphnies exotiques ? Au nord et à l'ouest, le golfe et, au loin, le lac, une mer. Par temps clair, on peut voir la ligne estompée de l'île d'Ukerewe.

Nous nous levons et longeons ma maison.

– Ça me rappelle une petite villa de Palladio, dit Isaac.
– En moins confortable, dis-je.

Le toit fuit encore en plusieurs endroits. Je n'ai pas eu à en souffrir beaucoup car, depuis l'averse d'avril, il n'a presque pas plu. Une ondée de temps en temps. Le problème alors est qu'aucune lampe ne fonctionne. Quand le courant a été coupé, je vérifie que le lecteur de cassettes est sur *play*, ce qui permet d'être immédiatement prévenu du retour de l'électricité. *« Nur weiter denn, nur weiter »*, revient alors lentement, mais parfois la tension monte brusquement jusqu'à plus de 300 volts. Je ne sais à qui appartient cette voix de baryton qui, à 220 volts, est si chaude et si moelleuse. Au-delà de 250, elle devient perçante et touche une corde sensible chez Kiokikote. Il se met à pleurer de manière effrayante comme si des images de son infernale jeunesse l'assaillaient tout à coup. Peu après, des dizaines de chiens pleurent dans d'autres cours, très loin à la ronde. Leurs hurlements de loups accompagnent Schubert.

De temps en temps, la retraite résonne des chants des religieux, mais le fait est rare. Il y règne généralement un silence de mort. Presque tous les édifices sont vides et se délabrent, lentement mais sûrement. Cela commence par les vitres, puis le toit de tôle ondulée et le reste suit. Je me sens entouré de squelettes. Le plus abîmé est le bâtiment qui abrite les cellules des moines. Il est envahi par les plantes et les moisissures. Les murs humides sont peuplés de lézards. Des oiseaux nichent sur les armoires. Des babouins courent dans les couloirs. Ils font du trampoline sur de vieux ressorts de sommiers. Dans les briques creuses orange dont les murs sont faits, des serpents couleur émeraude tachetés de noir ont élu domicile. Ces briques sont de fabrication européenne. Elles ont été amenées par bateau et transportées de Dar es-Salaam à Mwanza. Quelle folie, ce voyage… Cent mille briques en route vers un pays plein d'argile. Cent mille briques sur la mer, voguant dans le canal de Suez vers l'océan Indien, en direction des Comores... Quelques-unes, lasses du voyage, passent par-dessus bord et coulent, sortant les cœlacanthes de leur rêve des millions de fois séculaire.

J'indique à Isaac, qui a exploré la montagne, une étendue d'eau grise aux reflets argentés, dans le lointain. C'est le petit lac des femelles, séparé du golfe de Mwanza par un marais envahi de papyrus et une étroite bande de terre.

– Tu vois cette tache miroitante ? Les Sukuma conseillent de ne pas y naviguer la nuit. Qui s'y risque malgré tout subit l'assaut de hordes de femmes corpulentes. Elles escaladent le bateau. Plus de femmes qu'un homme ne peut en rêver tout au long de sa vie. L'équipage succombe corps et biens sous le poids de leur chair.

– Hé ! un corbeau, dit Isaac.

C'est Cas, le corbeau noir à la nuque blanche qui me réveille tous les matins à sept heures pile. En croassant, il descend de la montagne, les ailes déployées, en direction du golfe.

L'exemple parfait

J'ai abordé l'étude des espèces du golfe de Mwanza à son tout début, car, hormis le travail effectué par Greenwood dans la partie ougandaise du lac Victoria, aucun chantier n'avait été ouvert [13].

Les noms de la majorité des espèces du golfe de Mwanza ne figurent pas dans les revues ou encyclopédies scientifiques, à supposer même qu'on ait la moindre information sur leur place dans l'écosystème, leurs relations mutuelles ou leur apparition. Il n'était pas nécessaire que nous, les biologistes de HEST, entreprenions la lecture de toute une bibliothèque d'articles arides – nous les écririons nous-mêmes ultérieurement ; au lieu de cela, nous sommes sortis de la baie de Nyegezi sur notre petite embarcation de bois et avons sillonné en tous sens le lac plein à ras bords. Une nuit, nous avons même réussi à prendre des poissons à la main, à la surface de l'eau. Le poète Valéry a écrit :

> … rien de plus concerté et qui s'adresse avec plus de charme à notre sentiment des figures dans l'espace et à notre instinct de façonner avec les forces de nos doigts ce qui nous délecterait à palper, que ce joyau (…) que je caresse et dont je veux que l'origine et la destination me soient quelque temps inconnues [14].

Entre les poissons et nous, ce fut différent. Nous ne nous contentions pas d'observer sans plus les animaux qui se présentaient. Au contraire, lorsque nous en apercevions un nouveau, nous formulions aussitôt toute une série d'hypothèses pour découvrir à qui nous avions affaire. Comment pourrais-je jamais apprendre à différencier tous ces petits poissons, ces centaines d'espèces si proches les unes des autres ? Étaient-ce bien des espèces au sens biologique ? Ne pourrait-il s'agir d'un phénomène nouveau, d'un seul et même génome se cachant sous les cent masques d'une gigantesque espèce ? J'étais de moins en moins certain de comprendre la signification de ce mot. La notion devenait de plus en plus floue à mesure que j'y réfléchissais. Je perdais toute emprise sur le système. Si, au début, j'écrivais, avec enthousiasme, *« luctor et emergo »* en tête de mes lettres, après une demi-année c'était devenu *« luctor »*, puis finalement, pendant des mois, je n'ai plus rien écrit du tout.

Pour ne pas me noyer dans la complexité de l'écosystème, je décidai de vérifier ce qui se passait à partir du moment où un poisson tombait dans le piège de l'un de nos filets. Quelques heures plus tard, flottait dans le formol, à côté de son corps, une étiquette portant une brève annotation : un nom provisoire, une date, une heure et un lieu. Que s'était-il passé ?

Dès que la pêche était à bord, elle était transvasée dans un grand bac carré contenant de la glace. Je triais la prise, forte, en général, de quelques centaines de petits poissons, sur de longues tables de bois, dans le couloir du laboratoire. Il était très difficile de ne pas classer les animaux selon leur couleur ou leur forme, mais de les disposer plutôt, par espèce, suivant la coutume séculaire, par rangs de deux : les mâles et les femelles. On rassemblait donc tout d'abord les mâles sur la base des correspondances de couleur et de forme et ensuite on cherchait et plaçait auprès de chaque groupe les quelques femelles grisâtres qui avaient intégré, mais sur le mode mineur, le même motif de couleurs et de taches.

La classification des animaux avait inévitablement un aspect artistique, elle exigeait talent et intuition de la part du taxinomiste. Celui-ci se fait fort d'évaluer l'importance relative de nombreux caractères difficilement chiffrables. C'est de cette façon qu'il arrive à déterminer l'espèce à laquelle appartient un animal. Il est dommage que beaucoup d'entre eux renient cet aspect intuitif de leur métier. Errant en marge de la science, souvent méprisés par les expérimentateurs, ils aspirent à la reconnaissance des spécialistes « purs et durs » en sciences naturelles. Quant aux biologistes de terrain, ils oublient souvent qu'ils ne seraient nulle part sans le talent des taxinomistes chevronnés. Pourtant, on s'acharne à exclure cet expert, le seul à connaître les noms des espèces animales menacées. Bientôt, nous serons envahis de calculateurs et pontifes de la génétique et on ne trouvera plus de biologistes capables de classer les espèces et d'observer les animaux et les plantes.

Science ou non, pour la victime, cela ne changeait rien. Elle atterrissait irrévocablement dans un bocal de formol en compagnie de supposés congénères. Ainsi des espèces apparurent dans le formol, dites espèces taxinomiques, nées de la nécessité pratique d'établir un classement. Car il est clair qu'un chercheur ne peut rien faire d'un monceau désordonné de poissons. Mais il n'est pas dit que l'ordre établi par un biologiste dans son matériel d'étude soit le reflet d'un ordre naturel, même si tel est l'objectif poursuivi. Dans le cas idéal, l'espèce taxinomique, artificielle et enveloppée d'effluves de formol, d'alcool ou de camphre, correspondra parfaitement à l'espèce génétique de la population réelle, concrète et constituée d'animaux qui nagent, flottent, volent, marchent ou simplement se tiennent immobiles. Si les individus placés dans des catégories taxinomiques différentes ne se croisent pas dans la nature, en d'autres termes, s'il existe entre eux une barrière de reproduction, l'espèce taxinomique correspond à l'espèce génétique de la population réelle. Mais, précisément, dans les écosystèmes dynamiques où la faune s'enrichit continuellement, il n'est pas toujours possible, tant s'en faut, de classer un animal *in statu nascendi*. Ce qui précisément m'intriguait chez ces petits poissons, à savoir l'apparition de nouvelles espèces sous les yeux de l'observateur, devint donc en même temps, pour moi, une source de frustration.

Les spécialistes qui étudient la notion d'espèce se plaignent parfois de ne plus savoir ce que ce mot recouvre, alors que l'espèce biologique est pourtant souvent considérée comme la seule catégorie taxinomique qui existe réellement. Si l'homme disparaissait de la surface de la terre, il emporterait dans la tombe les notions abstraites de règne, classe, ordre, famille et genre qu'il a créées, mais l'espèce biologique lui survivrait très probablement. En effet, celles-ci se déterminent elles-mêmes et non par rapport à l'homme, hormis quelques-unes qui ne se présentent plus qu'en captivité, ainsi que certains parasites. Plus fort encore, leur sort sera bien meilleur dès que l'être humain aura débarrassé le plancher.

Donner une définition rigide des espèces biologiques est fastidieux, voire impossible. La façon dont le socio-biologiste et protecteur de la nature Edward Wilson circonscrit la notion est raisonnablement satisfaisante pour les animaux dont le système de reproduction est sexué :

> (...) d'un point de vue conceptuel, l'espèce est considérée comme une population ou une série de populations au sein de laquelle les gènes circulent librement dans des conditions naturelles.
> Ceci signifie que tous les individus normaux, physiologiquement aptes, sont capables, à un moment donné, de procréer avec tous les autres individus du sexe opposé appartenant à la même espèce ou, du moins, qu'ils sont capables d'être génétiquement liés à eux à travers des chaînes d'autres individus procréateurs. Par définition, ils ne procréent pas librement avec des membres d'autres espèces [15].

Si la classification des furus posait des problèmes, on les soumettait à une avalanche de mesures comparatives. La première espèce de référence fut un furu du lac George, en Ouganda, qui avait été analysé dans les moindres détails. Les chercheurs de Leyde avaient donné des descriptions anatomiques approfondies de cette espèce très commune, considérée comme l'exemple parfait des cichlides [16] et choisie à dessein pour son aspect courant. Selon les anatomistes, la structure et le comportement de cet *Haplochromis elegans* étaient les plus proches possible de ceux de l'espèce fluviatile, ancêtre hypothétique de la faune du lac. Ce n'est qu'après avoir étudié en détail la conformation du squelette et la morphologie des os, les muscles et le tissu conjonctif qu'on put comparer les espèces et établir sans ambiguïté leurs différences souvent subtiles.

On peut se représenter un organisme comme un puzzle tridimensionnel, qui ne peut fonctionner de façon optimale que lorsque toutes ses pièces ont été correctement assemblées en un tout cohérent. L'une des caractéristiques des organismes est qu'ils sont « pleins à ras bords » : de la naissance à la mort, l'espace y est exploité au mieux. Aucun volume n'est perdu, ce qui signifie que toute modification de la forme, des dimensions ou de la position d'une structure anatomique se répercute sur les autres [17].

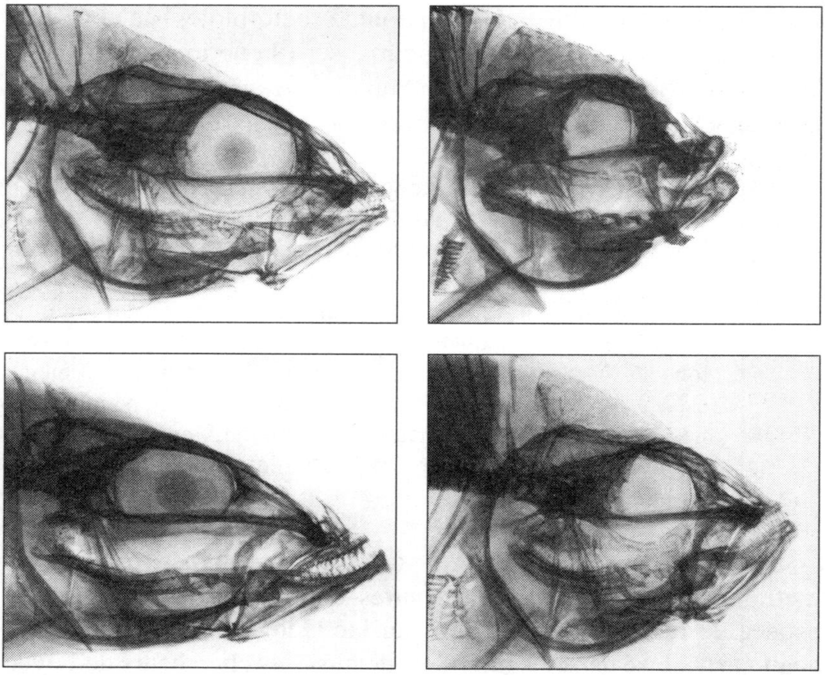

Radiographies des têtes d'espèces de cichlides provenant de différents lacs d'Afrique orientale.
Tout au long de l'évolution, la conformation de ces têtes a subi de nombreux rafistolages.

Les cichlides des lacs d'Afrique orientale présentent une grande similitude de constitution. Les éléments qui les composent – os, muscles, tissu conjonctif, etc. – peuvent être observés dans chacune des quelque mille espèces. Leur organisation spatiale également est, en gros, toujours la même. Cette similitude, tout comme les différences d'ailleurs, demande une explication. Les organismes ne sont pas indéfiniment malléables, leur pouvoir de modification est limité. Mais, en dépit de ces inévitables contraintes historiques et mécaniques, un nombre incroyablement grand de variations de furus sont nées du thème de base.

La tête de ces poissons est un bric-à-brac de plus de cent petits os maintenus par des muscles. Pendant l'essaimage, cette tête, précisément, a subi un grand nombre de profonds rafistolages. Les formes du crâne, des dents et de la bouche diffèrent d'une espèce à l'autre et sont parfois d'une étrangeté inimaginable. Il m'est arrivé d'essayer de classer des espèces sans les considérer comme un tout. En examinant les animaux élément par élément, je parvenais à découvrir quels étaient les caractères extérieurs spécifiques de l'identité d'une espèce. Il s'agissait presque toujours de la disposition des couleurs et des taches, mais surtout de la forme des dents et de la tête. Essayer d'établir une classification sans examiner celle-ci tant à l'extérieur qu'à l'intérieur est une tentative généralement vouée à l'échec. Celle du furu recèle des miracles d'ingéniosité architectonique. La tête, voilà le centre d'intérêt des anatomistes de Leyde. Il y en a encore pour des décennies. Et pas question de se défiler en étudiant une autre structure !

La longueur d'un furu adulte varie de cinq à vingt-cinq centimètres, selon l'espèce. Ces animaux possèdent une seule ouïe de chaque côté de la tête au lieu de deux, comme c'est le cas chez beaucoup d'autres poissons. Le conduit latéral, qui permet d'observer les déplacements d'eau, est interrompu. Ces caractéristiques n'apparaissent que sous le microscope. Ce qui, en revanche, saute aux yeux, ce sont les taches jaunes que porte la nageoire anale des mâles et qui ressemblent fort, par la couleur et la forme, aux œufs de l'espèce : voilà une forme particulière de mimétisme, l'automimétisme. Les caractéristiques mentionnées ci-dessus et quelques autres ont permis de déterminer la position du genre *Haplochromis* dans le système de classification de Linné.

En 1981, Greenwood a publié un important inventaire des espèces appartenant au genre *Haplochromis*, dont 120 environ avaient été décrites jusque-là[1]. Il les a réparties entre l'ancien genre *Haplochromis* et quelques genres nouveaux. Certains de ceux-ci, dix-neuf au total, répertoriés dans le lac Victoria, seraient représentés également dans d'autres lacs africains. Il voyait l'ensemble des essaimages d'espèces des grands lacs comme un super essaimage. Son inventaire fut refusé par les taxinomistes de HEST; nous nous en tenons donc toujours à l'ancienne classification : le genre *Haplochromis*, comprenant quelques centaines d'espèces*.

---

* A côté du genre *Haplochromis*, on en distingue quatre autres, dits monotypiques : genres qui ne comptent chacun qu'une seule espèce.

Le jeu taxinomique est cependant appelé à conduire, sur de bonnes bases, à une répartition plus naturelle que la dernière qui ait été publiée. Il faut analyser le refus d'un inventaire et en établir un nouveau dans l'espoir d'arriver à une classification taxinomique qui soit le reflet toujours plus fidèle de l'histoire de l'évolution, la phylogenèse. Telle est bien notre démarche. Nous examinons le bien-fondé de chacun des genres imaginés par Greenwood[18, 19]. Jusqu'à présent, toutes les études ont montré qu'il n'y a aucune raison morphologique justifiant les lignes de séparation qu'il a tracées entre eux. C'est une terrible corvée, mais cela n'a rien d'exceptionnel. La majorité des taxinomistes consacrent une grande partie de leur vie à examiner les ballons d'essai des autres. Ils en vivent, les crèvent, en lancent de nouveaux.

Un éventail de formes

Comment puis-je faire comprendre, sans l'aide d'illustrations, à un Sukuma qui n'a jamais vu de nature morte de Morandi que les tableaux de ce peintre méritent tous notre admiration ? Peut-on décrire ces natures mortes sans donner l'impression qu'elles se ressemblent toutes comme deux gouttes d'eau ? Peut-on faire sentir que les vases et les bouteilles représentés sur ces toiles semblent animés ? Heureusement pour le Sukuma, je ne me suis jamais livré à cet exercice, mais je suis confronté à un problème similaire. Comment présenter 300 espèces de furus étroitement apparentées, très semblables les unes aux autres à première vue, mais qu'un examen plus approfondi révèle très différentes par la forme et la couleur ?

Pour qui, depuis des années, fréquente plus les poissons que les gens, les espèces deviennent des personnages. Le philosophe mangeur d'algues, le goujat avaleur d'escargots, la ménagère trieuse de larves de moustiques… c'est avec eux que je passais mes journées. Je projetais les caractères humains sur les poissons, une hérésie aux yeux de tout scientifique digne de ce nom, et, réciproquement, je voyais les hommes comme des poissons. La distinction s'estompait. En faisant mes courses au marché de Mwanza, je relevais sans cesse des traits ichtyoïdes sur les visages des Africains, des Indiens et des

Européens. Je chuchotais au passage leurs noms latins, tombant de temps en temps sur un homme sans sosie, l'un de ces rares visages sans correspondant aquatique. Larges bouches, menton en galoche ou mâchoire inférieure sous-développée. Bouches en cul de poule et becs de perroquets, dents longues et parfaites ou dentures tourmentées, lèvres d'épaisseurs diverses, depuis les fines et tendues jusqu'aux grosses et pulpeuses. Fronts bombés, droits ou fuyants. Grands yeux globuleux au regard vitreux, muscles maxillaires puissants dans une tête massive. Je passais le plus clair de mon temps à observer les caractères morphologiques des poissons, tant et si bien que je ne pouvais plus m'empêcher de me livrer à l'examen comparatif, parfois fatal pour la vue pourtant. Si je découvrais des correspondances entre diverses espèces, j'en éprouvais du plaisir. Si je décelais des différences, mon plaisir était tout aussi grand. Tout ce plaisir me désespérait.

Tout animal doit s'employer activement à subsister dans son environnement ; c'est à cette donnée que les chercheurs se cramponnent pour établir une classification. C'est ainsi que les cichlides sont rangés sur la base de la nourriture qu'ils ingèrent ou de la technique qu'ils appliquent pour la transformer[20]. Cette classification assez arbitraire est celle que nous utilisions.

Ce que nous avons sorti de l'eau :

– Happeurs de vase. Ces mangeurs de détritus organiques répartis dans toute l'étendue du lac, à des profondeurs variant de deux à plus de trente mètres, se retrouvent en grandes quantités juste au-dessus du fond. Il y en a sûrement treize espèces. Par temps calme, ils nagent sous une pluie de diatomées et d'algues bleues nonchalantes qui assurent la diversité du milieu nutritif.

– Mangeurs d'algues. Trois espèces au moins sont spécialisées dans le grattage des algues des rochers. On les trouve toujours le long des côtes rocheuses et près des nombreux îlots qui parsèment le lac. L'examen de leur bouche révèle la présence, dans chacune des deux mâchoires, d'une râpe constituée d'un grand nombre de rangées de petites dents d'égale hauteur. D'autres espèces arrachent les algues filamenteuses des rochers à l'aide de dents plus rares, mais plus longues et plus pointues. D'autres encore aspirent les

Mangeur d'algues.

Videur d'escargots.

écrevisses et les insectes qui vivent entre les algues. Les poissons rupestres du lac Victoria sont moins différenciés que ceux des communautés plus anciennes des lacs Tanganyika et Malawi, où vivent également des espèces qui raclent les algues, les râpent grossièrement ou les arrachent. Il en existe aussi d'autres qui, de leurs longues dents, peignent lentement ou brossent d'un mouvement rapide et rude les algues filamenteuses. Cette diversité des appareils anatomiques et des techniques entraîne la spécialisation de chaque espèce dans un type particulier de nourriture.

Mangeur de zooplancton.

Certaines espèces se trouvent toujours au voisinage de la végétation. Elles se nourrissent des algues qui se développent sur les tiges et les feuilles des plantes aquatiques. On ne les voit que rarement, sinon jamais, parmi les espèces rupestres qui, elles, ne vivent pas dans la végétation. Ce ne sont pas les seules espèces sédentaires. La plupart sont extrêmement casanières.

– Hacheurs de feuilles. Le comportement alimentaire de ces espèces n'a jamais été observé, mais le contenu de leur estomac et de leur intestin suggère qu'elles hachent ou arrachent des morceaux de hautes plantes.

– Briseurs d'escargots. On connaît neuf espèces briseuses d'escargots. Elles ont dans la gorge deux « mâchoires » supplémentaires renforcées, pourvues de dents semblables à des meules et commandées par des muscles puissants. Ce dispositif maxillo-guttural fonctionne comme une sorte de casse-noix. Outre les espèces *Haplochromis*, ce groupe comporte un autre genre : *Astatoreochromis*, un briseur d'escargots très répandu en Afrique orientale.

En plusieurs endroits d'Afrique – notamment au Cameroun et à Zanzibar – l'*Astatoreochromis* a été repoussé dans les canaux d'irrigation et les champs de riz dans l'espoir qu'il décime les escargots porteurs de la bilharzie. Ce qui, en outre, permettrait aux hommes de consommer le poisson. Hélas, cette lutte biologique contre la bilharzie est perdue, car les poissons ne mangent les escargots que

Insectivore.

Mangeur de crevettes.

s'ils ne trouvent vraiment rien d'autre. Tant que les proies faciles et énergétiques comme les larves de moustiques sont suffisamment nombreuses – ce qui, pour autant qu'on sache, est toujours le cas –, les poissons les préfèrent pour leur grande digestibilité.

– Videurs d'escargots. Briser un escargot entre de fortes mâchoires gutturales n'est pas la seule façon d'exploiter cette source de nourriture. Douze espèces au moins s'y prennent autrement. Leur

Piscivore.

appareil maxillo-guttural n'est pas assez puissant pour réduire en morceaux d'épaisses coquilles. Elles foncent sur les escargots qui passent et, de leurs longues dents recourbées, tentent de saisir les parties molles de leurs victimes avant que celles-ci n'aient le temps de rentrer dans leur coquille. Elles secouent violemment l'escargot et le pressent contre le sol pour en arracher la chair. Il est frappant de constater que ce groupe de briseurs d'escargots comprend quatre genres dont le genre *Haplochromis* et deux autres que l'on ne trouve que dans le lac Victoria et qui ne comptent chacun qu'une seule espèce.

– Mangeurs de zooplancton. Vingt et une espèces de furus, petits et fins, exploitent le plancton animal. On les trouve à toutes les profondeurs du lac. Leur cavité buccale a la forme d'un long tuyau et possède donc une symétrie cylindrique. En poussant rapidement la bouche vers l'avant, ils arrivent à augmenter considérablement le volume de cette cavité et à aspirer de petites écrevisses. En plein lac Victoria, loin des rives, beaucoup d'animaux happent ainsi leur nourriture. Les briseurs d'escargots et gratteurs d'algues qui vivent sur le fond ne pourraient le faire avec autant d'efficacité. Chez les poissons dotés de la capacité de mordre, la symétrie cylindrique de la cavité buccale est sacrifiée en faveur de structures favorisant la force de morsure (muscles puissants, mâchoires larges et courtes).

– Insectivores. Leur liste comprend quelque vingt-neuf espèces, dont, pour la plupart, l'aspect extérieur n'appelle aucun commen-

Pédophage.

taire particulier. Ils sont relativement grands (de 7,5 à 13 cm), mais nombre de leurs caractéristiques anatomiques se situent dans la moyenne. Ils happent la vase, en extraient les larves d'insectes et la rejettent par les opercules. Faisant exception à ce comportement, un insectivore rupestre, *H. chilotes*, se distingue par ses lèvres particulièrement épaisses, butoir dont il bat rythmiquement le substrat pour en aspirer les insectes. On pourrait voir là l'origine de la pompe aspirante : le déboucheur d'évier avant la lettre.

– Mangeurs de crevettes. Un groupe de treize espèces se nourrit exclusivement de crevettes. Ces poissons, assez élancés, possèdent de grands yeux, qui s'entrechoquent pratiquement sur leur tête étroite. Leur proie principale, la petite crevette *Caridina nilotica*, vit sur le fond vaseux, de la zone côtière jusque dans les eaux profondes, lieu de prédilection des mangeurs de crevettes.

– Piscivores. Leur nombre est incroyablement élevé : plus de 130 espèces, y compris celles qui se nourrissent de parties ou d'embryons d'autres poissons. Dans les eaux douces de l'Europe entière, on ne trouve que 197 espèces de poissons, appartenant à vingt-six familles. L'ampleur de l'essaimage des cichlides du lac Victoria, dont le seul nombre des espèces piscivores approche

Mangeur d'écailles.

ce total européen, est donc particulièrement surprenante. Parmi les piscivores, ceux qui absorbent leur proie entière peuvent être répartis *grosso modo* en deux groupes : ceux qui se tiennent en embuscade ou feignent d'être morts et foncent à l'approche d'une proie et les poursuivants, plus rapides, souvent carénés, qui courent derrière leur victime. Ces piscivores *stricto sensu* ont de longues dents pointues, comme le sont aussi les petites dents de leurs mâchoires gutturales qui débitent les proies en filets à l'entrée de l'œsophage.

– Pédophages. Les piscivores comprennent aussi vingt-quatre espèces de pédophages, ou « mangeurs d'enfants », qui se nourrissent d'embryons et de poissons à peine éclos. Chez toutes les espèces de furus du lac Victoria, les œufs sont couvés dans la bouche de la femelle, qui nage à la ronde pendant des semaines, jusqu'à la naissance des petits. La méthode utilisée par les pédophages pour capturer des embryons et de jeunes poissons fait l'objet de nombreuses discussions. Dans le lac Malawi vivent trois espèces de pédophages du genre *Cyrtocara*. Ils sont tous batteurs, mais chaque espèce bat à sa façon. L'une approche la femelle couveuse par le dessous ou par l'arrière et, arrivé à une ou deux longueurs d'elle, fonce sous un angle de quarante-cinq degrés et lui frappe la gorge dans la région de l'os hyoïde. Une autre nage sur une distance de

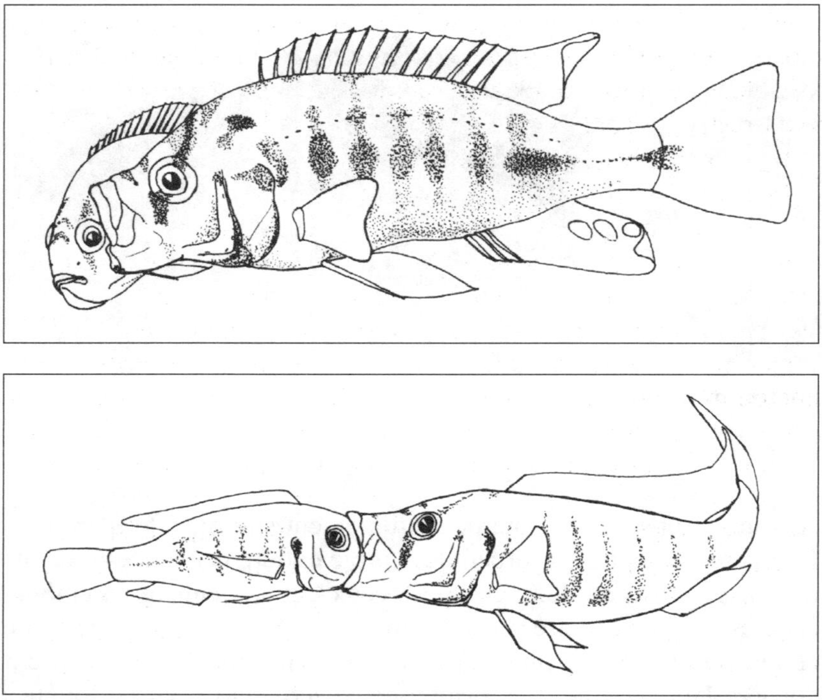

Un pédophage « retourneur de museau » vide par succion une femelle couveuse.

cinquante centimètres à deux mètres sous la femelle, se lance vers le haut et lui frappe le plancher de la bouche sous un angle de soixante-dix à quatre-vingt-dix degrés. La troisième espèce s'approche de la femelle par le haut et se jette, comme un kamikaze, sur le museau de sa victime [21].

Greenwood a décrit certains pédophages du lac Victoria en mettant l'accent sur le nombre réduit de leurs dents et la remarquable implantation de celles-ci. Un coup d'œil dans leur bouche suggère qu'ils auraient, en fait, plutôt perdu des dents. Un certain nombre de rangées ont disparu, mais, à l'avant de la mâchoire, il y a une « zone de tolérance ». Les dents y sont implantées d'une façon bizarre et souvent recourbées vers l'extérieur, alors que, d'un point de vue fonctionnel, on s'attend à ce qu'elles soient orientées vers l'intérieur. Fichées dans une couche muqueuse, elles sont penchées vers l'avant, position dans laquelle elles sont le moins encombrantes possible. Chez l'espèce « qui se mord les lèvres », *H. maxillaris*, les dents restantes sont devenues inoffensives, car elles sont recouvertes en permanence par les lèvres repliées vers l'intérieur.

Pourquoi est-il important pour ces animaux qu'ils ne puissent mordre ? Greenwood pensait que ces espèces attrapent les œufs de la femelle en retournant son museau pour le vider par une forte aspiration. Pour les poissons qui se nourrissent de cette manière, des dents pointues recourbées vers l'intérieur pourraient constituer un danger mortel : celui de rester accroché trop longtemps à leur victime ou même de ne plus pouvoir s'en détacher. « C'est invraisemblable », telle fut la réaction de Fryer à l'hypothèse de Greenwood. On trouve, en effet, aussi des embryons dans l'estomac de *H. barbarae*, espèce qui possède des dents pointues réparties au hasard et qui n'a donc pas subi les transformations anatomiques que l'on a constatées chez les autres pédophages [8].

Le zoologiste Wilhelm, qui a étudié ces animaux en aquarium, a observé *H. « rostrodon* »* retournant et vidant le museau d'une femelle couveuse [22]. Cette méthode se rencontre donc, du moins en milieu artificiel. On n'a cependant compris comment *H. barbaræ* attrapait les embryons qu'après avoir constaté qu'il épiait les couples de cichlides d'une autre espèce pendant leur parade nuptiale. Les cichlides ne pondent pas tous leurs œufs ensemble, mais en petits amas séparés. Dès que l'un de ceux-ci était formé, *H. barbarae* fonçait à la vitesse de l'éclair et réussissait à s'en emparer sans laisser à la femelle la moindre chance de le sauver. Ce cas confirme la prévision, fondée sur l'examen anatomique du comportement de recherche de nourriture, selon laquelle cette espèce ne peut être un « retourneur de museau [23] ».

– Mangeurs d'écailles. Dans le golfe de Mwanza, vit une espèce à l'aspect piscivore, mais pourvue de dents de gratteur d'algues. Les deux mâchoires comportent chacune une longue râpe constituée de onze rangées de dents disposées en ordre serré les unes derrière les

* Les espèces qui n'ont pas fait l'objet d'une description scientifique ont été dotées d'un surnom, placé entre guillemets.

Nettoyeur.

autres et mobiles. Cette espèce, *H. welcommei*, donne l'assaut aux autres poissons dont elle râpe les écailles. On suppose qu'elle approche sa victime la bouche ouverte et plonge sur la queue couverte de petites écailles mal fixées. Celles-ci ne sont pas retirées une à une mais sauvagement arrachées.

Les écailles constituent un aliment riche en protéines ; leur apport énergétique est du même ordre de grandeur que celui d'une écrevisse planctonique. Heureusement pour toutes les parties : les écailles repoussent. Elles sont empilées, telles des pièces de monnaie rassemblées en rouleaux, dans l'estomac et les intestins du prédateur. On admet que les ancêtres de certains mangeurs d'écailles étaient des gratteurs d'algues rupestres qui ont déplacé leur terrain d'action. La surpopulation des rochers les aurait obligés à trouver une nouvelle source de nourriture. De telles modifications du comportement entraînent souvent l'apparition d'adaptations anatomiques. En l'occurrence, il pourrait s'agir de l'évolution d'un poisson rupestre assez grossier en un chasseur rapide, mieux profilé.

– Nettoyeurs. Deux espèces du golfe de Mwanza se nourrissent de proies d'origine inconnue. Leur estomac et leurs intestins sont parsemés de petits imperméables transparents repliés, munis chacun de deux roulettes juxtaposées. Ce sont les carapaces des parasites de la carpe. Les mystérieuses roulettes sont les ventouses par lesquelles ils se fixent sur leur hôte [24]. L'analogie s'est progressivement imposée avec les communautés vivant sur les récifs coralliens. Celles-ci aussi sont fortement différenciées, à ceci près que les poissons qui

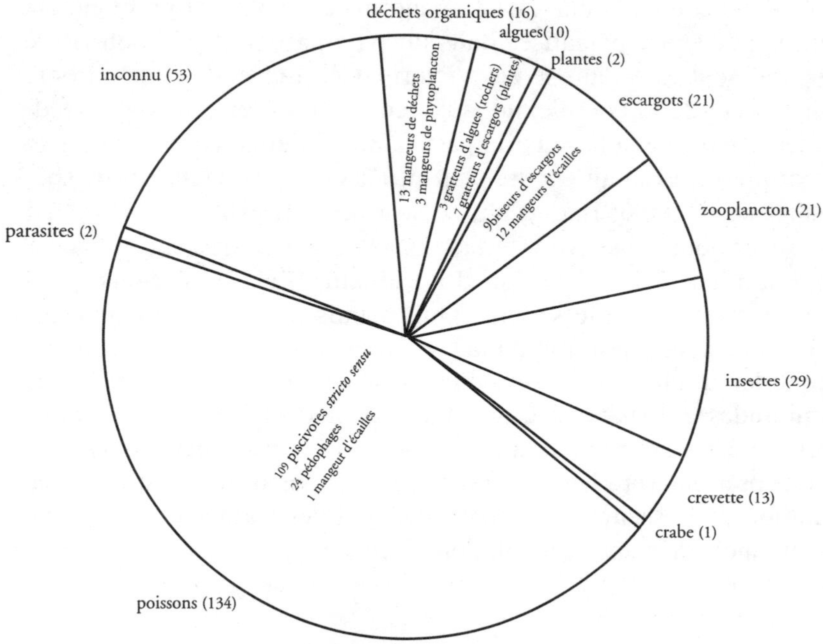

Piscivores, mangeurs d'escargots, insectivores, mangeurs d'algues, mangeurs de zooplancton, happeurs de vase et autres groupes trophiques de l'essaim d'espèces du lac Victoria.

les composent appartiennent à des familles distinctes. Sur les récifs, on trouve aussi des nettoyeurs, c'est-à-dire des poissons qui en débarrassent d'autres de leurs parasites.

Occupé à étiqueter les espèces recueillies lors d'une pêche, je jetai un coup d'œil dans l'orbite béante d'un poisson dont le globe oculaire avait disparu. Était-ce la trace du passage du mythique « arracheur d'yeux » ? Les pêcheurs du lac Malawi parlent d'un poisson, *H. compressiceps*, qui serait spécialisé dans ce type d'agression. Pourquoi n'y aurait-il pas place pour un tel prédateur dans un lac où on trouve des retourneurs de museau, des gratteurs d'écailles, des nettoyeurs, des videurs d'escargots et des hacheurs de feuilles ? Cette histoire est probablement une légende. On n'a jamais trouvé, dans aucun lac d'Afrique orientale, des cichlides dont l'estomac contenait une quantité anormale d'yeux. Et pourtant, les autres poissons spécialisés dans un type particulier de nourriture apparaissent tous dans le lac Victoria. Celui-ci ne le cède en rien, sur le plan de la complexité, aux écosystèmes terrestres spectaculaires d'Afrique, tels ceux du parc national Serengeti ou du cratère Ngorongoro. Il serait encore plus curieux que ces centaines de spécialistes soient tous issus d'une seule espèce ancestrale fluviatile qui aurait un jour migré vers le lac. Dans ce cas seulement, les furus répondraient à la définition d'un essaim d'espèces. Mais est-il encore possible de le savoir ? Oui, depuis peu. En comparant les ADN d'espèces de furus du lac Victoria entre eux et avec ceux de cichlides d'autres lacs, on pourrait déterminer jusqu'où vont les similitudes. Avons-nous affaire à un essaim d'espèces ? Ce n'est que lorsque cette question aura reçu une réponse qu'il sera raisonnable d'élaborer un arbre généalogique, point de départ de l'histoire de la filiation de l'essaim. Comment l'éventail des formes est-il apparu, selon quels principes d'évolution, voilà ce qu'il faudra aussi élucider un jour.

III

Maji moto : les ancêtres des furus

Le soleil est déjà haut dans le ciel lorsque je gare la voiture à l'aéroport. Des gens attendent devant l'entrée du hall. J'avise un porteur pour lui demander l'heure. L'horloge est arrêtée et il y a des mois que je n'ai plus de montre. Je l'ai échangée avec Elimo, à sa demande, contre un coq et un *sonzo*. Ces paniers traditionnels sukuma étanches étaient confectionnés par les femmes et utilisés aux fêtes, comme chopes à *pombe*, la bière d'orge au goût aigre de vomissure. Les paniers sont décorés de brins d'herbe colorés au manganèse et tressés en motifs géométriques dont la signification est symbolique. Souvent, il n'est plus possible de les décrypter, car l'arrivée des *mazabethi*, ces petits bols d'aluminium abondamment utilisés sous la domination britannique et dont le nom dérive de celui de la reine Elizabeth, a marqué le déclin de la culture *masonzo*. Dans un petit village, j'en ai parlé à une vieille femme que le sujet met toujours en colère, trente ans après. Elle m'a dit que le symbole constitué de triangles qui ornait le panier que j'ai échangé avec Elimo signifiait *kitenge*, châle.

– Mon mari offre de beaux vêtements à sa première femme, mais moi, qui suis l'une de ses dernières épouses, je porte un châle usé jusqu'à la corde.

La femme sukuma, qui n'avait pas le droit de se plaindre, utilisait le langage symbolique des *sonzo* pour soulager son cœur.

– L'arrivée du *mazabethi* a gâché notre plaisir, dit la vieille. *Sisi wanawake*, nous les femmes, tressions les paniers tout en bavardant. Je ne vois pas où était le mal. Chacune faisait de son mieux pour fabriquer l'objet le plus beau. Le *mazabethi* a mis fin à tout cela.

Je suis toujours à la recherche de paniers dont les symboles ont un rapport avec les poissons, mais je n'ai rien pu trouver. Parmi la centaine que j'ai vue jusqu'ici, il y en a même peu qui évoquent le lac. « Le coin du lac » et l'« îlot aux papyrus au fil de l'eau » en sont deux exemples. Mais qui ne connaîtrait des Sukuma que les symboles de leurs paniers aurait l'impression que leur univers s'arrête au bord de ce lac, confins du monde, abreuvoir du bétail. Peuple d'agriculteurs et d'éleveurs. Pas de pêcheurs.

A Nyegezi, la rumeur circulait aujourd'hui de l'atterrissage imminent d'un avion. Ce fait serait anecdotique si je n'attendais, depuis quelques jours, le spécialiste de biologie moléculaire S., qui vient spécialement d'Amérique chercher l'ADN de furus, et si je ne mettais tout en œuvre pour être présent à son arrivée. Son objectif est de tenter de découvrir si les centaines d'espèces de furus du lac Victoria descendent réellement d'une espèce ancestrale unique, qui, un jour, il y a tout au plus un million d'années, aurait pris le chemin du lac inhabité. S'agit-il d'un essaim d'espèces issu, en un éclair, d'une phylogenèse explosive ? Un groupe monophylétique ? Ou les Adam et Ève des furus de ce lac appartenaient-ils à des espèces différentes ? Un groupe polyphylétique, comme celui des cichlides du lac Tanganyika ?

Peut-être les biologistes réussiront-ils, à la longue, à établir la généalogie des furus sur la base de propriétés moléculaires. Si le schéma correspond à celui qui est tracé à partir de caractères morphologiques, sa crédibilité s'en trouverait considérablement renforcée. Une filiation classique. Notons qu'un arbre généalogique met parfois mieux en lumière les caractéristiques jugées importantes par son auteur que l'évolution du groupe animal qu'il est censé décrire.

Les lettres de S. m'ont donné l'impression que l'ADN des furus exerce sur lui un attrait irrésistible. Voilà qui devrait m'inspirer. Tous deux, nous avons le sentiment que Greenwood avait raison quand il écrivait : *« The cichlid species flocks are microcosms repeating on a small and appreciable scale the patterns and mechanisms of vertebrate evolution*[13]*. »* Cela crée des liens. Seulement, il ne faut plus que ça dure trop longtemps, j'en ai ras le bol d'attendre. Dépêche-toi d'atterrir. Je m'affale sur une chaise dans le hall et

* « Les bancs de l'espèce cichlide sont des microcosmes qui reproduisent, à une échelle réduite mais significative, les schémas et mécanismes de l'évolution des vertébrés. »

aperçois trois énormes femmes arabes assises sur une banquette, pressées l'une contre l'autre. On ne voit aucun Européen, seulement des Tanzaniens, des Arabes et des Indiens.

Une jeune fille à la silhouette athlétique chaussée de baskets annonce que l'avion n'arrivera sans doute que dans quelques heures. A côté d'elle, siffle un grand ventilateur. Elle n'a pas assez de ses mains pour maintenir sa petite jupe de tissu léger, on dirait Marilyn Monroe sur la fameuse grille de métro. Elle déclare que le trajet de l'avion a été modifié au dernier moment. Comment se fait-il que tous les voyageurs soient au courant, sauf moi ? Peut-être qu'ils téléphonent pour demander les heures d'atterrissage ? Je n'ai pas le téléphone.

Dans la petite salle d'attente, j'achète une boîte de jus de mangue, m'assieds sur un banc de bois et me prépare à l'arrivée de notre hôte. Je sors un article de Melanie Stiassny, conservateur de l'American Museum of Natural History de New York. La dernière fois que je lui ai rendu visite, Stiassny était occupée à réparer l'épaule froissée d'un hareng dont la dernière destination avait été un montage de Joseph Beuys. « Miam, un hareng », dis-je d'un ton maussade aux trois femmes arabes. Tel un monstre tricéphale, elles détournent la tête, d'un mouvement coulé.

Mais concentrons-nous plutôt sur l'article que Stiassny a consacré à l'histoire de la lignée de la famille *Cichlidæ*. Elle constate que celle-ci est très dispersée. Les animaux apparaissent dans les fleuves et les lacs d'Amérique du Sud et centrale, d'Afrique et de Madagascar. La dissémination des cichlides se limite aux eaux douces, à l'exception d'une seule espèce qui vit dans les eaux salines des côtes du Sud de l'Inde et du Sri-Lanka [26]. D'une étude anatomique comparative, Stiassny conclut que la famille *Cichlidæ* est un groupe naturel, c'est-à-dire issu d'un ancêtre commun [27].

Elle établit aussi des arbres généalogiques fondés sur des caractères anatomiques. Le but est d'en dresser un qui soit naturel, c'est-à-dire qui donne des informations sur la chronologie des phases de la phylogenèse au sein du groupe animal, sur les circonstances de l'essaimage et de la différenciation en diverses niches écologiques. Un point important consiste à savoir si, dans certains habitats d'un même lac, par exemple dans un sol sablonneux, il se produit des mini-essaimages d'espèces spécialisées dans différents types de nourriture. Les types trophiques, tels que mangeurs de plancton végétal ou animal, briseurs d'escargots ou mangeurs de poissons, évoluèrent-ils sans cesse dans les différents habitats ? Ou les espèces les plus proches de celles qui appartiennent à un type trophique donné sont-elles toujours d'autres espèces du même type trophique ?

Sans connaître avec précision l'évolution généalogique de toutes les espèces d'un même lac, on ne peut décider quelles similitudes entre poissons doivent être attribuées à une origine commune et lesquelles résultent d'une évolution convergente due à l'exposition à des influences identiques du milieu. Un exemple classique d'évolution convergente est celui des baleines et des poissons qui, malgré leur forte similitude d'aspect extérieur, ne sont pas apparentés. Mais l'évolution convergente pourrait avoir joué un rôle également chez les furus du lac Victoria. Il est établi que des cichlides de plusieurs lacs d'Afrique orientale l'ont subie : dans chacun des trois lacs principaux, Tanganyika, Malawi et Victoria, apparaît un groupe d'espèces mangeuses d'algues, très semblables d'aspect extérieur. Leur corps est grand, leurs têtes larges aux lignes fortement incurvées et elles possèdent un système de grattage analogue à une râpe. En utilisant la technique de l'électrophorèse sur gel, qui permet de séparer les molécules selon leur taille, des généticiens ont comparé des protéines extraites de tissus de ces cichlides [28]. Les résultats ont révélé des différences génétiques extrêmement ténues entre les espèces du lac Malawi. La même observation fut faite sur les furus du lac Victoria. Les espèces appartenant au même essaim ne présentaient pratiquement pas de gènes diagnostiques. Elles ne pouvaient être distinguées les unes des autres que sur la base des fréquences d'apparition de certains gènes, argument solide en faveur de l'origine récente de ces essaims. En revanche, il existe des différences génétiques considérables entre les espèces mangeuses d'algues du lac Tanganyika et celles du lac Malawi. La spécialisation de la constitution du corps, de la forme du crâne et des dents est apparue indépendamment dans chacun de ces deux lacs. Voilà des exemples d'évolution convergente. Des recherches ultérieures devaient confirmer que les naissances d'essaims d'espèces survenues dans les trois grands lacs n'étaient pas liées entre elles [29]. Toutefois, l'élaboration d'arbres généalogiques naturels n'est pas encore pour demain.

Hélas, il fait trop chaud aujourd'hui pour me concentrer sur les études intéressantes, mais extrêmement détaillées, de Stiassny. L'article glisse petit à petit de mes genoux, tandis que je m'assoupis sous le bourdonnement soporifique du ventilateur.

Nouvelle annonce de la jeune fille athlétique : l'avion, bloqué par un problème technique, est toujours cloué au sol à Dar es-Salaam. Je me lève en jurant intérieurement, adresse un signe de tête aux trois femmes arabes et quitte le hall de l'aéroport. Des Africains attendent près de la Jeep dans l'espoir d'être amenés en ville. Pour le moment, il n'y a pas de transports publics. Je rentre à Mwanza dans une voiture pleine d'auto-stoppeurs.

La ville somnole. C'est la pause de midi. Les magasins sont fermés, des volets de bois recouvrent leurs vitrines. Ils sont protégés, ainsi que les portes, par une grille verrouillée au moyen d'un lourd cadenas. Du fer, puis du bois, puis du verre. Les commerçants couvent leurs marchandises comme un trésor.

Je roule lentement le long de la rue principale et essaie d'imaginer comment passer cette journée le plus intelligemment possible. Il me faut des flotteurs pour filets, mais je ne peux les acheter maintenant. Les boutiques n'ouvriront leurs portes que lorsque la neuvième heure sera passée. Pour les Tanzaniens, la journée commence à six heures du matin, c'est le début de la première heure. Douze heures plus tard, le jour se termine et la première heure du soir commence. Conséquence de ce chronométrage : les Tanzaniens n'ont pas le même sens de la précision mathématique que les touristes occidentaux. Ceux-ci ont, en général, six heures d'avance sur les habitants de ce pays. Après quelques semaines de déphasage avec ces derniers, ils rentrent chez eux déçus, concluant qu'il est illusoire d'essayer de fixer un rendez-vous à un Tanzanien.

En outre, il est vrai que notre goût de l'exactitude leur semble excessif. Beaucoup préfèrent arriver quand bon leur semble, sans concertation préalable. On finira bien par se rencontrer. C'est même inévitable. Inutile de se tracasser. Je constatai, une fois de plus, combien notre souci de la ponctualité leur paraît étrange le jour où je reçus d'un ami tanzanien une lettre commençant par ces mots : « Ce matin, à quatre heures dix précises, j'ai trouvé votre lettre dans ma boîte… »

La chronométrie des Tanzaniens ne réduit pas seulement leurs chances de rencontrer des touristes, elle sème aussi la confusion entre les Occidentaux eux-mêmes. Juste avant l'heure convenue, le doute s'installe. L'autre se serait-il déjà libéré du carcan de l'horaire occidental ? Pense-t-il comme un Blanc ou comme un Noir ? Le rendez-vous a-t-il été fixé en swahili ou dans une langue européenne ? Je me dis que voilà peut-être qui pourrait expliquer pourquoi le biologiste américain est introuvable.

Ces derniers jours, j'ai traversé quatre fois, en vain, la ville de Nyegezi, de l'Institut à l'aéroport et retour, prélevant une partie du précieux carburant réservé au bateau d'étude. En consommer encore quelques litres pour rentrer et retourner l'après-midi à l'aéroport, pour la cinquième fois, n'avait aucun sens. Je pensais aux longues heures passées dans la salle d'attente du bureau public où se fait la distribution de carburant. Je me rappelais la justification que j'avais dû donner à un aimable fonctionnaire de la destination du précieux liquide. Combien j'allais en consommer et dans quel but ? Le soulagement que j'avais éprouvé lorsqu'il avait jugé mes intentions « dignes d'essence » et rempli un *kibali* échangeable contre quelques dizaines de litres de carburant.

Brandissant le ticket, j'avais descendu en trombe l'escalier du bureau et roulé tout droit vers la station indiquée. Attente interminable dans une longue file. L'essence, épaisse comme de la lie, qui devait être aspirée du fond du réservoir placé sous la station, arrivait en haut en tourbillonnant. Cela prenait du temps. En attendant, les gens faisaient la causette ou somnolaient derrière leur volant, se réveillant en sursaut chaque fois que la queue avançait de quelques mètres. Un homme portant un jerricane tenta de se faufiler pour remonter la file. Arrivé à trente mètres de la pompe, il pressa le pas, se précipita sur le préposé et tomba à genoux en le suppliant de le servir. Le pompiste, un Nilote élancé, retira le pistolet du réservoir qu'il était en train de remplir et le dirigea lentement vers le jerricane. Indignés, les gens qui faisaient la queue se jetèrent sur le duo. Ils saisirent le resquilleur et l'écartèrent de la pompe en l'injuriant. Le pompiste, affolé à la vue de cette scène, regardait avec angoisse autour de lui.

– *This man does not know how to handle the case*, dit, comme en s'excusant, un Tanzanien qui se trouvait devant moi, poursuivant : Nous sommes habitués au rationnement, mais pour vous, les expatriés, c'est difficile.

– Ah ! c'est le charme de votre pays, répondis-je. Et puis nous, nous pouvons partir dès que nous en avons marre.

Tout en observant la bagarre, je murmurai des formules incantatoires pour que l'essence ne s'épuise pas avant que vienne mon tour, que l'électricité ne soit pas coupée, que la pompe ne ferme pas avant que je sois servi et que je n'allonge pas la liste des nombreux râleurs qui rôdent à Mwanza.

We need business, brother

J'attends, en ville, l'arrivée de l'avion suivant et gare la Jeep devant l'hôtel New Mwanza. Je sors de ma poche un bloc-notes et j'écris : « S. de nouveau pas là. Rien ne va. Pour qui ou pour quoi suis-je ici, au fait ? Pour les Tanzaniens, pour les biologistes de Leyde, pour accueillir des invités ? Suis-je venu séjourner sur l'équateur pour faire la queue deux jours sur sept en quête d'essence ? Pour passer une journée, chaque semaine, à chercher la nourriture qui me donnera l'énergie nécessaire pour attendre à la pompe ? Tout le monde est désespéré ici. Même les taupes plient sous le poids de l'asphalte de la piste d'atterrissage, soulevée en plusieurs endroits comme si l'une d'elles essayait, en vain, d'y faire un trou avec sa tête. Sous l'eau, il y a des tas de merveilles, j'en suis persuadé, mais quand pourrai-je enfin y aller voir ? Bon sang, tant qu'il n'y a pas d'essence, écris quelque chose sur Mwanza. Stop maintenant. Sur la terrasse de l'hôtel, sont assis deux officers qui me tiennent à l'œil. » Je range mon bloc-notes et guette les fonctionnaires qui boivent abondamment ; deux hommes tout ronds, à la tête bourrue de briseurs d'escargots. Ils sont en compagnie de deux accortes matrones à la fleur de l'âge, déjà quelque peu rondelettes et prédisposées à l'embonpoint pour les prochaines années. Leurs visages me semblent trop fardés, mais ce n'est peut-être qu'une impression, car j'ai perdu tous mes repères. Les femmes se maquillent rarement ici, de sorte qu'un soupçon de fond de teint suffit à titiller les sens, les miens du moins. Les deux matrones portent des robes cosmopolites, pas les châles imprimés dont s'enveloppent généralement les femmes du peuple. Elles farfouillent nerveusement dans leur sac à main, accessoire indispensable des prostituées locales. Ah ! t'as même pas le culot de faire quoi que ce soit, me dis-je en râlant. Juste acheter un petit livre chez le libraire évangéliste, *The Prostitute in the African Literature.*

Un serveur basané en pantalon noir et chemise blanche se tient près de la porte donnant sur la terrasse. Il observe le groupe avec un air d'ennui résigné, quand un des hommes se lève et quitte les lieux en passant devant lui. Avec l'élégance du torero esquivant de justesse le taureau qui s'avance, il recule la jambe gauche. A la vitesse de l'éclair, il ramène la jambe droite, tout en soulevant verticalement, le long de sa poitrine, un plateau instable. L'homme passe devant lui, sans lui prêter la moindre attention.

Je descends de voiture. Tandis que je ferme la portière, le colosse franchit le seuil de l'hôtel. Il porte un uniforme kaki, version tanzanienne du costume de Mao. En dessous, on devine sa peau douce et dorée. Son cou s'orne d'un lacet de cuir auquel est fixée une amulette blanche en forme de disque et, à son poignet gauche, brille une montre en or. En descendant du trottoir, il manque de perdre l'équilibre. Je fais quelques pas rapides dans sa direction, mais il m'arrête d'un geste en disant : *« I am on my own. »* Titubant légèrement, il se dirige vers la Jeep, indiquant le texte qui y est écrit. Arrivé tout près de la voiture, il essaie, à plusieurs reprises, de prononcer les mots, mais le son « ch » du premier *« Haplochromis »* est manifestement insurmontable. Lorsque l'homme arrive près de moi, j'éprouve une forte impression de « déjà senti ». Il répand de lourds effluves rances agrémentés, à chaque mot qu'il prononce, de l'agréable odeur du *conyagi*, un distillat assez fort. Tout en s'éventant avec une serviette de l'hôtel, il s'informe, l'œil mauvais : *« Brother, what is this Haplo ? »* Sans me laisser le temps de répondre, il poursuit : *« We need trawlers, not this Haplo. We want commercial fisheries on Lake Victoria. Remember that you are in the third world now. We need business, brother. I want to see you in my office. »* Il se retourne d'un trait et grommelle : *« But not today. I need another hot tea... Thank you so much for this conversation »*, puis rejoint en vacillant le groupe, qui ne nous a pas quittés des yeux pendant toute cette scène.

Pourquoi les Tanzaniens sont-ils contrariés de me voir ici ? Parce que je consomme leurs dernières gouttes d'essence pour venir chercher un visiteur. Mais je ferais mieux de me donner du courage :

aussi longtemps qu'une boîte de sardines portugaises sera mieux protégée ici que les poissons les plus rares du lac, ma présence dans ce pays ne sera pas inquiétante. Et puis, qui sait, les animaux que je cherche à sauvegarder n'intéressent peut-être personne. En outre, il y a de fortes chances que le projet comporte bientôt un volet pratique dont les résultats des recherches pourraient être immédiatement utilisés par le peuple tanzanien. Quelqu'un est déjà arrivé du pays de Lorenz et de Leeghwater. C'est Melle, un homme doué de sens pratique, sachant tout faire et prêt à tout, pour autant que ce soit utile. Peut-être disposera-t-il même d'un navire de pleine mer, construit aux Pays-Bas.

Mais pourquoi ne rentrons-nous pas chez nous si les responsables tanzaniens n'accordent aucun intérêt à notre travail ? J'ai parfois l'impression qu'ils pensent : « Regardez, nous voilà encore une fois avec une bande de Néerlandais sur les bras. Si on ne les tient pas à l'œil, ils font une "bonne action" puis, sans crier gare, réclament en échange une déclaration en six exemplaires précisant que nous attendions ce bienfait depuis des années. »

Je jette un coup d'œil, au passage, dans un salon de coiffure sur le point de fermer. Une femme dont les tresses en tuyaux de pipe se dressent de tous côtés se regarde une dernière fois dans le miroir, par-dessus son épaule, avant de quitter le magasin. Lorsque, arrivée dans la rue, elle vérifie délicatement des mains où finit sa coiffure et où commence le monde extérieur, le propriétaire ferme boutique, faisant apparaître la série de têtes peintes sur les volets bleu clair qui semblent proposer au passant le choix entre « James Brown », « Disco » ou « Nairobi ». On dirait que ces visages rieurs aux coiffures baroques sur fond d'azur m'adressent des paroles d'encouragement : « *Hamna wasi wasi*, ne te fais pas trop de mouron, étranger. Toi et tes amis prenez vos petits poissons. Dans quelques années, vous rentrerez chez vous et nous, nous aurons un bateau qui pourra encore servir longtemps. »

Si seulement S. pouvait être là, enfin. A quoi pourrait-il bien ressembler ? En général, les spécialistes de la biologie moléculaire sont facilement reconnaissables : bien en chair et toujours préoccupés de leur tonnelet d'azote liquide. Ils le dorlotent comme un bébé. Les profanes ne peuvent s'en approcher. L'imprudent qui, profitant d'un

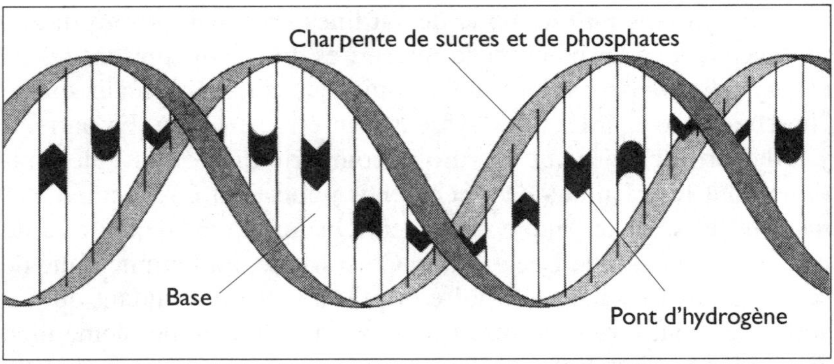

Représentation schématique de la constitution de l'ADN.
A = adénine, T = thymine, C = cytosine, G = guanine.

moment d'inattention, essaie, malgré les avertissements, de savoir ce qu'il contient, se brûle les doigts. L'azote liquide conserve pendant quelques mois les tissus animaux servant aux recherches sur l'ADN. Les biologistes nous demandent de leur indiquer les espèces qu'ils doivent choisir pour établir une généalogie, car ils ne connaissent pas eux-mêmes l'aspect des animaux sur lesquels ils travaillent. A chaque fois, ça me surprend. Eux, en revanche, s'étonnent de ce que je n'aie pas la moindre idée de l'apparence des gènes. Mais ça, c'est l'intérieur, pas l'enveloppe. Après concertation, ils passent commande : huit à taches violettes, sept à bec de perroquet, dix à trident, neuf à tête de feu... Leur tonnelet plein, ils se remettent en route. Rentrés en Occident, ils tentent de déterminer, dans un laboratoire équipé d'appareils modernes, les liens de parenté qui unissent les espèces dont ils ont ramené l'ADN.

Je vais m'asseoir sur une pierre près d'une bande de garçons occupés à fabriquer de petites lampes à huile avec de vieilles boîtes de conserve. Coups de marteau, tapotements, musique de la radio. Pour profiter au mieux de la visite de S., je récapitule l'état de la situation : la structure spatiale de l'ADN, le modèle de l'échelle de corde de Watson et Crick.

> Chacune des cellules des organismes pluricellulaires possède un noyau, dans lequel se trouve une double série de chromosomes.

Ceux-ci sont constitués d'ADN qui porte l'information héréditaire. La structure tridimensionnelle de l'ADN peut être représentée par une échelle de corde composée de deux épais cordons d'égale longueur reliés par des échelons équidistants. Faites tourner l'échelle autour d'un axe imaginaire, régulièrement, sans trop serrer, jusqu'à obtenir une double hélice. Ce modèle de Watson et Crick représente une bonne approximation de la configuration spatiale de l'ADN.

Chacun des deux cordons hélicoïdaux est constitué de bases situées l'une à la suite de l'autre, les nucléotides. Quatre bases interviennent dans la composition de l'ADN du noyau cellulaire : l'adénine (A), la cytosine (C), la guanine (G) et la thymine (T), Chaque base adénine de l'un des cordons se trouve toujours en face d'une base thymine de l'autre ; de même, chaque base cytosine d'un cordon est toujours en face d'une base guanine de l'autre. Donc, si l'on connaît la place d'une adénine dans un cordon, on peut en conclure qu'une thymine occupe la place opposée dans le cordon complémentaire. Dans le modèle de l'échelle de corde, un échelon symbolise deux bases complémentaires, reliées entre elles par un pont d'hydrogène, tandis qu'une corde symbolise un cordon constitué d'une série de groupes phosphorés et de molécules de sucre.

Lorsque toutes les divisions cellulaires se déroulent correctement, l'information génétique contenue dans le noyau est la même pour toutes les cellules de l'organisme. Lorsqu'une division cellulaire est imminente, les deux cordons d'ADN complémentaires se détachent l'un de l'autre. Avant la division proprement dite, les ponts d'hydrogène relativement labiles reliant deux bases complémentaires sont rompus et la double hélice se scinde en deux cordons. A chacun de ceux-ci s'adjoint un cordon complémentaire, selon le principe de l'appariement des bases. Finalement, une nouvelle double hélice se forme dans chacune des deux cellules filles, qui possèdent donc un ADN présentant la même séquence de bases que la cellule mère. L'ADN code la formation de protéines, constituées d'acides aminés. C'est la nature des acides aminés entrant dans leur composition qui détermine la forme et les propriétés caractéristiques des différentes protéines complexes.

Trois bases successives, formant un triplet, indiquent lequel des vingt acides aminés qui existent est utilisé. Certains triplets codent le même acide aminé. Le processus par lequel les acides aminés sont reliés les uns aux autres se déroulerait indéfiniment

si le code ne précisait à quel moment une protéine déterminée est achevée. Cette indication est donnée par trois triplets qui ne servent pas à coder la synthèse d'un acide aminé.
La formation de ceux-ci et leur assemblage en protéines ne se produisent pas dans le noyau de la cellule, qui en recèle seulement le scénario, mais dans le plasma qui entoure celui-ci. L'information contenue dans l'ordre de succession des nucléotides de l'ADN du noyau est traduite en ARN messager, selon le principe de l'appariement des bases complémentaires, et transportée vers le plasma. Celui-ci contient les ribosomes, petits organites composés d'ARN et de protéines, qui jouent un rôle primordial dans la synthèse des protéines. Dès que les ribosomes captent l'ARN messager, ils commencent l'assemblage des acides aminés en protéines selon les instructions qu'il lui donne. C'est une forme spéciale d'ARN, l'ARN de transport, qui charrie les acides aminés indiqués par le code. Certaines des protéines synthétisées sont intégrées dans des structures cellulaires. D'autres, les enzymes, stimulent de nombreuses réactions métaboliques.
Le code génétique est le même pour quasi tous les organismes vivants. Une séquence déterminée de trois nucléotides se traduira toujours par le même acide aminé, indépendamment de l'espèce*.

Ah ! qu'il vienne enfin, ce fou des gènes avec son petit tonneau. Je me remets en route. Au pied d'un gros arbre, on découpe des sandales inusables dans de vieux pneus. Je me déchausse, en essaie quelques-unes et en achète une paire. Quelques hommes jettent un regard amusé sur mes pieds blancs, comme si c'était deux bêtes exotiques. Ces animaux ont-ils l'intention de faire encore quelque chose ensemble ou vont-ils rester plantés là ? Ah ! ils repartent. Le choix des articles est limité : barres de savon, plateaux d'aluminium et gobelets. Papayes, mangues et limons. Pain, thé et *mandazi*, flocons soufflés de farine de riz. Il y a aussi une petite pile de *Daily News*, le journal censuré du seul parti autorisé : le Chama Cha Mapinduzi, le Parti de la révolution. Lorsque le papier vient à manquer, il arrive que le journal ne sorte pas pendant une semaine, mais dès que c'est possible il paraît.

---

* Voir *De DNA-makers. Architecten van het leven*, H. Schellekens (éd.), Maastricht, Natuur & Techniek, 1993.

Un guérisseur traditionnel me fait signe et m'indique, d'un air grave, un tableau sur lequel sont inscrites les maladies qu'il traite : maux de tête, rougeole, malaria, tuberculose et bien d'autres. Je ne comprends pas tous les noms en swahili, tant s'en faut. Je reconnais cependant un nombre impressionnant de maladies vénériennes. Il est étrange d'imaginer que la reproduction sexuée aurait pu apparaître pour enrayer des maladies. Peut-être est-ce même la seule raison d'être du sexe masculin. Bousculant le matériel héréditaire des parents, le sexe produit de nouvelles variétés génétiques, parmi lesquelles on trouve, de temps en temps, des spécimens résistants aux agents pathogènes. Chez les animaux dont le mécanisme de reproduction est asexué, le nombre de nouvelles variétés est beaucoup plus faible et donc le risque d'extinction de l'espèce plus grand. Mais, dès son apparition, le sexe devint lui-même une source intarissable de maladies.

Je farfouille dans les marchandises étalées. Il y a toutes sortes d'objets de bois, de petits sacs de poudre et des pots d'onguent. Dans un bac, en bois lui aussi, gisent pêle-mêle des coquilles d'escargots, des morceaux de peau de civette, des piquants de porc-épic et des bracelets de cuivre dotés, paraît-il, de vertus protectrices. Puis encore un *lupingu*, pièce triangulaire taillée dans la coquille d'un escargot de mer. Au début de ce siècle, sous la domination allemande, un *lupingu* représentait une valeur appréciable : on pouvait en échanger quatre contre une chèvre, m'a dit un jour un Tanzanien très âgé. Pour les Sukuma, qui vivent à des milliers de kilomètres de la mer, il était difficile de s'en procurer. Aux fêtes, les jeunes filles nubiles portaient au cou autant de *lupingu* qu'elles pouvaient se permettre. Les prétendants éventuels évaluaient ainsi l'importance des cadeaux qu'ils devraient apporter pour disposer les parents à leur céder leur fille. Pendant la période anglaise où les *lupingu* arrivaient en masse, leur valeur s'effondra rapidement. « Quelle affaire, petit père », dit le guérisseur. J'acquiesce d'un signe de tête et prends congé.

Un hurlement déchirant interrompt brutalement ma méditation. Le bruit provient d'un grand haut-parleur installé dans le minaret blanc comme neige d'une mosquée. Un groupe de corneilles qui rêvassaient sur le mur s'envolent, paniquées. Deux hérons juchés dans un arbre, en face de l'édifice, se préparent aussi à fuir. Ils étendent leurs pattes, battent des ailes, puis se posent à nouveau. Le son s'amplifie comme si on émasculait le chanteur, puis se transforme en lamentations stridentes qui transpercent la moelle et les os. Alors on a décrypté le code génétique ? Bravo pour votre savoir tout neuf, pauvres fouineurs. Mais ne croyez pas que le démontage de mécanismes enlève quoi que ce soit au Grand Mystère de la Vie. Est-ce que je comprends bien ou le message que je perçois dans ce chant plaintif est inexact ? Il se fait un silence de mort. Seul un mendiant est resté près du portail d'entrée de la mosquée. Ses jambes enflées sont couvertes de lésions scabieuses. Il chantonne doucement en s'accompagnant du cliquetis de deux pièces de monnaie qu'il tapote l'une contre l'autre. Un chat squelettique louvoie entre les souliers et les sandales qui jonchent le sol carrelé blanc du patio de la mosquée. Il passe d'une odeur à l'autre.

Je reviens sur mes pas le long du marché en direction du lac. Patel, Al Salem, Abdel Hussein. Les noms, sur les devantures des magasins, ont une consonance asiatique ou arabe, pas africaine. Passerai-je par le bureau de poste voir s'il y a un message de S. ? Lorsque ce n'est pas nécessaire, je préfère ne pas m'inquiéter du courrier. La vue de la boîte aux lettres vide m'est devenue insupportable.

Aucune missive d'amour, aucune nouvelle d'amis, aucun message du spécialiste de la biologie moléculaire. Mais une enveloppe brune venant de Leyde. Un avis de l'unité administrative du département de biologie. Les pauses-café commenceront désormais vingt minutes plus tard. Veuillez en tenir compte pour alléger l'horaire surchargé du personnel de la cantine. Fin du message. Allons acheter des timbres.

– *Hamna*, il n'y en a plus, dit une jeune fille assise derrière le guichet.

– Pas de timbres ?

– *Hamna*, répète-t-elle en me montrant quelques pages vides de l'album.

Il reste des timbres de faible valeur, mais il en faudrait tant pour affranchir une lettre à destination de l'Europe que la jeune fille épuiserait tout son stock. Je pense à celles que j'ai envoyées précédemment. Au début, les enveloppes étaient de plus en plus couvertes, à mesure de la raréfaction des timbres les plus chers, puis, quand il n'est plus resté que les timbres de moindre valeur, j'ai adjoint des ailes aux lettres pour disposer d'une surface suffisante. Ailes simples pour les lettres courtes, doubles pour les longues. Cela m'amusait et j'écrivais sans cesse pour le seul plaisir d'envoyer dans les airs plein de petits biplans.

– Puis-je vous donner mes lettres, en payer le port et les envoyer sans y apposer de timbres ? demandé-je à la jeune fille.

– C'est impossible, dit-elle en me regardant de côté d'un air grognon. Une lettre doit avoir un timbre. *It is simple.*

J'opine du bonnet et m'apprête à partir quand, passant la main à travers le guichet, elle me fait signe de revenir et dit :

– Étranger, étranger, tu peux aller à Shinyanga. Ma sœur m'a dit qu'ils avaient encore des timbres, jusqu'aux valeurs les plus élevées.

– Mais il faut une journée en bus, dis-je.

– *So what*, répond la jeune fille en riant.

Je la remercie de son conseil et m'en vais.

Au bureau de la société aéronautique nationale, j'apprends que la panne de l'avion n'a pas encore été réparée. C'est le seul appareil disponible pour les vols intérieurs. *Nimeshindwa*, je suis découragé, dis-je *in petto*. J'ai envie d'une cigarette. Eh bien ! fumons.

Une cigarette. Je ne suis pas le seul à en vouloir. Il n'est pas facile de s'en procurer. Il y a des mois que les magasins en sont dépourvus. Mais peut-être vais-je en trouver dans la rue. On en vend au marché noir. Devant un cinéma, je rencontre des garçons qui proposent des Sportsman à la pièce. J'hésite. Vais-je vraiment fumer ? Je ferais peut-être mieux d'aller me saouler. Les garçons croient que le prix m'embarrasse. Je ne suis pas obligé d'acheter une cigarette entière, si c'est trop cher, pour un shilling, je peux tirer une bouffée. Ils les compteront. Je m'offre une cigarette entière que je savoure, assis sur le bord du trottoir. Je décide de chasser S. de mon esprit, pour de bon. Il ne réussira jamais à quitter Dar es-Salaam.

Le garçon qui portait le paquet de cigarettes me demande si je peux en acheter une pour lui.

– Mais elles sont à toi ? Ou tu as envie de fumer, toi aussi ?

Non, il va la vendre.

– Donc tu doubles le prix ?

– Oui, dit-il embarrassé, comme ça, je reçois plus d'argent.

C'est imparable. J'achète au double du prix toutes les cigarettes qui restent dans le paquet et les distribue aux trois garçons. Il s'ensuit une grande confusion. Tandis qu'ils s'en vont, je les entends jurer et maugréer tout en se proposant mutuellement de l'argent en échange des cigarettes. Une aide, si infime soit-elle, peut troubler le repos et nuire à la santé.

Une semaine plus tard arrive un message de S. Il regrette de n'avoir pu venir.

Le soldat et le matelas

Une fois de plus, j'attends à l'aéroport un biologiste qui vient chercher de l'ADN de furus. Pendant que nous faisions la queue à la pompe à essence, que nous souffrions de malaria et pêchions avec ardeur, en Occident la biologie moléculaire faisait un spectaculaire bond en avant, la découverte d'une technique permettant de repérer un fragment d'ADN et de le recopier ensuite autant de fois qu'on le souhaite. Cette nouvelle à peine connue, on vit de nouveau les biologistes débarquer ici. Nous ne savons toujours pas si nous avons affaire à un véritable essaim d'espèces. Aucune généalogie valable n'a encore été établie à l'aide de caractères moléculaires.

Pour l'étude comparative d'espèces récentes, comme l'essaim des cichlides du lac Victoria, l'ADN du noyau cellulaire, dont la transformation est lente, n'est pas le matériel le plus adéquat. Les corpuscules appelés mitochondries, qui se trouvent dans le plasma des cellules des vertébrés, contiennent un ADN qui, lui, convient bien à cette étude. L'ADN mitochondrial (ADN-mt) est une molécule circulaire à double cordon. Chaque cellule contient quelques centaines de mitochondries.

> Chaque mitochondrie contient cinq à dix copies de l'ADN circulaire. Celui-ci a une longueur de 16 000 à 100 000 paires de bases et porte des gènes qui codent la synthèse de protéines et d'ARN ribosomiques et d'autres qui codent celle d'ARN de transport. Certaines parties de l'ADN circulaire, appelées régions de non-codage ou régions de contrôle, ne codent pas la synthèse des protéines. On a pu déterminer, pour plusieurs organismes, la séquence complète des bases de l'ADN-mt, qui porte

quelques dizaines de gènes [29]. L'ADN est parfois le siège de mutations. Dans le cas le plus simple, celles-ci consistent dans le remplacement d'une base par une autre. Des paires de bases peuvent aussi être ajoutées ou supprimées ; des réorganisations plus profondes de fragments plus grands d'ADN peuvent aussi avoir lieu. Les mutations se produisent à des moments imprévisibles, mais on admet que leur fréquence, pour un morceau donné d'ADN, reste comprise entre certaines limites. Si les mutations apparaissent selon un rythme régulier, chacune d'elles pourrait être considérée comme un battement d'une « horloge » moléculaire. Le degré de différenciation des ADN de diverses espèces donne une indication du temps qui s'est écoulé depuis qu'une barrière de reproduction s'est dressée entre elles.

Chez les espèces étroitement apparentées, comme les furus du lac Victoria, l'étude comparative de la séquence des bases d'un fragment donné de l'ADN de leur noyau cellulaire ne permettrait pas de déceler d'éventuelles différences entre elles ; la séquence des bases du fragment étudié serait exactement la même pour toutes les espèces. Dans ces cas-là, l'ADN-mt peut être d'un précieux secours. On a établi que, chez les mammifères, la fréquence de mutation de l'ADN-mt est cinq à dix fois plus élevée que celle de l'ADN du noyau. De plus, dans la molécule circulaire d'ADN-mt, la fréquence de mutation varie aussi d'une région à l'autre, la plus élevée étant celle de la région de contrôle. Elle est deux à cinq fois plus grande dans cette partie d'ADN, qui ne code pas la synthèse des protéines, que dans les autres. D'où la préférence donnée à cette région pour l'étude comparative de jeunes espèces, encore peu différenciées [29].

Les chercheurs intéressés par la phylogénie tentent d'établir des relations entre les espèces, édifiant ainsi, petit à petit, un arbre généalogique fondé sur les caractères moléculaires. Les archives génétiques peuvent les y aider. Il est possible d'envoyer au service qui gère celles-ci des données relatives à la séquence des bases d'un fragment d'ADN donné pour faire vérifier à quel organisme, parmi ceux qui sont répertoriés, il est le plus étroitement apparenté. Il y a quelques années, un groupe de chercheurs étudiant certains vers fit la démarche. Le résultat les surprit tout d'abord. Les vers présentaient une ressemblance génétique frappante avec le bœuf domestique, mais se situaient à des lieues les uns des autres. Après réflexion, les chercheurs comprirent ce qui s'était passé. Les vers étaient nourris à volonté de foie de bœuf et, au cours de leur dernier repas, ils en avaient rempli leur intestin avant d'être sacrifiés, selon le rite de la pulvérisation, sur l'autel de l'étude de l'ADN.

Je lève les yeux de l'article sur l'ADN mitochondrial. Une petite fille est devant moi. Je ne la regarde pas droit dans les yeux, car, en général, les petites Tanzaniennes ont peur des étrangers. Elle tient fermement d'une main la jupe d'une femme, debout à mes côtés, et me tend l'autre main. Je saisis son bras et la salue.

– Elle n'a pas peur des étrangers ? demandé-je à la femme.

– Elle n'a pas peur des Blancs, sa mère n'a pas de couleur.

– Elle est albinos ? demandé-je.

– Eh ! *baba*, père, confirme-t-elle, bien qu'elle ne connaisse sûrement pas le mot « albinos ».

Tandis que j'engage la conversation avec la femme, la fillette caresse les poils de mon avant-bras.

Un homme squelettique aux joues creuses et aux cheveux fins peignés en arrière entre dans le hall. Il porte une chemise à carreaux, un pantalon de Terlenka gris trop court et des sandales. Il vient vers moi en riant, fait un signe de tête à la femme qui est à mes côtés et se présente : « Howell, père blanc », en me tendant la main, que je serre dans la mienne après m'être levé.

– J'ai un pneu crevé. Vous avez un cric ? demande le père.

Je prends congé de la femme et de la fillette et, accompagné de l'ecclésiastique, je me dirige vers la Jeep pour y prendre l'outil.

En homme d'expérience, le père remplace la roue. Il venait chercher des religieuses. Elles devraient être sur le même vol que mon hôte, mais il n'est pas très optimiste pour aujourd'hui, et, dès la roue de secours en place, il reprend la direction de la ville. Refusant de renoncer aussi vite, je fais les cent pas près de la piste d'atterrissage. Je sors mon bloc-notes et me mets à écrire : « Des cigognes noires cherchent des escargots dans un petit champ détrempé bordant la piste d'atterrissage… »

Un soldat musclé au costume kaki trop large s'approche de moi, dans de grosses chaussures de cuir sans lacets. Il porte un fusil dans la main droite. Je me maudis d'avoir écrit. C'est le soldat qui, l'autre jour, m'avait ordonné de garder mon bloc-notes en poche, à l'aéroport. J'avais trouvé ça stupide. Grâce aux photos prises par satellite, les militaires peuvent repérer les lieux dans les moindres détails y compris les monticules faits par les taupes sous la piste, lui avais-je dit, en précisant que je n'avais rien à ajouter.

– *So this time you are arrested*, dit le soldat sur un ton quasi mélancolique, en me prenant le carnet des mains. *Have you been arrested before ?*

– Mais bien sûr, dis-je non sans une certaine fierté.

– *So, for sure, you know the procedure ?*

J'acquiesce.

– *We can take your car, it is easier*, dit-il sur un ton chantant.

Nous marchons vers la Jeep, je lui ouvre la portière et la referme dès qu'il a pris place, le fusil entre les genoux.

– De quel côté allons-nous ? demandé-je en faisant démarrer le moteur.

– D'abord tout droit, indique le soldat. Quand, après quelques minutes, il m'ordonne d'emprunter un petit sentier sablonneux, je n'y comprends plus rien. Sous les secousses et les cahots, nous longeons le chemin quasi impraticable en direction du lac. Après quelques centaines de mètres, le soldat me demande de m'arrêter devant une maison d'argile délabrée. Il descend de voiture et entre dans la masure. Sur la façade d'un gris brunâtre, on peut lire cette inscription en lettres blanches : *« Don't mix business with friendship »*, sous laquelle une créature mythique, mi-homme, mi-hyène, est peinte à la couleur bleue. A côté, on a gravé au charbon de bois une figure humaine sans lien aucun, à première vue, ni avec le texte ni avec l'autre personnage. Après cinq minutes, le soldat réapparaît et remonte dans la voiture. Il avait un *shida*, un problème à régler.

– C'est résolu ? demandé-je.

– En ordre, dit-il laconique. A présent, en route vers le bureau qui va traiter mon affaire.

Je mets le moteur en marche, fais demi-tour et reprends le sentier sablonneux dans l'autre sens.

– *Karibu mahindi*, si tu aimes le maïs, dit le soldat en sortant d'un journal deux épis grillés.

J'en prends un et le remercie.

– Il vient de votre champ ?

Il acquiesce fièrement et demande si j'ai du sel. Hélas, je n'ai pas de sel dans la voiture.

– *Simama*, arrête, dit-il amicalement en indiquant une maison dont nous nous approchons.

Une petite vieille, ridée comme un vieux fruit de la passion, en sort dès qu'elle entend le bruit du moteur.

– *Karibu, welcome, welcome*, dit-elle joyeusement. Nous avons des invités ? Vous venez prendre le thé ?

J'ai l'impression de ne pas avoir le droit de parler et je laisse ce soin au soldat, bien que la petite vieille se soit adressée plus particulièrement à moi.

– Les étrangers sont revenus, dit en riant le soldat.

– Tant mieux, tant mieux, dit la vieille tout excitée.

Je suis décontenancé. Je fais tout ce que je peux pour ne pas être pris pour un colonial, mais une petite vieille m'accueille avec enthousiasme parce que les coloniaux sont de retour – en état d'arrestation, certes. Le soldat jacasse quelque chose dans une langue que je ne comprends pas, puis demande du sel en swahili. Hélas, hélas, elle n'en a pas. Si seulement elle avait su que nous venions, elle en aurait acheté. Le soldat prend congé de la petite vieille et me dit :

– *Twendeni*, allons-y.

Tout en mangeant le maïs, nous poursuivons notre expédition. Du coin de l'œil, j'observe le soldat assis tranquillement à côté de moi, comme si nous étions en vacances ensemble depuis des semaines. Il indique le chemin du bureau de police local et je me rends compte maintenant que nous sommes déjà passés par ici. Je gare la Jeep à côté du bureau. *In extremis*, juste avant de m'emmener, le soldat demande :

– Tu aurais un matelas ?

– Un matelas ? répété-je, surpris.

Il voudrait que je lui vende mon matelas avant de rentrer chez moi. Peut-être pourrait-il commencer à le payer dès maintenant, car le montant serait trop élevé à débourser en une seule fois.

– *I want to make a booking*, dit le soldat.

Je regrette de le décevoir. D'abord, je ne partirai pas avant longtemps et, de toute façon, je laisserai mes biens aux pêcheurs avec lesquels j'ai séjourné. Ils seraient fâchés d'apprendre que je lui ai vendu mon matelas.

– Ils seraient fâchés ?

Le visage du soldat se rembrunit ; pendant quelques secondes, il semble ébranlé comme s'il avait reçu un coup de massue, puis le message passe.

– C'est sûr qu'ils seraient fâchés. Pas vrai ? Tu le dis toi-même, étranger, rabâche-t-il tandis que nous entrons dans le bureau.

Le soldat me remet à un policier et prend congé :

– Étranger, je m'en vais. *Kazi, kazi*, au boulot. Dites, merci encore.

– Pas de quoi, pas de quoi. *Asante kushukuru*, tout le plaisir était pour moi, dis-je.

A l'invitation de l'agent principal, je prends place devant son bureau. L'air grave, il feuillette le bloc-notes que le soldat lui a remis. Pendant ce temps, je regarde autour de moi. Trois hommes à l'air timide sont assis sur une banquette le long du mur. Tous trois sont en haillons. L'un d'eux n'a même pas de chaussures. Rien qu'un short effiloché et une chemise essentiellement composée de trous.

Les murs crépis du bureau sont peints en jaune sombre. Une photo en noir et blanc du *mwalimu*, le professeur, le président Nyerere, y est accrochée. Les chaises de bois sur lesquelles les policiers sont assis sont d'un ancien modèle anglais, introduit ici dans les années vingt, et reproduit, depuis lors, le plus fidèlement possible. Chaque chaise doit être une réplique de la précédente et ainsi de suite jusqu'à la toute première qui, issue du cerveau des Britanniques, échoua sur le sol tanzanien.

– Vous rêvez, étranger ? D'où venez-vous et que cherchez-vous ? demande l'agent principal en swahili, sans cesser de feuilleter le carnet. Dans un coin de la pièce, s'amoncellent des classeurs et des paperasses retenues par des ficelles. Sur le vieux bureau de bois, trônent une machine à écrire et, à côté, un livre peu épais. Sur la jaquette, on peut lire : *Help from above*.

– *So now my specific question is,* poursuit-il en anglais, *what you were doing on the airport although in fact there was not even an aeroplane ?*

– J'en attendais un, dis-je en swahili.

– Mais pourquoi n'attendiez-vous pas dans le hall ? C'est pour ça qu'il a été construit. Mais vous, vous êtes sorti et avez pris des notes.

Les yeux de l'agent principal trahissent sa méfiance. Un deuxième policier, qui examine aussi mon bloc-notes à présent, dit, en frappant triomphalement du dos de la main le carnet ouvert :

– Regarde, un plan de l'aéroport.

Il désigne un croquis que j'ai fait il y a quelques semaines. J'éclate de rire et dis :

– Mais non, ce n'est pas l'aéroport. C'est un plan de la maison de mes parents. C'est là que j'ai grandi. Vous voyez, ici, c'est le couloir, là, c'est la cuisine et, dans cette grande pièce, il y avait le piano.

– *It looks very much like the airport. This is too big... too big for one house. Eh! eh! eh! is this one house?* dit l'agent chef, l'air étonné, qui conclut, dans un éclat de rire : *We are so backward.*

Ne t'en laisse pas conter, pensé-je, mais je ne dis mot. Le deuxième agent, toujours aussi intrigué par cette affaire, demande :

– Dites un peu ce qui est écrit là.

Je lis :

– « Troisième jour après la fécondation : on met la dernière main aux yeux. Des cristallins apparaissent. La fonction du regard est en place et, à condition que ces embryons développent suffisamment de facultés psychologiques, également la fonction de la vision, c'est-à-dire de la sensation. » C'est en rapport avec mon travail. Ce serait trop long à expliquer. Il s'agit de la descendance de poissons, expliqué-je.

– *Ah, you are a fish doctor, bwana samaki, our fisherman. Very good, very good. So these MiG's don't have your principal interest.*

– Pas du tout, dis-je, soulagé.

Une plantureuse policière, vêtue d'un chemisier blanc et d'un pantalon trop étroit, noir à galon bleu, se faufile derrière le bureau et tente d'attirer l'attention de l'agent principal. « Tout à l'heure, tout à l'heure, je suis occupé avec l'étranger. » Docile, elle retourne dans la pièce attenante, agitant son volumineux arrière-train en signe d'adieu.

Le premier agent se balance sur sa chaise, les deux mains agrippées au bureau, et dit joyeusement :

– Les Russes nous envoient des bombardiers, pourquoi vous, vous n'envoyez que des biscuits ? Ah ! laisse tomber, dis-nous plutôt comment je dois fumer le silure d'aquarium. On m'a dit que vous, les étrangers, étiez passés maîtres dans cette technique.

A ce moment-là, un pauvre bougre menotté est poussé dans le bureau sans ménagement par deux policiers qui l'emmènent dans une autre pièce et reviennent, quelques instants après, se poster près de nous.

– Notre médecin pour poissons va nous dire comment fumer le silure d'aquarium, dit l'agent principal aux deux arrivants. La parole est au *bwana samaki*.

Je commence :

– Prenez un baril à pétrole dont vous coupez le bord supérieur. Faites un trou dans la paroi latérale. Allumez un petit feu dans le fond du baril. Veillez à avoir sous la main une provision suffisante de copeaux de bois. Tendez un morceau de toile de jute humide au-dessus du baril. Lorsque les flammes ont disparu et que le bois rougeoie encore, parsemez les braises de copeaux, légèrement humidifiés pour qu'ils fument bien.

– Et les poissons ? demande l'un des policiers.

Le bureau est devenu un petit cercle de dames. Un sourire amical aux lèvres, les agents écoutent l'énoncé de la recette. Les trois hommes assis sur la banquette le long du mur sont également attentifs. Si ça continue comme ça, je sortirai d'ici avant qu'il fasse nuit. Je m'interromps et tends l'oreille. De la pièce où l'homme menotté a été enfermé, proviennent des sons étranges que je n'identifie pas.

– Quelqu'un pleure ? demandé-je.

– Les poissons, dit l'agent principal, parlez un peu des poissons.

– Les silures ont été salés et enfilés sur des brochettes. Dès que le feu fume bien, on suspend les brochettes dans le baril et on replace la toile de jute au-dessus.

Maintenant, j'entends distinctement des gémissements et des sanglots et demande s'il ne faudrait pas y aller voir.

– Continuez, dit l'agent principal avec une certaine irritation.

– C'est tout, dis-je. C'est fini. Quand les poissons ont dégorgé leur graisse, ils sont prêts.

Les policiers discutent de la recette avec enthousiasme.

– Quand nous apportez-vous du poisson ? demande l'un d'eux. Et n'oubliez pas le baril, ajoute un autre.

– *Karibu Tanzania*, bienvenue en Tanzanie, dit l'agent principal en refermant le carnet qu'il me rend, et, si tu viens encore à l'aéroport, tiens-toi un peu à l'écart ou attends dans le hall. Va en paix.

Blue Café

Alors que je me dirige vers le Blue Café, un petit restaurant de la ville, pour y fêter ma liberté retrouvée, je croise sur la grand-route notre invité, le biologiste Verdaasdonk, portant un sac à dos et un petit tonneau. Il vient d'arriver. Il est accompagné d'un jeune homme, du nom de Jo Van Geel, passionné de rongeurs. Morts de préférence. Hormis un sac qu'il tient dans la main gauche, Van Geel porte avec peine, sur l'épaule droite, un ballot de la poste rwandaise qui contient, d'après ses dires, quatre-vingts pièges.

– Il va sûrement vous débarrasser de vos souris, dit Verdaasdonk qui poursuit : Pour Van Geel, un animal ne commence à vivre que lorsqu'il se trouve dans sa collection, étiqueté et imbibé de camphre.

Arrivés au Blue Café, nous rangeons les bagages des visiteurs dans un coin de la pièce, sous un petit évier. Les fenêtres lourdement grillagées et garnies de rideaux bleu ciel ne dispensent qu'une faible lumière, mais la pièce est bien éclairée par les tubes au néon qui tremblent nerveusement au plafond.

Nous commandons des loumpias, du kebab et du thé à la cardamome à un jeune Africain maigre aux mains incroyablement délicates et aux longs doigts effilés. L'aye-aye aux longs doigts existerait-il encore ? Il y a des années, j'avais, une fois de plus, cherché en vain cet animal, devenu rare, dans les forêts tropicales de Madagascar où un essaimage de lémuriens est en train de se réduire à grande vitesse. L'un de nos lointains ancêtres aurait pu ressembler vaguement à ces lémuriens, qui se situent à mi-chemin entre l'écureuil et le singe, et certaines espèces furent effectivement l'objet d'une tradition de vénération de la part des habitants de cette île. Mais, hélas, aucune trace de l'aye-aye au cours de cette expédition. Certes, la forêt avait été infestée de biologistes partis à sa recherche. Danois, Français, Américains, Néerlandais s'y croisaient, déterminés à embrasser le dernier exemplaire de cet animal.

Le jeune homme aux longs doigts porte un cache-poussière bleu marine dont les manches sont beaucoup trop courtes et tient un balai fait de branches. Un Indien aux cheveux gris, à l'aspect de fakir, prend, à l'aide d'une pince, les mets commandés dans une petite armoire de verre posée sur le comptoir et les place sur de petites assiettes de plastique que le jeune homme nous tend d'un geste élégant. Sur le mur vert d'eau qui nous fait face, trône la grande affiche d'un groupe de musiciens pop blonds réunis dans une pinède. Ils sourient. Notre table de Formica est placée contre un mur bleu ciel couvert de cartes postales représentant des hôtels de bord de mer, des plans de villes et surtout de nombreux animaux d'Afrique : marabouts, zèbres, éléphants, guépards, léopards et lions. Plus l'animal est rare, plus on trouve, sur ce mur, de cartes à son effigie.

Les étrangers sont censés sauver les espèces menacées, mais en fait ce sont les espèces menacées qui sauvent, l'une après l'autre, les conversations des étrangers. Si l'on redoute que l'autre se mette à parler d'asphalte qui fond, d'âmes qui se vendent, de moteurs diesel qui chauffent, de puits qui s'approfondissent ou d'opérations qui se terminent dans le sang à la lueur d'une bougie, il reste toujours le recours de prendre les devants en lui demandant si lui aussi a vu un nouvel animal.

Aujourd'hui également, je pose la question à nos deux hôtes, qui reviennent justement d'une tournée de quelques parcs zoologiques. Ils se redressent et indiquent quelques-unes des cartes postales représentant des animaux qui, précisément, ne se sont pas montrés : chiens sauvages, hyène rayée, léopard.

– Mais nous avons vu la plupart d'entre eux, dit Van Geel d'un ton satisfait, ajoutant : Je connais des gens qui ont séjourné ici plus longtemps que nous et qui ont vu moins d'animaux.

Il sort de son sac un guide des habitats de mammifères africains et se met à le feuilleter. S'il a vu un spécimen d'une espèce donnée, il le signale d'un trait en marge de sa représentation dans le guide. Il nous les montre fièrement, en émettant une sorte de bourdonnement. Pendant ce temps, le spécialiste en biologie moléculaire explique que sa vie à lui est différente : il mène une existence sans guide.

Je lui dis que je trouve ça courageux.

– Ah ! courageux n'est peut-être pas le mot juste, répond-il. Pour moi, tout est ADN. Chacun se raccroche à un dernier espoir, le mien est contemporain. Qu'on le veuille ou non, notre époque est celle du réductionnisme.

– Des rongeurs, proteste Van Geel, sans lever les yeux de son guide.

Verdaasdonk recule sa chaise, met les mains sur ses genoux et regarde autour de lui avec un sourire satisfait, tandis que Van Geel s'inquiète à propos d'une antilope qu'il est sûr d'avoir vue, alors que le trait correspondant manque. Je suis sur le point de leur demander combien de temps ils comptent rester encore quand Verdaasdonk dit :

– Dans le parc de Manyara, nous avons cherché des lions dans les arbres. J'aurais bien voulu voir ça.

– Vous n'êtes pas les seuls, dis-je.

La dernière fois que nous y sommes allés, notre véhicule a été arrêté, à plusieurs reprises, par les passagers d'autres voitures, d'humeur manifestement revêche, qui pourtant, avec leurs chapeaux de toile et leurs lunettes de soleil, semblaient participer simplement à un safari : le ventre et la poitrine bardés d'appareils photographiques, de caméras vidéo et de téléobjectifs. Ils voulaient savoir si nous les avions déjà découverts, les lions dans les arbres.

– Non, il y a des lions dans les arbres, ici ?

– Bien sûr, dans cette réserve, il y a une population de lions arboricoles. Ce n'est pas courant.

C'était manifestement contagieux. Dès ce moment-là, tout comme ces touristes, mes compagnons de voyage n'eurent plus d'yeux que pour les lions dans les arbres. Ceux-ci n'étant manifestement pas faciles à trouver, la tension montait peu à peu dans la voiture, chargée à plein. On n'y prononçait plus que de rares paroles. Puis, quelqu'un avait rompu le silence : « Nous avons encore trois heures avant qu'il fasse nuit », et, après un moment : « J'espère n'ennuyer personne en disant ça. » Ensuite, le silence était retombé.

Le paysage magnifique vibrant sous la chaleur, un vol de milliers de flamants rose et blanc, un troupeau de buffles semblant se concerter sur la direction à prendre, rien ne suscitait plus aucune émotion depuis qu'on savait qu'il y avait des lions dans les arbres. Et pourtant le plus remarquable était encore à venir. A la fin de l'après-midi, je vis, à mon grand soulagement, une grosse patte jaune mollement appuyée sur une branche, à cinquante mètres environ du sentier sablonneux. Je criai « Stop ! » et le chauffeur recula jusqu'à ce que la patte soit à nouveau en vue. Du chemin, je n'avais pu voir le reste du lion, caché par le feuillage touffu. Mes compagnons de voyage, qui n'aperçurent la patte que lorsque je leur eus expliqué longuement où porter leur regard, sortirent de la voiture en toute hâte en lançant des « merde ! » ou des « bigre ! », la caméra en joue. Ils se précipitèrent ensuite sur la patte comme si, pour rien au monde, les lions ne se seraient risqués à regagner le sol. J'étais resté seul, en proie à de mortelles angoisses. Pourquoi n'avais-je pas gardé le secret de cette patte ? Pour m'assurer une soirée tranquille ? Comment ferais-je, tout à l'heure, pour rassembler les carcasses déchiquetées et les membres disloqués ? Je jetai un coup d'œil à l'intérieur de la voiture et constatai que le chauffeur avait pris les clés avec lui.

Sains et saufs, mes compagnons de voyage revinrent après quelque temps à la Jeep en déclarant avec exubérance :

– Tu as raté quelque chose.

Ils avaient pu observer tout un groupe de lions, dont une lionne et ses trois petits. Cet événement semblait les avoir tous comblés. On disserta beaucoup sur ce « spectacle inoubliable ».

– Ce lion est sûrement génial pour avoir été le premier à quitter la terre et à entrevoir des perspectives culturelles toutes nouvelles, dit quelqu'un.

Et quelles énormes conséquences la transmission de ce comportement ne pourrait-elle avoir sur la forme et le mode de vie de ces animaux ? A la longue, pour utiliser une expression qui vient toujours si bien à point, leur population pourrait conquérir l'espace. Sous la contrainte de la nécessité par exemple, parce qu'il n'y aurait plus rien à manger sur le sol. D'accord, il faudrait que leur taille se réduise, que leur squelette s'allège, qu'un large pli cutané rapproche leur mâchoire inférieure de leurs pattes antérieures, celles-ci des pattes postérieures et ces dernières de la queue et qu'un muscle apparaisse çà et là dans ce pli : tout cela ne devrait pas constituer un bouleversement trop grand, et puis on y serait, ils seraient déjà en train de voler.

– D'ailleurs, les dinosaures ne se sont pas éteints, ils se sont envolés, déclara quelqu'un avec assurance.

On chanta, on plaisanta. Puis, soudain, tout le monde manifesta son impatience de rentrer à l'hôtel. Des heures plus tard, mes compagnons de voyage discutaient encore du traitement administratif des éléments de preuve rassemblés, dissertant avec satisfaction sur « notre chance ».

– Mais c'est *maji moto*, la source d'eau chaude du parc Manyara, dit Verdaasdonk en désignant l'une des cartes postales. Tu y es déjà allé ? me demande-t-il ensuite. J'ai mis la main dans l'eau. J'ai estimé la température à 70° Celsius. Nous pourrions peut-être en extraire une enzyme résistante à la chaleur, une polymérase.

– Une polymérase résistante à la chaleur, pour quoi faire ? demandé-je aimablement.

– C'est nécessaire pour stimuler la réaction en chaîne de la polymérase. Cette réaction pourrait nous permettre d'observer l'ADN mitochondrial des furus pour essayer de comprendre s'il s'agit d'un essaim d'espèces, d'un groupe monophylétique. Mais vous n'avez peut-être jamais entendu parler de la réaction en chaîne de la polymérase ?

J'avais bien eu vent d'une découverte fondamentale en biologie moléculaire, mais je n'en connaissais pas les détails. Tandis que Van Geel, penché sur son guide, continuait à grommeler sur l'insondable systématique des damans, le biologiste m'apprit les bienfaits de la réaction en chaîne de la polymérase [30].

> Le principe de la réaction en chaîne de la polymérase est simple ; il repose sur la manière dont l'ADN se reproduit dans la nature. Lorsqu'une cellule se divise, la molécule d'ADN se scinde en deux cordons indépendants. Les ponts d'hydrogène, qui constituent les barreaux de l'échelle de corde du modèle de Watson et Crick, relativement faibles, sont rompus. Les deux cordons servent de modèle à ceux, complémentaires, qui, grâce à une enzyme, l'ADN-polymérase, sont marqués selon le principe de l'appariement des bases. La polymérase possède la propriété de reconnaître une base donnée et d'y réagir en lui couplant la base complémentaire. Si elle reconnaît la guanine, elle lui apporte la cytosine et inversement. De même pour la thymine et l'adénine. Il en résulte que la double hélice d'ADN de chaque cellule fille est constituée d'un cordon provenant de la cellule mère et d'un cordon complémentaire, nouvellement marqué. L'information génétique contenue dans les cellules filles est donc exactement la même que celle de la cellule mère. Avant la découverte de la réaction en chaîne de la polymérase, la quantité de l'ADN auquel les chercheurs s'intéressaient particulièrement était souvent trop petite pour que l'on puisse en retirer quelque renseignement que ce soit. La quantité d'ADN contenue dans la racine d'un cheveu appartenant, par exemple, à un criminel présumé,

n'est pas suffisante pour permettre l'identification de celui-ci. Il en est de même de la quantité d'ADN contenue dans les traces de sperme de violeurs. Les possibilités d'application d'une technique qui permettrait de multiplier un petit fragment d'ADN dans un but déterminé sont, pour le moment, illimitées. Les infections par des moisissures, des bactéries ou des virus, par exemple le Human Immunodeficiency Virus (HIV), le virus du sida, pourraient être décelées à un stade précoce, au moment où la quantité d'ADN étranger à l'organisme est encore extrêmement faible. Les biologistes évolutionnistes pourraient également utiliser cette technique pour multiplier un fragment restreint d'ADN, le séquencer et le comparer à celui d'autres espèces pour se faire une idée de leur degré de parenté. Il deviendrait possible de dresser des arbres généalogiques dont les critères sont les propriétés des bases de l'ADN plutôt que les caractères morphologiques. C'est pour ces raisons notamment qu'une telle technique a fait l'objet de longues recherches. Au milieu des années quatre-vingt, le biochimiste américain Kary Mullis trouva la méthode tant attendue, qui lui valut le prix Nobel. Il découvrit que la réaction en chaîne de la polymérase permettait d'accroître artificiellement une petite quantité d'ADN jusqu'à des proportions utilisables. Voici le principe de la méthode : la séparation des cordons complémentaires d'ADN, induite par les enzymes, dans les circonstances naturelles, lors de la division cellulaire, peut être reproduite artificiellement par chauffage à 94° Celsius. A cette température, les ponts d'hydrogène entre bases complémentaires se rompent, mais les cordons eux-mêmes restent intacts.

L'enzyme ADN-polymérase possède la propriété de chercher, sur l'ADN, une irrégularité qui puisse lui servir de point d'ancrage. Ce n'est que lorsqu'elle a trouvé un petit fragment d'ADN en double hélice qu'elle commence à inscrire un cordon complémentaire. C'est cette propriété de l'enzyme que la réaction en chaîne utilise. Des fragments faits sur mesure d'un cordon d'ADN sont attachés à deux cordons isolés d'ADN, au début du fragment à multiplier, dans l'un des cordons, et à la fin de ce fragment, dans l'autre cordon. Ces morceaux d'ADN, comportant vingt à trente nucléotides environ, se dirigent infailliblement vers leur propre complément, malgré la présence de centaines de bases dans la solution. On les appelle sondes génétiques ou apprêteurs. Lorsque ceux-ci ont trouvé leur destination, l'ADN-polymérase peut commencer l'inscription d'un cordon complémentaire en appariant les bases l'une après l'autre. Scinder les doubles hélices d'ADN, circonscrire le fragment d'ADN à multiplier en couplant des sondes génétiques au début et à la fin du fragment en question et, enfin, synthétiser le fragment désiré d'ADN en double hélice : telle est l'essence de la réaction en chaîne de la polymérase. Sitôt mis en route, le processus peut se répéter des dizaines de fois, l'ADN ainsi formé fonctionnant comme modèle pour la synthèse d'une nouvelle copie de l'ADN recherché. Ainsi, à chaque cycle, la quantité du fragment d'ADN souhaité, situé entre les deux sondes génétiques, est doublée.

La polymérase utilisée pour la réaction en chaîne provient d'une bactérie *(Thermus aquaticus)* qui vit dans les sources chaudes, peut-être aussi dans le *maji moto*. Elle n'est pas détruite par la température nécessaire à la scission artificielle de l'ADN en double hélice. En utilisant une enzyme résistante à la chaleur, on peut réaliser, en quelques heures, un milliard de copies d'un fragment d'ADN donné.

– On pourrait comparer la réaction en chaîne à une méthode permettant de retrouver une aiguille dans une botte de foin et de refaire ensuite une autre botte à partir de cette aiguille, dit Verdaasdonk [30].

Au cours des semaines qui suivirent, Verdaasdonk rassembla une série exemplaire d'échantillons, mais il commit une erreur qui nous priva, pour un temps, des bienfaits de la réaction en chaîne. Un soir, il oublia de fermer son tonnelet. La réserve d'azote liquide s'épuisa rapidement. Il n'y avait encore aucun mal, car le lendemain matin, juste après la découverte de la catastrophe, les échantillons purent être congelés dans le réfrigérateur de l'un des étrangers, à Mwanza. Verdaasdonk partit chercher de l'azote liquide avec l'intention de revenir assez vite reprendre ses échantillons. Hélas, un jour, il nous fallut lui écrire que l'électricité était coupée depuis plus d'une semaine et que nous avions des craintes pour son précieux butin. Nous n'avons plus jamais revu Verdaasdonk. Mais, bien vite, une nouvelle génération de spécialistes en biologie moléculaire se précipita sur les furus du lac Victoria. En grande forme et pleins de courage.

Finalement, il s'avéra que ces poissons descendaient d'une espèce ancestrale unique. Ils constituaient donc bel et bien un véritable essaim d'espèces [29]. Ces constatations portaient le coup de grâce au modèle polyphylétique de Greenwood. Les différences génétiques entre espèces de furus étaient extrêmement ténues, plus encore que celles qu'on observe entre certaines populations humaines.

Axel Meyer et ses collègues de l'université de Berkeley, en Californie, ont examiné différentes parties de l'ADN mitochondrial de quatorze espèces de furus du lac Victoria. Ils ont étudié des représentants de divers groupes trophiques : insectivores, ichtyophages, pédophages, gratteurs d'algues, briseurs et videurs d'escargots. Ils ont séquencé au total trois fragments, longs chacun de quelques centaines de paires de bases, situés dans diverses sections de l'ADN-mt. Une partie des fragments provenait de la section la plus variable de la région de contrôle de l'ADN-mt, celle qui ne code pas les protéines. Un autre fragment appartenait aux sections à variation plus lente, comme le gène cytochrome B et deux gènes qui codent l'ARN de transport. La variabilité observée dans les séquences des bases des quatorze espèces étudiées était étonnamment faible. On n'a constaté de substitutions des bases que dans quinze des quelque 800 positions. La variabilité est plus faible que dans les fragments correspondants d'ADN-mt issus de différentes populations humaines, alors qu'*Homo sapiens* est une espèce qui présente elle-même peu de variations de cet ADN. Mais les centaines de variétés de furus constituent-elles chacune une espèce biologique ? Ne pourraient-elles représenter les nombreuses formes sous lesquelles se manifestent quelques espèces biologiques ? C'est improbable. Car, malgré la faible variabilité de l'ADN-mt, on ne trouve pas deux espèces ayant exactement la même séquence de bases, observation qu'il est quasi impossible d'attribuer au hasard. L'hypothèse la plus probable est celle qui suggère que les catégories de furus du lac Victoria que nous distinguons sont bel et bien des espèces biologiques, mais qu'il s'agit d'espèces très jeunes. Cette impression, étayée déjà par la faible variabilité de l'ADN-mt de la région de contrôle, est encore renforcée par le fait que les mutations qui s'y produisent se limitent à quelques substitutions de bases, qui ne s'observent même pas dans les parties d'ADN à variabilité plus lente (gène cytochrome B, gènes d'ARN-mt). D'autre part, des comparaisons avec d'autres études effectuées sur les poissons révèlent qu'un phéno-

mène particulier se produit ici. D'une manière générale, la variabilité observée dans les parties conservatrices de l'ADN-mt de différents individus d'une même espèce de mammifères est encore plus grande que celle de la région de contrôle à variabilité rapide constatée entre diverses espèces *Haplochromis* et même entre plusieurs genres différents *(Haplochromis, Macropleurodus, Platytaeniodes).*
Pour pouvoir situer les furus du lac Victoria par rapport aux autres cichlides et recueillir encore d'autres informations permettant d'évaluer l'impression toujours plus forte qu'il s'agit d'un groupe issu d'un ancêtre commun, Meyer et son équipe ont examiné les mêmes fragments d'ADN-mt de vingt-six espèces de cichlides, provenant notamment du lac Malawi, du lac Tanganyika et de fleuves d'Afrique occidentale. Les séquences de bases des fragments d'ADN-mt de furus du lac Victoria différaient par trois substitutions de bases, en moyenne. Pour les cichlides du lac Malawi, cette différence moyenne était de cinquante-cinq et, pour les cichlides d'autres origines, elle était d'au moins soixante-dix-sept substitutions.

Du point de vue moléculaire, les furus du lac Victoria sont moins proches des cichlides du lac Tanganyika que de ceux du lac Malawi et plus éloignés encore du représentant des fleuves d'Afrique occidentale *(Hemichromis).* Les espèces des lacs Victoria et Malawi, dont les caractères morphologiques sont très voisins, se révélèrent aussi dissemblables les unes des autres, du point de vue moléculaire, que des spécimens des deux lacs de formes très différentes. L'essaim du lac Victoria présente une diversification non absolue, mais assez poussée, des caractères morphologiques ainsi qu'une forte différenciation des propriétés écologiques. Ce qui est surprenant, ce n'est pas seulement la formation et l'essaimage explosifs d'espèces, mais aussi le fait que l'évolution morphologique se soit manifestement déroulée sans que l'évolution moléculaire suive le même rythme.

La lecture de ces observations plongea le généticien John Avise, de l'université de Géorgie, dans la perplexité. Il y réagit dans un article commençant par ces mots : *« Morphological and molecular evolution can march to the beat of different drummers**. » Le limule,

---

* « Les évolutions morphologique et moléculaire peuvent marcher au rythme de tambours différents. »

un fossile vivant dont la forme n'a subi que très peu de modifications depuis des dizaines de millions d'années, présente, du point de vue moléculaire, un schéma « normal » de variabilité génétique de l'ADN et des protéines, tandis que ce schéma est identique à 99 % chez l'homme et le chimpanzé, dont les différences de constitution et de mode de vie sont si évidentes. Mais, même comparée à ces exemples, la dissociation des évolutions morphologique et moléculaire des cichlides des lacs d'Afrique orientale est étonnante.

D'où pourrait bien venir la malléabilité des furus du lac Victoria ? Comment la série infinie des variétés morphologiques que comprend actuellement l'essaim d'espèces est-elle issue de la forme ancestrale ? Nul ne peut encore répondre avec précision à cette question, mais, peu à peu, le tableau s'éclaircit. Les trois chapitres suivants traitent, en fin de compte, encore de ce problème ; cependant, je n'y parlerai pas uniquement des furus mais aussi de la théorie de l'évolution en général. Je varierai donc l'angle de vue : les poissons, vivant dans un univers clos, illustreront l'évolution à petite échelle tandis que l'étude du processus général fournira de nombreuses informations sur eux.

Exposer cette théorie d'une façon strictement linéaire est fastidieux. En effet, elle est constituée de petits progrès successifs. Mais c'est à mon avis l'ensemble concret de tous ces éléments de preuve qui assure sa crédibilité. Comment la forme se modifie-t-elle et selon quel mécanisme ? Est-ce la sélection naturelle ? Dans quelle mesure Darwin avait-il vu juste ?

IV

L'ampoule : évolution par la sélection naturelle

Prudemment, je me redresse dans le lit et bois une gorgée pour éliminer le goût amer de la quinine, puis je me recouche et jette un coup d'œil à l'extérieur : des kyrielles de nuages blanc grisâtre dans l'air du soir, d'un bleu profond. Presque hors champ, la pleine lune, tache jaune pâle, haut dans le ciel.

Lorsque je cligne des yeux, la tache s'allonge comme le reflet d'un lampadaire dans un caniveau. Si je garde les paupières quasi fermées, apparaît alors la silhouette vague d'un poisson. Une image aqueuse, déformée, qui se modifie selon la quantité de lumière tombant sur la rétine. Formes allongées, de plus en plus allongées, ou alors trapues, de plus en plus trapues. Question de répartition du liquide lacrymal.

Dans mon esprit défilent d'énormes poursuivants, très longs, munis de mâchoires géantes et d'énormes dents. De grands chasseurs sont embusqués dans la végétation. Ils ne sont que bouches. Prêts à surgir et à frapper à tout moment. De lourds poissons lissent les algues des rochers ; il semble qu'ils pourraient continuer ainsi pendant encore des millions d'années. Des briseurs d'escargots à la tête pesante se glissent sur le fond sablonneux en quête de proies. Le craquement incessant de leurs coquilles fait un bruit assourdissant. Parfois, de petits happeurs de vase sans défense apparaissent lorsque retombent sur le fond des particules soulevées en tourbillon. Une femelle portant ses jeunes en bouche présente un comportement de mâle : agressif et remuant. Elle a même changé de couleur. Noire de jais, elle se précipite sur tout ce qui passe à sa portée. Territoire imaginaire ? Elle l'emmène avec elle. Elle essaie de passer pour un mâle en pleine activité sexuelle, mais elle est démasquée par un pédophage, qui l'attrape par le museau et l'avorte impitoyablement. Dans quelques jours, elle aura perdu son apparence mâle. Redevenue gris argenté, elle se fondra dans la masse.

La grande diversité des formes et des comportements résulterait-elle de l'action de la sélection naturelle au sein de chacune des centaines d'espèces de cet essaim ? Avons-nous à notre disposition une autre hypothèse, scientifique et opérationnelle ? Une diversité morphologique aussi importante aurait-elle pu s'installer également en l'absence de ce facteur d'évolution ou celui-ci en est-il la cause principale ? Ainsi hésitant quant au rôle de la sélection naturelle, j'ai en tout cas de grandes difficultés à éviter d'en être moi-même la victime. Encore tout récemment, il s'en est fallu d'un cheveu que je ne marche sur une vipère cachée dans le sable chaud, aux dernières lueurs du jour : et si la diversité morphologique n'avait rien à voir avec la sélection naturelle, mais avec un principe morphogène non reconnu ou non encore connu ? Voilà ce que je me disais tout en allongeant le pas pour enjamber le serpent immobile comme un cadavre. Le monde, un champ de mines des évolutionnistes ? Puis-je contourner le darwinisme ? Je voudrais bien, mais, jusqu'à présent, j'ai toujours buté sur le bien-fondé des idées de son auteur. Un voile noir me tombe sur les yeux.

Je détourne mon regard de la lune et tends l'oreille vers un claquement sur le béton. Une personne au pas léger se dirige vers la cuisine.

Lorsque je tourne à nouveau la tête, le contenu de mon crâne semble adhérer à ce dernier pour, un instant plus tard, s'y cogner avec fracas. Ma résistance est à bout. La douleur est un avertissement. Bon, me voilà prévenu. Que vienne une ampoule. Un moment de répit. La fin, s'il le faut, même si c'est prématuré. Les ampoules sont des signaux d'alarme. N'allez pas plus loin, la limite est atteinte. Pensez, par exemple, à l'ampoule de la plante du pied. Cependant, dans les moments critiques, celle-ci se fait oublier. Si vous fuyez devant un animal féroce, elle crève, vous permettant ainsi de continuer à courir sans avoir trop mal. Une élégante solution d'évolution avec clause échappatoire : l'ampoule… Je me frappe le front du poing. Arrête ces réflexions stériles. La position couchée ne convient pas. Je m'assieds bien droit, les bras posés à plat sur les genoux et, de la tête, je trace des cercles dans l'air. Après une dizaine de tours, le mouvement se nuance. La consigne est de ne pas interrompre la ligne. Les règles sont les règles, même si je les invente moi-même. Depuis le point le plus haut du cercle jusqu'à l'intérieur, un peu au-dessus du point central, et à nouveau vers le haut. Une boucle, un nez, un visage humain tracé selon un schéma millénaire et cosmopolite. Encore, encore et encore. Ça marche. La torpeur me gagne. Maintenant, se coucher doucement. Dehors, la lune est toujours là. Elle se divise en deux, grandit, se divise, grandit. Chaque battement des paupières est une année. Je cligne des centaines de fois pour accumuler du temps. Je me vois moi-même couché dans le lit. Je m'étonne de ce clignement insensé. L'eau s'écoule des blocs de glace qui fondent sur mon front.

Les relations sont limpides. Toutes les idées qui me viennent sont étonnamment simples. Mais comment fixer cette vision ? Comment la décrire ? Les mots dont je dispose me semblent aussi peu adéquats que les palmes dont est affublée l'oie terrestre. La forme extérieure de la vision est insaisissable. Cela me décourage. Un vocabulaire qui, au moment critique, s'avère tout juste bon pour faire du commerce ou s'adresser à un agent d'assurances.

Le climatiseur se remet en marche dans un vrombissement terrifiant. Mais il ne fait pas plus frais. Quand je repousse le drap, de la vapeur s'en dégage. Imaginer des mots porteurs de fraîcheur. Traîneau, igloo, sang-froid, *kaltstellen*. Me retrouverai-je demain congelé dans les énormes chambres froides de l'hôpital de la ville ? Parmi des Tanzaniens morts ? Le courant s'arrête. Cadavres qui s'entrechoquent dans la glace fondante. Ici, c'est dans l'ordre des choses.

– Vous avez appelé ? dit une voix douce, tandis que la porte s'ouvre lentement.

Un peu plus tard, je me lève et sors de la chambre. Cette jeune fille assise tranquillement sous une lampe à gaz est-elle en train de lire ? Me regarde-t-elle ? Où sont les traits de son visage ? Quelque chose les cache. Elle ne porte pas de voile. L'ombre du grillage ? C'est une prisonnière ?

– Il est perturbé, dit une voix derrière moi.

Je me retourne mais ne vois personne.

– Puis-je voir les pas que je viens d'entendre ? demandé-je à la jeune fille. Vous vous souvenez de Laetoli ? Les empreintes des premiers hommes conservées dans des cendres volcaniques.

Une éruption de lave qui a durci en formant des bulles fut suivie d'un profond soupir du volcan. Il y eut une pluie de cendres. Il bruinait ce jour-là. Elle n'écoute pas, se lève et va à la cuisine.

– Ce bambin qui avait mis ses pas dans ceux d'un adulte... A cause de cet enfant qui jouait, nous ne saurons peut-être jamais s'ils marchaient déjà en position debout. Les premières et dernières empreintes de pas dans des cendres volcaniques. Puissent-elles coïncider.

– Arrêtez, dit une voix impatiente.

– Pour montrer comme c'était court... Tout bien considéré...

– Assez. Silence maintenant.

Rampant sur les genoux à travers la chambre, je suis ses pas. Aucune trace de légèreté. Je mets les mains sous ma tête et me retourne sur le dos. La fraîcheur du béton me fait du bien. A nouveau des bruits de pas, qui s'éloignent d'abord, puis se rapprochent. Elle se penche sur moi et porte les mains à ma gorge. Elle sourit et dit : « Boire. » Malgré le murmure ambiant, je reconnais la voix.

Ça m'ennuie. Ce que je veux expliquer ne semble pas l'atteindre : sans un océan de temps, pas d'évolution. Sans lui, une jolie fleur reste toujours la même jolie fleur. Et s'il n'y avait pas eu de fleurs ? Ce n'est pas le moment d'énumérer les conditions d'apparition de jolies fleurs. Ne pas énumérer. Ce n'est pas le vent. Le vent donne des chênes et des bois de pins incolores.

Elle tient la main sur mon front. Ça cogne. « Du calme, dit-elle. »

Mais comment arrêter ça ? Si je me couche, ça recommence. Je pense aux gens bienveillants. Impossible de m'en empêcher. Si ces personnes ne disparaissent pas, c'est parce qu'elles renaissent constamment. Il y a quelque chose qui cloche dans cette idée de sélection naturelle. Elles ne sont pas assez rares pour être des mutants. Ou alors la bienveillance n'est pas héréditaire ? Ou elle sert quand même à quelque chose ? Un voile noir me passe de nouveau devant les yeux.

– Je vais mieux, déclaré-je. Sortir. Il fait déjà jour. Attraper des papillons. La volonté et l'action doivent coïncider. Si quelqu'un comprend cela, c'est bien toi. Melle va aux Pays-Bas. Je l'ai dit, je pense ? Qu'il veut rapporter des papillons vivants pour les évolutionnistes. Ils font des études sur la sélection naturelle. Ils utilisent ces insectes pour faire des expériences sur l'apparition des motifs de taches colorées des ailes. Ils examinent le phénomène d'imitation, mais aussi l'évolution du caractère discret ou tape-à-l'œil de l'apparence. Précisément les sujets que j'étudie chez les poissons. Ils demandent des papillons du genre *Bicyclus*. Dans le petit cimetière laissé à l'abandon réservé aux expatriés, il y en a beaucoup.

Mais elle bloque la porte d'entrée. Elle a mis la clé dans la poche de son pantalon.

– Tu restes ici pour le moment, dit-elle.

Sa voix surmonte à peine les murmures. Je retourne au lit. Me suis-je endormi ?

– Là, en 1897.

Je fais un mouvement de rotation pour me retrouver derrière la pierre où seul un millésime, 1897, est gravé. Pas de dalle polie, pas de croix de bois, aucun nom, aucun message de *trauernde Hinterbleibenden*. J'applaudis Melle qui a amené son filet à un mètre de la pierre. Il fait mouche, sort le papillon brun orangé de la nasse et le place dans une boîte de carton, tout en scrutant l'air autour de lui. « Là », indique-t-il. Je me dirige vers la pierre d'August Heimke Unteroffizier in der Kaiserl. Schutztruppe 1899-1901 geb. 29. VI. 1875, gest. 6. VI. 1901. Dans l'herbe, à côté de la pierre, gît le papillon… frappé trop tôt. Dorénavant, procéder avec plus de circonspection. Melle désigne les buissons qui se trouvent derrière la tombe de Friend Decimus, où atterrissent quelques papillons. Nous nous glissons vers eux : *FRIEND DECIMUS (JACK) BRAZIER. Born in Brighton. England : 4 Dec 1908. Died in Misungwi. MZA.region : 3 Sept 1975. The last British pioneer, prospector and miner who spent fourty years in developing gold, mica and diamond mines in Tanganyika. From 1965 to 1973 he strived with courage and fortitude to work his diamond claims at Mwamanga pipe near Misungwi, but his efforts were thwarted due to change in mining policy of the country. His achievements lay in his finding new diamond deposit Mabuki in 1972 and in helping indigenous people till the end of his life…* Ils sont trop haut ces papillons. Il faut aller plus loin. Il n'y en a aucun près de la pierre de Baby Casmiro

Francis Vaz, mais en voilà un qui se pose près d'un enfant chinois. Je pique l'herbe devant moi avec un bâton en me dirigeant vers la tombe.

– Éviter les serpents sans perdre de papillons. C'est tout l'art, dis-je.

– Exactement, dit Melle. Pas seulement pour toi, mais pour les oiseaux qui les chassent aussi et ne souhaitent pas finir par erreur dans la gueule d'un serpent. Connais-tu ces papillons qui, quand ils se posent, présentent une ressemblance frappante avec la tête de ces reptiles ? Têtes mimétiques, mais frappe donc.

Je bats des mains au-dessus du papillon, tandis que Melle touche sa cible. Il glisse prudemment l'insecte dans le filet en le protégeant dans sa paume. Le regard triomphant, il sourit et se faufile plus loin, vers le Russe, en tenant son index sur la bouche. Eric Nowotny 22. 3.07-13. 1. 70, frappé, touché. RIP. Qu'il repose en paix. J'ai l'impression que la chasse se passe aussi bien sans moi, Melle, lui, croit en la « collaboration ».

Passera-t-il la douane avec ses papillons ? On entend nettement le cliquetis et les battements d'ailes dans la boîte. Le douanier y colle son oreille. Son visage trahit son angoisse, mais aussi sa honte. *« Spirits. »* Cette croyance a été officiellement abolie, mais comment ne pas ajouter foi en ce qui existe. Partout. Jour et nuit. Circulez, indique-t-il avec diplomatie d'un large geste de la main : partez, quittez le pays, emmenez l'oiseau. Non satisfait, un collègue plus rationnel ouvre la boîte malgré les avertissements. Des centaines de papillons se répandent dans le hall de l'aéroport.

L'hôpital

A mon réveil, je me trouve dans un lit étroit et court. Dans mon bras gauche, une perfusion. Mes jambes, qui dépassent largement le bord, me rappellent le poulet qu'on m'a servi, récemment, au bistrot No Sweat. Les pattes longues et fines du frêle oiseau sortaient d'au moins vingt-cinq centimètres de l'assiette.

– C'est du poulet ? avais-je demandé au garçon, désignant de mes index le début et la fin sectionnée de l'une des pattes. A mon avis, c'est un échassier.

Le garçon avait pris la carte et lu :

– Poulet au riz, regardez, c'est écrit ici, poulet au riz. C'est bien ça que vous aviez commandé ?

Et il avait ajouté, avec le plus grand sérieux, en montrant une cruche de plastique en forme d'ananas :

– *This is a boiled water.*

Une petite salle d'hôpital. Le lit, à ma gauche, est vide. Dans celui de droite, un Tanzanien squelettique se tourne et se retourne sous un drap bleu ciel. Ses yeux injectés de sang me regardent amicalement.

– *Umeamka salama*, t'es-tu réveillé en paix ? demande-t-il.

J'ai la bouche trop sèche pour répondre. Je n'arrive pas à desserrer les mâchoires et me sens trop faible pour faire un signe de tête, mais la douleur a disparu. Quel bonheur ! De l'autre côté de la salle, il y a aussi quelques lits de fonte occupés.

Une infirmière se presse dans l'allée centrale. Les portes donnant sur la cour intérieure plantée de vieux arbres sont grandes ouvertes. Une brise fraîche embaume de parfums de fleurs enivrants l'atmosphère aseptisée du local. Manifestement, il a plu très fort. Il y a des flaques. Chantant et riant, des femmes lavent leur linge sous un robinet. Bruits de l'eau qu'on répand à flots sur le sol, des seaux de fer qu'on pose, du linge que l'on bat sur une pierre plate. Comment ai-je atterri ici ?

– Elle est là, dit l'homme dont le lit jouxte le mien, comme s'il lisait dans mes pensées.

Quelques jours plus tard, la perfusion a été retirée. J'explore la petite salle. Un médecin néerlandais, robuste femme en baskets portant une robe sac, s'approche de mon lit après avoir parlé à mon voisin. Elle prend le temps de se consacrer à ses patients et dégage une impression de compétence.

– Vous allez beaucoup mieux. *Malaria tropica.* Ça vous ronge, ça attaque les tissus, dit-elle. Nous avons failli perdre notre biologiste évolutionniste. Vous vous occupez bien de problèmes d'évolution ? J'ai toujours trouvé qu'elle était primitive, cette théorie… Le cou des girafes s'est allongé parce que seuls les individus au cou le plus long pouvaient atteindre les feuilles les plus hautes des arbres. C'est bien ça que vous prétendez ?

– Darwin a donné l'exemple de l'apparition de la girafe pour illustrer sa théorie selon laquelle les espèces se forment par une lente modification due à la sélection naturelle, dis-je.

> Grâce à sa haute taille, son long cou, ses longues pattes antérieures, sa longue tête et sa longue langue, la girafe est tout à fait adaptée à la cueillette des feuilles des plus hautes branches des arbres. Elle est donc capable de se procurer une nourriture qui est inaccessible aux autres ongulés vivant dans la même région, ce qui représente, pour elles, un grand avantage en période de disette (...).
> Ainsi, à l'état de nature, lorsque la girafe est apparue, les individus qui pouvaient atteindre les feuilles les plus hautes et qui, en période de pénurie, étaient même capables de se hisser ne fût-ce qu'à quelques centimètres plus haut que les autres, se sont souvent maintenus, car ils ont sillonné la région en tous sens à la recherche de nourriture. De nombreux travaux d'histoire naturelle, se fondant sur des mesures précises, ont montré que les individus appartenant à la même espèce présentent souvent quelques légères différences des longueurs relatives de leurs diverses parties. Pour la plupart des espèces, ces écarts minimes de leurs proportions, qui résultent des lois du développement et de la variabilité, n'ont ni la moindre utilité ni la moindre signification. Mais, pour la girafe, les choses se seraient passées autrement au cours de sa croissance, étant donné son mode de vie supposé ; car ces animaux, dont une ou plusieurs parties du corps étaient un peu plus longues que la normale, seraient généralement restés en vie. Ils se seraient croisés et auraient eu une descendance qui hérita des mêmes caractéristiques physiques ou de la même tendance à subir les mêmes variations, tandis que les individus moins favorisés de ce point de vue avaient les plus grandes chances de disparaître. Nous voyons ici qu'il n'est pas nécessaire de séparer certains couples des autres, à l'instar de ce que fait l'homme en améliorant artificiellement une race ; la sélection naturelle conservera et donc extraira du lot les individus les meilleurs, en leur permettant de se reproduire abondamment, tandis qu'elle éliminera ceux qui sont mal adaptés. Si ce processus, qui correspond tout à fait à ce que j'ai appelé, dans le cas de l'homme, sélection inconsciente, se poursuit pendant longtemps, il me paraît presque certain qu'un ongulé commun peut se transformer en une girafe [31a].

A ce jour, personne encore n'a expliqué mieux que Darwin l'apparition du long cou de la girafe [32]. Considérée d'un point de vue néo-darwiniste, la théorie se ramène à ceci : les animaux dotés d'un système de reproduction sexuée engendrent toujours plus de deux descendants par couple, certains même des millions. Malgré cela, les densités de population des espèces oscillent généralement autour d'une valeur d'équilibre. L'explication en est que de nombreux animaux meurent avant d'avoir eux-mêmes procréé. L'idée de base de la théorie postule que ces victimes ne succombent pas par hasard. La sélection naturelle élimine les variétés qui sont relativement mal adaptées aux circonstances. Si les propriétés responsables de la relative adaptabilité des variétés survivantes sont héréditaires, on les retrouve également chez les descendants ; c'est ainsi que se modifie le réservoir génétique d'une population ou d'une espèce. Tant que l'environnement ne change pas, la population s'adapte de mieux en mieux aux circonstances.

Le médecin fait signe à un frère qui passe avec une petite charrette et lui demande s'il y a encore des pansements à l'hôpital. Elle me prie de l'excuser de cette interruption. Je suis son regard et vois les bractées violettes du bougainvillier qui pousse à l'endroit où se fait la lessive. Encore la sélection naturelle. Des feuilles qui prennent une teinte vive pour attirer les insectes porteurs du pollen. Une femme plantureuse, enveloppée dans des châles colorés, longe le buisson en chantonnant.

– Le principe est étonnamment simple, mais il y a une différence entre un principe simple et une idée primitive, dis-je triomphalement en guise de conclusion, avec l'espoir de l'avoir convaincue.

– Ça ne m'impressionne pas, répond le médecin sur un ton buté. Qui sait, les girafes ont peut-être un long cou parce que sans cela elles ne pourraient boire l'eau des mares peu profondes où les lions sont à l'affût. Leur long cou était nécessaire pour que leur tête puisse atteindre le sol malgré leurs grandes pattes et celles-ci leur étaient indispensables pour se débarrasser des lions. Non, ce darwinisme, c'est un petit jeu intellectuel amusant, mais divaguer de la sorte, je peux le faire aussi.

D'où vient le scepticisme de ce médecin ? Je flaire une certaine réticence à accepter la sélection naturelle comme facteur principal de l'évolution. On ne peut nier qu'à grande échelle des modèles ont été imaginés qui n'ont jamais été vérifiés, mais, peu à peu, un nombre respectable d'expériences ont démontré le rôle de la sélection naturelle dans le processus de l'évolution [33]. Notamment chez les insectes, les poissons, les oiseaux, les reptiles et les mammifères, y compris l'homme.

– L'hypothèse de l'évolution par la sélection naturelle est vraiment trop belle pour être vraie, poursuit le médecin. Il doit y avoir autre chose. Je ne peux croire qu'un mécanisme aussi élémentaire soit responsable de la complexité de la nature. Comment un processus aussi simple peut-il produire un être aussi compliqué que l'homme ?

– On se croirait au XIXe siècle. Ai-je devant moi quelqu'un qui refuse encore toujours d'être un singe ? Pourquoi me lances-tu ce regard à demi provocateur ? Toi, le babouin au poil rugueux ! Toi, avec ton dos difforme, qui sautes et grimpes là, à une vitesse étonnante… dis-je [34].

Mais le médecin ignore mes injures :

– Tu me comprends mal. L'évolution est un fait. Je ne le conteste pas. Je ne mets en doute que le mécanisme. Cet éternel allongement du cou de la girafe m'embarrasse. Donne-moi une preuve expérimentale de ce que la sélection naturelle est le facteur principal de l'évolution.

Je suis sur le point d'exploser et de lui donner l'un des plus beaux exemples que je connaisse, la latéralité gauche et droite de la bouche des mangeurs d'écailles du lac Tanganyika, mais j'hésite et scrute l'expression de son visage. J'atteindrais peut-être mieux mon but en prenant des exemples classiques autres que celui du cou de la girafe : résistance à la malaria, mimétisme des motifs de taches colorées des ailes des papillons ou ocelles effrayants.

Le médecin doit continuer ses visites. Elle se dirige vers une femme dont le crâne a été tailladé au *panga*, une machette. Non pas de manière désordonnée, non, mais selon un schéma rituel. Un coup à l'endroit, un coup à l'envers.

Je me laisse retomber dans le lit et pense à l'essaimage des furus. La diversification des espèces dans de nombreuses directions relatives à la recherche et à l'absorption de nourriture. Les happeurs de vase, les gratteurs d'algues, les hacheurs de feuilles, les briseurs d'escargots, les videurs d'escargots, les mangeurs de plancton, les insectivores, les mangeurs de crevettes, les mangeurs de parasites, les mangeurs d'écailles, les piscivores et les pédophages. Un essaimage dans un univers clos dont on peut à peine imaginer qu'il soit incapable d'adaptations. Apparues sous l'action de la sélection naturelle. Mais, j'en conviens, c'est l'une des tâches qui incombent aux biologistes que de vérifier expérimentalement la valeur adaptative des différences morphologiques entre espèces. Il est facile de dire que la diversité des formes de tête des espèces de furus est apparue par sélection naturelle, il est plus difficile de le prouver.

H. welcommei est l'une des centaines d'espèces de poissons incubateurs buccaux du lac Victoria. De forme étrange, la bouche des individus qui la composent comporte plusieurs rangées de dents placées l'une derrière l'autre, qui constituent une râpe efficace que les poissons utilisent pour se procurer de la nourriture. L'examen du contenu de leurs estomacs, remplis d'écailles de poissons, permet, en effet, d'émettre cette hypothèse. Cette observation suggère l'existence d'une relation entre certains caractères morphologiques de la bouche (la râpe) et une fonction (le grattage d'écailles). On pourrait peut-être expliquer l'apparition des premiers (dans ce cas-ci, la forme spécifique de la râpe) par la seconde (l'exigence imposée à ces poissons par le milieu, à savoir le grattage d'écailles). Mais, jusqu'à présent, une telle relation n'a pu être établie. On n'a décelé qu'une corrélation entre certains caractères morphologiques de la bouche et une activité indispensable à la survie de l'individu. La valeur adaptative des caractères morphologiques de la bouche liés au grattage d'écailles n'a pas été démontrée.

Imaginons une expérience : quelques poissons ont découvert les « écailles » qui sont devenues leur source exclusive de nourriture. Auparavant, il leur arrivait d'en consommer de temps en temps, maintenant ils sont devenus des spécialistes. L'important ici n'est pas leur nombre absolu, mais leur nombre relatif, considéré par rapport à celui de toutes les victimes potentielles. Supposons qu'après la découverte de cette nouvelle source de nourriture le nombre des mangeurs d'écailles commence par augmenter par rapport à celui des victimes, car, pour l'instant, l'offre alimentaire est abondante. Mais, à un moment donné, il y aura pénurie. Si les mangeurs d'écailles se sont réellement spécialisés dans cette nourriture au point de ne plus pouvoir en changer impunément, une concurrence s'installera entre les membres de l'espèce. On peut s'attendre à ce que les individus efficaces, par exemple, ceux qui arrivent à amasser une quantité maximale d'écailles par unité de temps, aient un avantage sur les animaux moins habiles. Il est probable que ces gratteurs adroits et, par conséquent, relativement bien nourris auront plus de descendants que ceux qui sont en moins bonne condition. Si ce talent du grattage est héréditaire, son efficacité augmentera aussi dans la population. Mais la constitution des animaux imposera une limite à cet accroissement qui, à un moment donné, atteindra un maximum. Un stade final d'évolution. Une population de mangeurs d'écailles parfaitement adaptés, composée de concurrents d'égale valeur. Il y a plusieurs exemples d'espèces de furus chez lesquelles le comportement alimentaire a été optimalisé [35]. Mais est-ce vraiment un stade final ? Où serait-il possible d'augmenter encore l'efficacité du grattage ?

Latéralité gauche et latéralité droite

Le lac Tanganyika est beaucoup plus ancien que le lac Victoria. Ce fait pourrait expliquer que ce dernier ne comporte qu'une seule espèce gratteuse d'écailles, alors que, dans le premier, on en connaît sept, appartenant toutes au genre *Perissodus*. Les mangeurs d'écailles du lac Tanganyika possèdent une particularité qui fait défaut chez l'espèce *H. welcommei* du lac Victoria : le mode de suspension de la mâchoire à l'os de la joue *(suspensorium)* est asymétrique, de sorte que la bouche de ces poissons est recourbée soit vers la gauche, soit vers la droite.

Michio Hori a observé pendant de longues années le mangeur d'écailles le plus commun de la zone riveraine du lac, *P. microlepsis Boulenger* [36]. Cette espèce approche sa proie par-derrière, l'attaque et arrache quelques écailles de son flanc. Hori a réalisé, sous l'eau, des expériences au cours desquelles il a présenté des proies aux gratteurs d'écailles. Il a constaté que les poissons « droitiers », plus précisément droitiers de la bouche, attaquaient toujours le flanc gauche de leurs proies et que les poissons « gauchers » attaquaient le flanc droit de leurs victimes. Il a aussi examiné le contenu de leurs estomacs. D'après sa structure, on peut en général déterminer si une écaille provient du flanc gauche ou du flanc droit. Le contenu des estomacs a confirmé le comportement observé : dans ceux des poissons droitiers, il y avait des écailles provenant du flanc gauche, et, dans ceux des poissons gauchers, des écailles provenant du flanc droit.

La constitution asymétrique de la bouche renforce la prise du prédateur sur sa victime, pour autant que le gratteur gaucher attaque le flanc droit et le gratteur droitier le flanc gauche. On peut supposer que l'exigence imposée par le milieu au *H. welcommei* du lac Victoria, de constitution symétrique, à savoir le grattage des écailles, s'est généralisée dans le lac Tanganyika au point que la latéralité, droite ou gauche, a représenté un avantage. Il est sans doute venu un moment où les individus tant gauchers que droitiers ont été favorisés par rapport aux gratteurs d'écailles non spécialisés. Les exigences du milieu étaient devenues plus contraignantes. Au début de leur vie, les jeunes mangeurs d'écailles ne se nourrissent que de plancton. Pourtant, on a pu déterminer chez eux également s'ils étaient gauchers ou droitiers. Puissant argument en faveur du caractère héréditaire de la latéralité.

Des expériences de croisement ont montré que cette caractéristique se transmet selon un simple mécanisme de Mendel (un gène ayant deux états possibles, celui de la latéralité droite étant dominant par rapport à celui de la latéralité gauche). En général, les victimes étaient attentives aux mangeurs d'écailles. Cependant une partie (petite : vingt pour cent) des attaques était couronnée de succès. C'est un point important. Étant donné que la latéralité est héréditaire, on peut s'attendre à ce qu'il y ait autant de poissons gauchers que de droitiers. Comment cela ? En conséquence d'un phénomène appelé sélection naturelle dépendant de la fréquence. Si les gratteurs droitiers sont majoritaires, les victimes sont préparées aux attaques sur le flanc gauche. Si les gauchers sont majoritaires, les proies s'attendent à des attaques sur le flanc droit. Dans le premier cas, les attaques sur le flanc droit menées par les gratteurs gauchers relativement moins nombreux auront une chance accrue de succès, influençant favorablement, pense-t-on, la reproduction et donc l'augmentation du nombre des gauchers. Les victimes redoutent donc, de plus en plus, les attaques sur le flanc droit. Ce mécanisme dépendant de la fréquence pourrait expliquer la survie de poissons tant gauchers que droitiers. Un cas de polymorphisme équilibré.

Hori a découvert que, sur une période de onze années, le rapport du nombre des gauchers à celui des droitiers oscillait autour de la valeur 1/1 sans jamais s'en écarter fortement. Le gratteur laisse sa trace. La victime garde pendant longtemps une cicatrice à l'endroit où une écaille a été arrachée. Si les gauchers constituaient la majorité de la population, le rapport du nombre de cicatrices au flanc gauche au nombre de prédateurs serait supérieur au rapport analogue des cicatrices au flanc droit. Pendant ces périodes, les victimes redouteraient moins les attaques sur le flanc gauche. Le raisonnement inverse s'appliquerait au cas où les droitiers seraient majoritaires. Hori a, en outre, fait des observations le conduisant à penser que les droitiers se reproduisent plus facilement pendant les périodes où les gauchers sont majoritaires, et inversement. Il est improbable que la latéralité gauche ou la latéralité droite présentent un avantage intrinsèque. Ce qui signifie que l'apparition de gauchers et de droitiers en quantités égales se maintient vraisemblablement grâce à la sélection naturelle dépendant de la fréquence.

L'exemple montre le lien étroit qui peut exister entre la forme et la fonction. La différence d'aspect de la bouche entre les gauchers et les droitiers peut s'expliquer par l'asymétrie des fonctions, grattage du flanc droit et grattage du flanc gauche, exercées l'une par les gauchers et l'autre par les droitiers. Les différences morphologiques observées entre les divers types trophiques du lac Victoria sont probablement apparues également par sélection naturelle, mais aucun de ces cas n'a encore fait l'objet d'études aussi poussées que la latéralité des mangeurs d'écailles.

– La latéralité gauche… commençai-je dès que le médecin fut assez près pour m'entendre, mais elle repartit et sortit de la salle.

Par bribes et morceaux, la parole d'évangile de l'apparition de la « latéralité » finit par l'atteindre. Après tout, c'était elle qui l'avait demandée. Mais avait-elle été convaincue ?

– Même si la sélection naturelle a joué un rôle dans la diversification morphologique de ces poissons, ce phénomène est bien éloigné de la complexité des caractères humains. Vous autres, biologistes, franchissez trop facilement le pas qui mène de l'animal à l'homme. De la latéralité à la religion. De la survie à l'activité artistique. L'homme est un animal civilisé. Une évolution culturelle rapide a quand même un impact beaucoup plus important que ce lent tripotage génétique ? Posons le problème simplement : citez-moi un exemple de l'influence de la sélection naturelle sur l'évolution de l'homme.

Et elle repartit. Avant de quitter la salle, elle tourna la tête dans ma direction, leva la main droite et dit en riant :

– La preuve.

La meilleure preuve, c'est moi-même, pensai-je. L'influence de la sélection naturelle sur les hommes est fortement réduite par l'intervention de la médecine, mais, si j'avais eu un système de défense contre la malaria, je ne me serais pas retrouvé ici.

L'évolution est toujours une question de variations de fréquences de gènes dans les populations : augmentation de ceux qui sont responsables du long cou de la girafe et raréfaction de ceux qui l'affubleraient d'un inutile cou trop court ; évolution vers le rapport 1/1 des nombres de poissons gratteurs d'écailles gauchers ou droitiers ; augmentation, dans les régions où règne la malaria, d'un gène qui peut provoquer une anémie fatale s'il est transmis par les deux parents, mais qui protège contre la malaria l'individu qui n'en reçoit qu'un seul. La raréfaction puis la disparition de ce même gène dans les contrées qui ne connaissent pas la malaria. L'évolution biologique se déroule toujours au niveau de la population. Dois-je expliquer à un spécialiste de la médecine tropicale ce qu'est l'anémie falciforme, cette maladie, fatale jusqu'il y a peu, qu'elle rencontre continuellement ? Non, évidemment. Mais il est étonnant que de nombreux médecins n'aient pas conscience de ce que la survie du gène responsable des cellules falciformes est l'un des exemples les plus frappants de l'effet de la sélection naturelle sur l'évolution de l'homme.

Anémie falciforme

> Jusqu'il y a peu, les malades atteints d'anémie falciforme atteignaient rarement l'âge de la maturité sexuelle et pourtant le gène responsable de cette maladie mortelle ne disparaît pas rapidement de la population. Comment est-ce possible ?

Comme on l'a dit, les chromosomes sont composés d'une double hélice d'ADN. Chacun des deux cordons est constitué de bases placées les unes à la suite des autres, les nucléotides, appelés, par métaphore, les lettres génétiques. Trois lettres génétiques successives déterminent lequel des vingt acides aminés sera utilisé comme matériau de construction d'une protéine donnée. Un exemple d'une telle protéine est l'hémoglobine, qui joue un rôle important dans le transport de l'oxygène dans le sang et qui intervient de manière cruciale dans le déclenchement de l'anémie falciforme. Le biochimiste Lubert Stryer a donné de cette maladie une description très détaillée que nous résumons ici.

En 1904, Herrick, un médecin de Chicago, découvrit un tableau sanguin anormal chez un patient noir. Voici ce qu'il écrivit à ce sujet : « La forme des globules rouges était irrégulière, mais ce qui m'a surtout frappé, c'est le grand nombre de longues cellules falciformes... » Le patient souffrait d'une grave anémie. Peu de temps après la publication de la description de Herrick, on découvrit d'autres Afro-Américains atteints de l'anémie falciforme, selon le nom qui fut donné à la maladie. Au cours de ce siècle, on comprit de mieux en mieux les causes du mal. L'anémie falciforme est une maladie moléculaire héréditaire. Les patients qui en sont atteints ont reçu un gène déficient, celui qui est lié au codage de l'hémoglobine, à double dose, c'est-à-dire un gène de chaque parent (homozygote). L'hémoglobine normale des globules rouges de l'homme est l'hémoglobine A (HbA). Les patients atteints d'anémie falciforme n'ont pas d'Hb A, mais une hémoglobine anormale de l'HbS, qui ne diffère de l'HbA que par un seul acide aminé. Les propriétés chimiques spécifiques de celui-ci entraînent une grande différence de solubilité. Lorsque la teneur en oxygène du sang diminue, l'HbS, peu soluble, a tendance à former un dépôt fibreux. Les globules sont déformés et prennent l'aspect falciforme caractéristique. Propulsés par le cœur, les globules se précipitent dans les vaisseaux sanguins. Les cellules rondes passent facilement, mais les cellules falciformes restent souvent bloquées dans les petits vaisseaux, perturbant la circulation. Les organes de ces patients, comme les reins, subissent donc souvent des dommages. En outre, les cellules falciformes sont fragiles. Leur vie est, en général, moins longue que celle des globules rouges normaux.

Les descendants qui ont reçu le gène déficient de l'anémie falciforme de l'un de leurs parents et le gène normal de l'autre parent (hétérozygote) sont, certes, porteurs de la maladie, mais celle-ci ne se manifeste généralement pas. Seules des circonstances exceptionnelles, comme l'ascension d'une haute montagne, peuvent leur occasionner un malaise. Mais un pour cent des globules rouges des individus hétérozygotes sont falciformes, alors que ce taux oscille autour de cinquante pour cent chez les homozygotes.

Alors que ces derniers ne possèdent que de l'HbS, le sang des hétérozygotes contient les deux hémoglobines (HbA et HbS) en quantités à peu près égales. Cet exemple montre les conséquences énormes que peut entraîner une unique mutation d'un seul gène [37].

Mais mon propos n'est pas de relater l'histoire de la découverte d'une maladie moléculaire. Dans le contexte de l'évolution humaine, le fait que la fréquence d'apparition du gène responsable de l'anémie falciforme puisse augmenter jusqu'à quarante pour cent de la population dans certaines régions d'Afrique est important. Comment est-ce possible ? Un gène responsable d'une maladie mortelle qui frappe les individus jeunes devrait être éliminé rapidement de la population sous l'action de la sélection naturelle. La fréquence élevée du gène de l'anémie falciforme ne pourrait s'expliquer que dans le seul cas où les hétérozygotes de la maladie ont, en moyenne, plus de descendants que les homozygotes de la maladie et que les homozygotes normaux.

La solution a été trouvée par Antony Allison. Celui-ci a découvert que les personnes qui ont reçu un gène de l'anémie falciforme de l'un de leurs parents et un gène normal de l'autre parent (hétérozygote) courent un risque nettement moins élevé de contracter la *malaria tropica*, la forme la plus dangereuse de cette maladie. La *malaria tropica* est causée par un parasite amiboïde *(Plasmodium falciparum)* qui, comme tous les parasites de la malaria, se multiplie surtout dans les globules rouges de forme normale, épargnant généralement les cellules falciformes qui constituent un milieu moins favorable à leur reproduction. Une sélection naturelle favorisant nettement les hétérozygotes est la raison de la subsistance du gène de l'anémie falciforme : voilà un exemple classique de polymorphisme équilibré.

La fréquence du gène de l'anémie falciforme est beaucoup plus faible (huit pour cent) parmi la population afro-américaine des États-Unis que parmi les Africains des régions d'où sont originaires les Afro-Américains. Cette diminution est la conséquence de la disparition de la pression de sélection favorisant les hétérozygotes de l'anémie falciforme ; en effet, la plupart des États d'Amérique du Nord ne connaissent pas la malaria.

Mission

Quelques jours plus tard, un vieil homme basané se tient à côté de mon lit. Il a l'aspect d'un rabbin débraillé. Il a les cheveux longs, blancs comme neige, et une barbe grise. Il est voûté. Il parle un charabia qui ressemblerait plutôt à de l'anglais mâtiné de mots swahilis. Mais à son accent, je comprends immédiatement qu'il est néerlandais. Il s'appelle Wilfried, le père Wilfried. Il habite dans la maison des missionnaires, derrière l'hôpital. Wilfried se dit content de m'avoir trouvé. Je lui dis que je suis aussi néerlandais, à quoi il me répond :

– Alors c'est facile, nous pouvons parler notre langue. *What's your job ?*

– *Ecology of fish*, dis-je.

– *Very good*, répond le père Wilfried, les poissons, au moins, les hommes peuvent les manger.

Entre-temps, son visage s'est rembruni.

– Quelque chose ne va pas ? demandé-je.

– Oh ! c'est sans importance. J'avais entendu dire que tu étais un spécialiste des papillons. J'aurais pu te montrer ma collection.

Wilfried pince les lèvres et dit :

– *No problem, basi, basta.*

– J'aimerais bien les voir, dis-je. Avez-vous des papillons mimétiques ? Je m'intéresse au mimétisme. Ces animaux sont des exemples convaincants de l'effet que peut produire la sélection naturelle. J'étudie moi-même les œufs fictifs des nageoires des furus. Vous les avez remarqués ? C'est une forme particulière de mimétisme.

Wilfried saisit mon bras et dit :

– Viens me voir un de ces jours.

– *Hodi*, il y a quelqu'un ?

Je frappe à la porte de bois de la construction basse où logent les missionnaires. Un singe au visage noir et au pelage gris clair court, menaçant, vers moi, aussi loin que le lui permet la corde à laquelle il est attaché. Cela doit être Maria, le singe dont le père m'a parlé en m'expliquant où était la maison. Lorsque Maria, m'ayant examiné à fond, se détourne, on peut voir des bourses bleu ciel où sont comprimés de redoutables testicules. J'appelle à nouveau *« hodi »* et reçois maintenant une réponse.

– *Come in*, rugit une grosse voix.

J'ouvre la porte. Un Tanzanien corpulent, qui se présente comme le père Kibara, dit :

– *Karibu Bwana*, bienvenue monsieur, *please sit down.*

– Wilfried est là ?

– *I expect him any time*, dit le père. *Would you like some coffee ?*

Il pousse vers moi une Thermos d'eau et me tend une boîte de poudre de café.

– *Are you British ? O, I thought you were British. I have been in Britain. In Britain they ask you : « Would you like tea or coffee ? » They want you to take tea, but I like coffee, so I ask coffee : « Coffee, if you don't mind. » Then they ask you*, Kibara éclate de rire : *« With sugar ou without sugar ? »*

Il imite l'élégant accent d'Oxford et donne son commentaire dans son afro-anglais râpeux :

– *But this is only the beginning : « With cream or without cream ? »*

Kibara se trémousse maintenant de rire :

– *« Mild or hot ? »*

Le père corpulent dodeline de la tête.

– *All those questions bwana and then, in the end, you get a tiny little cup.*

Il indique entre pouce et index les dimensions d'une tasse minuscule.

– *Hapana, no, those British with their odd customs.*

Kibara me prie de l'excuser et se lève. Il me ressert du café et me conseille d'attendre Wilfried. Je suis dans la pièce commune des missionnaires. C'est ici qu'ils mangent, se reposent et reçoivent leurs invités. La décoration est sobre. Il y a un réfrigérateur et un petit réchaud. Au-dessus d'un évier en fonte, un robinet jouxte un tonneau argenté, le filtre à eau. Les repas sont servis sur quatre petites tables rassemblées et recouvertes d'une nappe de plastique à fleurs. Des chaises de bois ont été glissées contre la table. A l'une des extrémités de la pièce rectangulaire, on a aménagé un coin rétro : quatre fauteuils assez laids entourent une petite table d'Oisterwijk couverte d'un napperon de dentelle. Au mur, une étagère portant un mètre cinquante de livres religieux coincés entre deux piles de la revue *Het Beste*. Au-dessus des livres est apposée une photo en couleur du pape, en pied, flanquée de portraits en noir et blanc d'évêques tanzaniens. L'image du souverain pontife plane au-dessus d'une affiche où l'on voit les remous d'une étendue d'eau d'où le guide spirituel semble s'être élevé à l'instant. Deux galiotes, intruses, approchent toutes voiles dehors. Le mot *Skûtsjesilen* est écrit dans le bas de l'affiche.

Par un couloir sombre, un jeune Tanzanien fluet, chargé d'une pile d'assiettes, entre dans la salle et commence à dresser la table. Silencieux, il accomplit son travail sans me regarder. Lorsque je le salue, il me répond timidement.

– Où se trouve le père Wilfried ? dit-il, répétant ma question, puis, avec l'air de celui qui ne l'a plus vu depuis des années, il ajoute : Peut-être qu'il prie, peut-être qu'il est avec les papillons.

Le garçon lève un peu la tête et ferme les yeux :

– Il arrive.

Je n'entends rien, ne vois rien, ne sens rien, mais, soudain, il est devant nous.

– *Would you like more coffee ?* demande Wilfried, tout en se dirigeant vers la table. *You wanted to see the diaries ?*

– Non, je suis venu voir votre collection de papillons.

– Ah ! oui, c'est vrai.

– Il y a des journaux de bord ? demandé-je.

– Oui, bien sûr, depuis l'installation de la mission ici, en 1881. Les premiers volumes ont été rédigés en français. Dans les années cinquante, nous avons cessé d'écrire. Ceux qui étaient restés au pays critiquaient notre ton trop colonial. Plutôt pas de journal, alors. C'était plus facile que de changer de ton.

– Quand êtes-vous arrivés ici ?

– Oh ! il y a longtemps, en 1931. A l'époque, il y avait encore beaucoup de Tanzaniens qui avaient combattu aux côtés des Allemands. Ces gens avaient vécu la fin de la Première Guerre mondiale. Ils en avaient été bouleversés.

Wilfried saisit la Thermos et la boîte de café en poudre, les écarte l'un de l'autre et, les désignant, dit :

– Tu avais une colline ici et une colline là. Ils étaient sur la première avec des officiers allemands et, sur l'autre, se trouvaient les Anglais et les Belges. Une plaine séparait les deux collines. Tirez, dirent les Allemands. Ils ont tiré, mais au hasard.

– Sans viser ? demandé-je.

– Eh oui ! ça leur était égal, ils tiraient sur n'importe qui, Anglais, Belges, tous des étrangers.

– Mais il y avait aussi des combattants africains ?

Wilfried poursuit imperturbablement :

– Puis vint l'ordre de cesser de tirer. L'un des officiers allemands descendit la colline et se dirigea vers le milieu de la plaine. Il portait un bâton auquel était attaché un morceau de tissu blanc. Voilà que, de l'autre colline, arrive un officier anglais, muni, lui aussi, d'un chiffon blanc fixé à un bâton. Que signifie cela, se demandèrent les Tanzaniens. Mais le plus drôle était à venir. Les deux officiers se rencontrent au milieu de la plaine et se serrent la main. Ils entament une conversation. D'autres officiers les rejoignent. Des mains se serrent, on parle avec animation. Les Allemands demandent des cigarettes aux Anglais et aux Belges qui leur en donnent. Tout en fumant, ils continuent à bavarder, puis vient l'annonce : « La guerre est finie. » Les Allemands se sont rendus. Les Tanzaniens sont morts d'angoisse. Va-t-on les abattre, les réduire à l'esclavage ? Eh bien, non ! C'est la fête. On fait venir à boire et à manger. Les Africains qui se sont battus aux côtés des Allemands, des Anglais ou des Belges dansent toute la nuit. Évidemment, cela les intéressait de savoir qui allait être leur chef... On va voir les papillons ? Tu te demandes sans doute s'il y a des monstres prometteurs dans ma collection ?

Le père Wilfried me lance un regard insistant et se lève.

Je suis son exemple et réponds :

– *Natura non facit saltum* (la nature ne fait pas de sauts), pour bien montrer que, sauf son respect, je ne partage pas les idées évolutionnistes de mon homonyme.

Wilfried fronce les sourcils et dit :

– Un nom connu dans le domaine des papillons, Goldschmidt, pour sûr.

Je soupire : les *hopeful monsters* me poursuivent jusqu'au cœur de l'Afrique.

> Le généticien Richard Goldschmidt a étudié certains papillons *(Lymantria dispar)*[38]. En 1940 il a publié un livre, *The Material Basis of Evolution*, dans lequel il a exposé sa vision non orthodoxe de l'évolution*. Que prétendait cet homme contrariant que l'absence d'adeptes n'a pas désarçonné ? Goldschmidt pensait avoir trouvé des indications de l'existence de mutations dont l'effet était beaucoup plus grand que celui que les néo-darwinistes consentaient à attribuer à une mutation unique. Ce sont ces macromutations, et non l'accumulation de mutations, favorables mais restreintes, réparties sur une longue période, qui seraient le moteur de profonds réaménagements anatomiques ou physiologiques des organismes. Du croisement de deux parents dont les caractères se situent dans la moyenne, une nouvelle forme pourrait naître, de temps en temps, de façon tout à fait inattendue. Dans la plupart des cas, ces macromutants, les fameux *hopeful monsters*, ne seraient pas viables ou mèneraient une existence végétative, mais il pourrait s'en trouver parfois un qui serait taillé pour la vie. Une nouvelle forme, ou même une nouvelle espèce, apparaîtrait ainsi brusquement lors du passage d'une génération à la suivante.
>
> Les néo-darwinistes s'élevèrent violemment contre les macromutations de Goldschmidt, qu'ils trouvaient impossibles à mettre en évidence, si communes qu'elles aient pu paraître à leur auteur. Et, à supposer qu'un tel « monstre prometteur » existe, avec qui devrait-il s'unir sexuellement pour assurer sa perpétuation génétique ? Au moment de la publication du livre de Goldschmidt, Mayr et Dobzhansky écrivirent des ouvrages qui intégraient la théorie de l'évolution de Darwin et la génétique – les lois de Mendel et la théorie des mutations. Tout en formulant cette nouvelle synthèse, les néo-darwinistes démolirent énergiquement, au passage, les idées de Goldschmidt. Celui-ci, après de longues recherches effectuées sur les papillons, avait acquis la conviction que les mécanismes responsables de la variabilité génétique observée au sein d'une espèce ne sont pas les mêmes

* Voir *Time Frames* de Niles Eldredge, qui examine plus en profondeur la théorie de R. Goldschmidt. L'information factuelle relative à R. Goldschmidt a été empruntée en grande partie à cet ouvrage.

que ceux qui provoquent les différences génétiques entre espèces. Conclusion dont les néo-darwinistes ne voulaient rien entendre. Quels que puissent être, par ailleurs, les mérites intrinsèques de l'œuvre de Goldschmidt, il en est un, en tout cas, qu'il faut signaler : en formulant les différences fondamentales qui distinguaient leurs idées des siennes, les néo-darwinistes de la première heure découvrirent à quel point ils étaient d'accord entre eux.

Le cabinet des papillons

Nous marchons dans un couloir étroit et sombre. Le plafond est bas. J'arrive tout juste à passer sans me cogner la tête. Il y règne une odeur nauséabonde de produits délétères. De chaque côté du couloir se trouvent les cellules des religieux. Le père Wilfried s'arrête devant la dernière, du côté nord, et cherche dans son pantalon gris miteux les clés du cabinet des papillons. Le silence est angoissant. Wilfried, le doigt sur la bouche, chuchote des excuses : « La clé du cabinet est restée sur la table de la salle commune. » Avant de disparaître dans l'obscurité du couloir, le père me jette un regard par-dessus son épaule et dit : « Je reviens tout de suite. »

Sur un morceau de carton punaisé au mur figure l'horaire des religieux, calligraphié en caractères bien droits. Les lettres respectent scrupuleusement l'espace délimité par les traits de crayon tracés préalablement à la règle :

5. 45 get up in silence
6. 15 liturgical morning prayer
6. 30 meditation
7.00 eucharistic celebration in chapel
7. 30 breakfast

Le père revient et dit :

– Je me lève souvent une heure plus tôt pour pouvoir encore passer un peu de temps auprès des papillons. Je suis l'exemple de Mendel. Tu sais qu'il vivait aussi dans une communauté religieuse ? Si je n'étais pas aussi attaché à cet endroit-ci, je serais certainement allé voir son monastère en Tchécoslovaquie. Le jardin dans lequel il a réalisé ses expériences sur les pois existe toujours.

Wilfried jacasse comme si, après des années de silence forcé, l'occasion se présentait enfin à lui de parler du sujet coupable qui l'intéresse vraiment.

– Je t'ai dit que j'avais commencé une carrière de biologiste ? Il y a longtemps, tu sais. Actuellement, je ne peux plus m'occuper que d'administration hospitalière. Instructions de Rome.

Le père s'approche si près de moi que cela m'est insupportable et que je recule d'un pas. Non respectueux de la distance critique qui sied aux étrangers, il est, à cet égard, un Africain. Je suis troublé de constater que je peux supporter ces derniers lorsqu'ils s'approchent autant de moi, mais non cet étranger qui se comporte comme eux. Pendant ce temps, Wilfried poursuit inlassablement ses chuchotements :

– La théorie de l'évolution ne me pose absolument aucun problème. Je me sens ici comme a *sanctimonius rogue**. Comment dites-vous ça en néerlandais ?

Nous entrons dans le cabinet plongé dans la pénombre. Il y règne une odeur pénétrante de camphre. J'ai des vertiges et réprime une envie de vomir. De nouveau ce goût écœurant de quinine. Je respire profondément par la bouche pour éviter autant que possible les odeurs. Il y a peu d'espace libre dans le cabinet. Contre les murs et devant la fenêtre, se dressent des armoires aux tiroirs étroits. Au milieu de la pièce, un ancien vélomoteur BMW est suspendu dans des cadres de bois. Les roues détachées gisent sur le sol. J'entends derrière moi la voix bourdonnante de Wilfried :

– Protéger les papillons vivants contre la mort, les morts contre la vie. Comment faites-vous ça avec vos poissons ?

Wilfried gratte une allumette. La tête de soufre rougeoyante tombe du bout de bois et vole au ras de mon visage. Les deux allumettes suivantes refusent de brûler, mais la quatrième émet une haute flamme. Wilfried, distrait, me tend son paquet et allume une lampe à gaz. Sur la petite boîte, on voit une image d'éléphant et le mot swahili *« tembo ». Säkerhets tändstickor*. Si je pouvais les avoir ici. Encore quelques années et, *deo volente*, je tiendrai à nouveau dans mes mains la petite boîte décorée d'une hirondelle.

Wilfried ferme la porte et ouvre l'un des innombrables tiroirs. D'une voix un peu plus forte à présent, il dit :

---

* Bon apôtre.

– Ça a été vite, n'est-ce pas ?

Je lui lance un regard interrogateur.

– A la fin du XVIIIe siècle, a paru un mémoire académique sur la question de savoir quelle langue Dieu parlait avec les premiers hommes. La fin du XVIIIe siècle. Pour moi, c'était hier. Quand je suis arrivé ici en 1931, certains missionnaires croyaient même encore que toutes les espèces avaient été créées par Dieu en cette unique semaine. Elles auraient toutes le même âge et seraient restées inchangées depuis la création, il y a 6 000 ans.

Wilfried se hisse sur la pointe des pieds et pose la lampe à gaz sur l'une des armoires.

– La croyance en la théorie des idées de Platon était courante dans nos cercles. Les variétés individuelles d'une espèce donnée étaient considérées comme des reflets terrestres imparfaits du représentant idéal de l'espèce. Quoi ? *Basi*, ça suffit.

Wilfried grandit. Tel un général, il se tient, les reins cambrés, les mains aux hanches, devant ses papillons au garde-à-vous. Il y a longtemps que j'ai renoncé à l'arrêter. Il poursuit, tonitruant :

– En d'autres termes, la variabilité individuelle a été dépouillée de toute signification… (Le père désigne un tiroir qui contient des dizaines de papillons de la même espèce et promène lentement un index zigzaguant le long des rangées.) Mais, bien sûr, je n'ai rien à vous apprendre. Vous êtes un professionnel.

– Exactement, dis-je. Darwin a brisé l'habitude des poncifs. Ce fut un grand progrès.

Wilfried fouille dans les cartes d'un fichier. Je n'ai pas l'impression qu'il m'écoute :

– J'aimerais te montrer quelque chose, dit-il, mais *storage* et *retrieval**, ça n'a jamais été mon point fort. Tu as encore un moment ?

Le père feuillette fiévreusement le fichier, en léchant de temps en temps son index droit. Puis il recommence à parler :

– Imitation, nouveaux cas de mimétisme. C'est ça que je suis en train de chercher. Les imitateurs de Bates. Ça t'intéresse aussi, n'est-ce pas ?

– Bien sûr, dis-je. J'étudie les principes de l'évolution, pas seulement les poissons.

---

* Stocker et retrouver.

Pendant quelques instants, c'est le silence…

– Donc, si je comprends bien, le bon apôtre cherche de faux prophètes ? dis-je en citant la référence : Rothschild, 1972. Vous connaissez cet article [39] ?

Wilfried me regarde d'abord étonné, puis pensif ; enfin, l'air à la fois incrédule et plein d'espoir, il demande, hésitant :

– *Papilio dardanus* ?

– *Papilio dardanus dardanus*, dis-je sans hésiter.

– *Polytrophus*, poursuit-il avec excitation.

– *Tibullus*, dis-je, très attentif à ne remuer aucun muscle.

– *Cenea* ?

Wilfried me lance un regard presque suppliant en prononçant le nom.

Je me racle la gorge et lâche le mot libérateur :

– *Meseres*.

– *Papilio dardanus meseres*. On le trouve ici, dit Wilfried. Le père joint les mains en murmurant et, faute d'espace, se balance d'avant en arrière. Il effleure mon bras gauche du bout des doigts, retire rapidement sa main et grommelle :

– *Basi*, ça suffit.

Comme un possédé, il ouvre les tiroirs l'un après l'autre.

Imiter et avertir

Où que je porte le regard en Afrique orientale, sur terre, dans l'air ou sous l'eau, je bute sans arrêt sur le rôle de la sélection naturelle. Je suis toujours sous le charme de la théorie de Darwin dont je vois partout les traces : bouches des furus faites pour ingurgiter une nourriture spécifique, Africains bien plus résistants à la malaria que moi-même, papillons mimétiques et les effrayants ocelles de leurs ailes conservés dans une armoire.

La protection assurée par le mimétisme est toujours considérée comme l'un des exemples les plus convaincants du rôle de la sélection naturelle [40]. Trois ans après la parution de l'ouvrage de Darwin, *Origin of Species*, Bates a publié sa théorie du mimétisme, qui expliquait la ressemblance extérieure frappante de quelques espèces de papillons du bassin amazonien, non apparentées entre elles.

Dans le modèle de Bates, trois acteurs entrent en scène. L'exemple, une espèce de papillon vénéneux, c'est-à-dire non comestible, qui présente un motif éclatant de taches colorées. Un imitateur de l'exemple, une espèce de papillon comestible. Et un prédateur, des oiseaux insectivores dans le cas décrit par Bates. L'imitateur a intérêt à présenter des caractères extérieurs, tel le motif des taches colorées, si semblables à ceux de l'exemple vénéneux que le prédateur ne puisse pas les distinguer l'un de l'autre. En revanche, l'exemple vénéneux a intérêt à ce que le prédateur voie bel et bien la différence entre imitateur et exemple. On a ici les ingrédients d'une course de coévolution [41]. On pourrait dire, par métaphore, qu'une espèce de papillon vénéneux essaie de se débarrasser d'un imitateur comestible en changeant d'aspect chaque fois que leur ressemblance est si forte que le prédateur ne les distingue plus l'un de l'autre. Dans *Hedendaags fetisjisme*, Cary van Bruggen écrit à propos de la tendance de l'homme à établir des distinctions sociales : « La servante porte sa montre au poignet, madame l'épingle sur sa poitrine, la servante l'épingle sur sa poitrine, madame la pend à son cou, la servante la pend à son cou, madame la porte à nouveau au poignet [42]. » Bien que, dans le cas du mimétisme, il ne s'agisse ni d'acquérir ni de conserver un statut social, les intérêts de madame et ceux de l'exemple vénéneux, qui en fait produit des vomissements chez les oiseaux insectivores, sont, en un certain sens, analogues : ils veulent être remarqués et ne pas être confondus avec un autre.

Dans le modèle de Bates, le prédateur joue un rôle capital [43]. Si aucun oiseau insectivore ni autre prédateur n'est en jeu, l'imitateur n'a aucun intérêt à mimer l'exemple vénéneux et aucune ressemblance extérieure ne se manifeste, si ce n'est tout à fait aléatoire. La présence du prédateur est essentielle à l'établissement de cette similitude. L'oiseau en quête de papillons comestibles fait un choix. Parmi les proies qui se présentent, il sélectionne les individus qui lui conviennent et néglige les autres. Il compare et juge. L'oiseau personnifie une pression de sélection.

Les papillons sont non comestibles lorsqu'ils vivent sous la forme de chenille sur des plantes vénéneuses qu'ils mangent, accumulant des substances toxiques dans leur organisme sans succomber. Ces papillons vénéneux ont souvent des couleurs voyantes : dès leur plus jeune âge, les oiseaux apprennent à les éviter. Les imitateurs sont des espèces de papillons qui ne vivent pas sous la forme de chenille sur des plantes vénéneuses, mais qui ont l'apparence de papillons vénéneux. Ce sont des profiteurs.

Si, dans un territoire donné, il y a des papillons vénéneux mais pas d'imitateurs, les oiseaux insectivores apprennent rapidement à les éviter. Le nombre de victimes de cet apprentissage est réduit au minimum. Mais, plus nombreux sont les imitateurs comestibles, plus imprécise est l'instruction du prédateur. Les oiseaux sont régulièrement pris à contre-pied. Ils sont désemparés et subissent de nombreuses pertes avant d'établir le rapprochement entre les motifs de taches colorées des ailes des papillons non comestibles et le goût infect de ceux-ci. Ainsi l'imitateur de Bates efficace porte préjudice non seulement aux papillons vénéneux qui lui servent de modèle, mais aussi aux oiseaux insectivores qui évitent à tort des proies potentielles.

Les détracteurs de la théorie du mimétisme de Bates ont combattu, encore tout récemment, l'hypothèse qui attribue à la sélection naturelle l'apparition d'une ressemblance extérieure entre papillons vénéneux et comestibles. La pression de sélection exercée par les oiseaux sur les papillons ne serait pas assez forte pour produire un tel effet [44]. Cette critique s'est avérée non fondée. Les papillons monarques hibernent en colonies si compactes qu'elles forment une sorte d'immense couverture bigarrée. On a constaté que des espèces d'oiseaux insectivores tuaient environ neuf pour cent des quelques dizaines de millions d'individus que comportent ces colonies en hibernation, preuve que les oiseaux peuvent, en principe, exercer une forte pression de prédation sur des populations d'insectes.

Une erreur qui pourrait être fatale à un prédateur serait de ne jamais en commettre. Se tromper est, sans doute, la seule manière de faire des découvertes. Au cours de ses études sur le mimétisme, Huheey, qui s'est penché notamment sur l'importance de l'erreur, a noté l'observation suivante : en s'attaquant de temps en temps à un papillon dont il sait qu'il pourrait être vénéneux, l'oiseau insectivore pourrait découvrir des modifications du rapport des fréquences d'apparition des papillons vénéneux et comestibles. Les oiseaux insectivores et autres prédateurs pourraient même être génétiquement programmés pour se tromper de temps en temps. Si la proportion de papillons comestibles par rapport aux vénéneux augmente trop, le risque est grand que les jeunes oiseaux n'apprennent jamais à associer les motifs imités de taches colorées à la toxicité. En outre, les oiseaux adultes qui se trompent percevront de moins en moins bien ce lien. Il en résulte que les oiseaux n'éviteront plus les proies. Le temps pendant lequel un oiseau garde le souvenir d'une expérience de proie vénéneuse dépend de la qualité de sa mémoire, mais aussi du mauvais goût de l'insecte et du rapport des nombres de papillons comestibles et vénéneux.

Le mimétisme de Bates est donc dépendant de la fréquence. Si le nombre de papillons comestibles croît trop fortement par rapport aux spécimens de mauvais goût, les imitateurs ne profitent plus de la protection que leur confère leur ressemblance avec l'individu vénéneux. Celle-ci peut desservir les papillons comestibles qui imitent une espèce vénéneuse, car alors les choses tournent mal. Toujours ? Non. Il existe une clause échappatoire qui permet une augmentation sensible du nombre d'imitateurs.

Les imitateurs de Bates, les papillons comestibles, prennent parfois l'apparence de plusieurs espèces vénéneuses. Grâce à cela, sans nuire à l'efficacité du système mimétique, le nombre d'imitateurs comestibles peut être plus élevé que si une seule espèce vénéneuse était prise comme exemple fallacieux. Le poids de la ressemblance est ainsi réparti. Le cas de *Papilio dardanus* en est un exemple classique. Les motifs de taches colorées des femelles varient selon la région : on connaît au moins neuf espèces de ce papillon ayant chacune son propre motif, qui correspond à celui des ailes d'un modèle vénéneux [45].

Il existe aussi des systèmes mimétiques fondés sur le caractère vénéneux de toutes les espèces qui y participent. Il peut être intéressant pour un ensemble d'espèces d'annoncer sa toxicité de manière non équivoque et de faciliter ainsi le processus d'apprentissage du prédateur. Elles s'unissent sous la même bannière symbolisant le message « vénéneux », de sorte que le prédateur a d'elles une vue globale. Cette forme d'évolution convergente, dans laquelle les motifs de taches colorées d'espèces non apparentées se ressemblent de plus en plus, a été reconnue pour la première fois par Müller, dont on lui a donné le nom. Même une similitude globale entre deux espèces vénéneuses peut être à l'origine de l'évolution convergente de caractères extérieurs.

A la différence de ce qui se passe pour le mimétisme de Bates, dans celui de Müller les prédateurs ne sont pas leurrés, mais reçoivent un avertissement justifié. De plus, le mimétisme de Müller ne dépend pas de la fréquence ; son efficacité n'est pas moindre lorsqu'une des espèces participantes croît en nombre. Si plusieurs espèces de papillons présentent une similitude indéniable, quoique très incomplète, il y a de grandes chances pour que ces insectes fassent partie d'un système mimétique de Müller. Un tel système favorise l'évolution de l'uniformité des motifs de taches colorées, mais l'imitation est loin d'y être aussi parfaite que dans le système de Bates. Si, dans le premier, l'imitateur « spécule » sur la capacité de généralisation du prédateur, dans le second il « doit affronter » l'aptitude de celui-ci au discernement. Seul ce dernier cas entraîne l'évolution d'un mimétisme précis.

Comment un animal comestible, peu voyant, voire camouflé, se transforme-t-il en un individu vénéneux éclatant ? Qu'est-ce qui apparaît d'abord, la toxicité ou l'éclat[46] ? Il y a, en gros, trois modèles : dans le modèle classique, l'éclat et la toxicité évoluent parallèlement. Mais on sait depuis peu que cette hypothèse de l'évolution de l'apparence spectaculaire n'est pas la seule qui se puisse imaginer. Les couleurs vives peuvent aussi apparaître sans que la (non)-comestibilité de la proie y soit pour quelque chose. L'attraction sexuelle ou la régulation de la température corporelle (couleur noire pour absorber la chaleur), par exemple, peuvent favoriser l'évolution de motifs de taches colorées éclatantes. Selon cette hypothèse, la toxicité de proies voyantes n'intervient qu'en deuxième ressort. Les prédateurs peuvent apprendre à éviter les proies vénéneuses aux couleurs vives. Le fait est connu pour les oiseaux, les poissons, les reptiles et les mammifères. Mais qu'un prédateur puisse faire un tel apprentissage ne prouve pas que les couleurs vives de la proie vénéneuse soient apparues aussi dans le but d'annoncer la toxicité.

Selon le troisième modèle, l'apparence spectaculaire n'apparaît qu'après la toxicité. Puisqu'il est vénéneux, l'animal peut se permettre d'attirer les regards. L'éclat servi par la toxicité.

Taches oculaires

Les papillons africains appartenant au genre *Bicyclus*[47] apparaissent dans les régions où il y a alternance de saisons humides et de saisons sèches. Ils sont très courants aussi dans les environs de Mwanza, surtout dans le petit cimetière abandonné réservé aux étrangers. Les générations successives vivent dans des conditions radicalement différentes : froid, humidité et verdure, ou canicule, sécheresse et végétation roussie. Certaines espèces fuient la longue période sèche et émigrent vers des régions plus humides, d'autres entament une phase de repos. *Bicyclus anynana* n'évite ni la période ni les lieux de végétation desséchée. Mais son aspect extérieur se modifie fortement. Les papillons nés à la saison sèche ont le dessous des ailes d'un brun uniforme. On les remarque à peine parmi les feuilles mortes, qui ont la même couleur et qui constituent l'environnement dans lequel ils passent la majeure partie de cette saison, les ailes repliées. Une forme d'apparence cryptique, qui contraste violemment avec les couleurs éclatantes caractéristiques de la génération des papillons qui prennent leur envol à la saison des pluies. Ces derniers ont des taches très vives, constituées d'un centre blanc entouré de deux cercles concentriques, d'abord un noir, puis un jaune d'or. Pendant la saison humide, les papillons sont plus actifs que pendant la saison sèche et ne s'accordent que de brefs moments de repos sur la végétation. Pour autant qu'ils ne séjournent pas trop longtemps sur la même plante, il est probable que leurs taches effrayent les insectivores.

On a supposé que l'apparence éclatante des papillons de la saison humide ne serait pas idéale à la saison sèche et que l'aspect cryptique, utile pendant cette dernière, ne remplirait aucune fonction de camouflage pendant la période des pluies (mais ne susciterait pas non plus la frayeur).

Cette hypothèse a été testée récemment au Malawi. Le matériel de terrain se composait d'un filet à papillons et de deux marqueurs de feutre, l'un rempli d'encre noire, l'autre d'une encre brune dont la couleur se confondait avec celle des ailes des papillons de la saison sèche. On a capturé des centaines d'individus de ce dernier type et peint leurs ailes de taches noires éclatantes, pour une partie

Forme de la période humide.

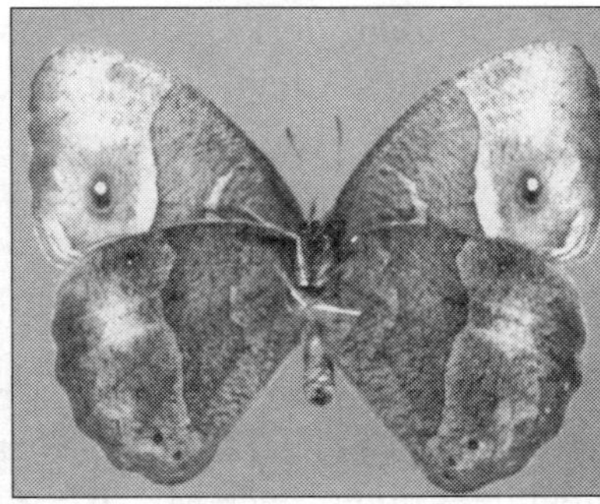

Forme de la période sèche.

Plasticité phénotypique du papillon du Malawi *(Bicyclus anynana)*. Les formes extérieures des générations successives sont très différentes à la saison des pluies (photo de gauche) et à la saison sèche (photo de droite).

d'entre eux, et de taches brunes, pour les autres, qui ont servi de groupe de contrôle. Les papillons ont ensuite été relâchés. Au bout d'un certain temps, de nouvelles prises ont permis de déterminer quelle fraction des papillons peints en brun ou des papillons peints en noir avait disparu. La partie anéantie des insectes aux taches noires était la plus importante. Ce résultat indiquait nettement que le type de la saison sèche porte effectivement des couleurs discrètes et que cette caractéristique est un produit de la sélection naturelle.

Dans un environnement dont l'aspect change considérablement selon l'époque de l'année, il existe une forte pression de sélection qui produit diverses formes adaptées à la saison. Cette capacité d'un même génotype de générer une nouvelle apparence (phénotype) en réaction à une modification du milieu est appelée « plasticité phénotypique ».

C'est surtout la température ambiante à laquelle l'animal est exposé au début de son développement qui détermine l'apparence du papillon *(Bicyclus anynana)*. Le camouflage et la couleur avertissement sont généralement deux conséquences extrêmes de la sélection naturelle, mais certaines générations de ces papillons du Malawi peuvent disposer des deux types d'apparence, indépendamment de la saison.

Le pendant de la tache oculaire, qui a un effet répulsif, est la tache ovoïde. Autant la première est effrayante, autant la seconde est attrayante.

Non, ceci n'est pas un œuf

Toute personne disposant d'un bateau pouvait, sans risque de contracter la bilharziose, nager au large de l'une des îles rocheuses inhabitées du golfe de Mwanza. On n'y trouvait pas de parasite de la maladie.

Un jour, j'avais conçu le projet d'examiner le comportement des furus, à l'aide d'un tuba ou en plongée, mais la visibilité était trop réduite pour le but que je poursuivais. Si on se tenait parfaitement immobile dans le lac, on pouvait, de temps en temps, voir passer un poisson, mais en général ceux-ci filaient à toute allure dans l'eau vaseuse dès qu'on les effrayait. Pourtant, j'ai pu observer quelque chose, un phénomène étrange même : de petites taches d'un jaune lumineux fusaient dans l'eau comme des flèches, changeaient de direction, disparaissaient, réapparaissaient, s'arrêtaient et repartaient. Plus je me tenais tranquille, plus je voyais de taches surgir de l'eau sombre. Je me sentais surveillé, cerné par des poissons dont je n'apercevais que des taches jaunes, les taches ovoïdes. Celles-ci donnent l'illusion de la réalité. Elles appartiennent au domaine de l'imitation, du mimétisme. Elles se trouvent sur la nageoire anale des mâles. Que font là ces représentations d'œufs ?

Chez les poissons évolués qui couvent leurs œufs en bouche, comme les furus du lac Victoria, le lien conjugal a disparu. Les femelles préfèrent éviter la compagnie des mâles en pleine activité sexuelle ; elles ne les approchent que pour recueillir le sperme et ne s'attardent pas.

Le mâle défend l'espace entourant le nid qu'il entretient et dans lequel il tente d'attirer, au cours de la danse nuptiale, les femelles de son espèce pleines d'œufs arrivés à maturité. Pour ce faire, dès qu'il en aperçoit une, il va se poster devant elle, en détournant la tête. Tournant vers la femelle sa nageoire anale palpitante, largement déployée, pour mettre en évidence les œufs fictifs qui y sont représentés, il lui envoie ce message : « Suis-moi. » Voici une fonction

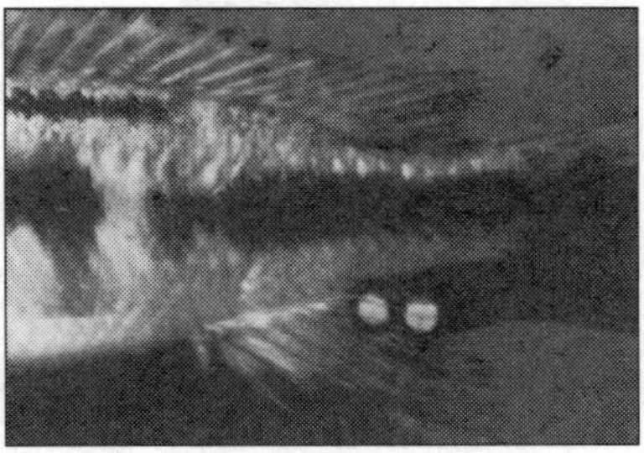

Taches ovoïdes de la nageoire anale d'un furu mâle. Chez la plupart des espèces, les œufs fictifs présentent une ressemblance frappante avec les œufs des furus femelles, du moins pour l'œil humain.

importante des taches ovoïdes : la séduction des femelles. Parfois le mâle fait plusieurs allers et retours entre son nid et elle. S'il est trop lent, il court le risque de la perdre au profit d'un voisin. La projection de caractéristiques humaines sur les animaux est un tabou en éthologie, mais la tentation est forte. Un jour, j'ai vu une femelle bâiller à plusieurs reprises en attendant un mâle qui tardait à reparaître. Lentement mais sûrement, elle se détourna peu à peu de lui et finit par suivre un voisin entreprenant qui la conduisit dans son refuge. Voici, en gros, ce qui se passe alors : la femelle tourne en rond, suivie de près par le mâle qui effleure sa papille génitale. Si la femelle est mûre, à un moment donné, elle pond quelques œufs. Interrompant alors ses circonvolutions, elle se retourne et met le frai en bouche. Il est essentiel qu'elle exécute cette opération rapidement, car le risque est grand d'être surprise par l'un ou l'autre des nombreux voleurs qui font le guet [48].

Plus vite la femelle saisit ses œufs, moins elle risque de les perdre, certes, mais, ce faisant, elle crée un nouveau problème : elle ne laisse au mâle aucune chance de les féconder [49]. Au cours de l'évolution de la pratique de l'incubation dans la bouche, le moment où la femelle commence à happer les œufs est intervenu de plus en plus tôt dans la parade nuptiale. Les femelles des incubateurs buccaux supposés primitifs, poissons généralement fluviatiles qui entretiennent encore un certain lien conjugal, donnent au mâle l'occasion de féconder les œufs avant qu'elles ne les happent. Mais chez les espèces évoluées où ce lien n'existe plus, la femelle saisit ses œufs le plus vite possible, avant même toute possibilité de fécondation. Chez ces espèces, le mâle ne participe ni à la protection du frai ni à l'entretien des jeunes. Sa contribution se limite à transmettre ses gènes à sa descendance. Mais comment le sperme arrive-t-il dans la bouche de la femelle ? Comment éviter à celle-ci d'errer à jeun, la bouche pleine à craquer d'œufs non fécondés ?

Lorsque la femelle a pris les œufs, la parade nuptiale est interrompue. Le mâle, sa nageoire anale déployée, se tient maintenant juste au-dessus du fond sous le nez de la femelle en quête d'œufs et reprend ses circonvolutions dans le nid : il relance la parade nuptiale, excitant la femelle à l'aide de représentations de l'unique objet de ses préoccupations du moment : les œufs. On pourrait voir ici une autre fonction des taches ovoïdes : renouer le lien avec la femelle après l'interruption de la parade nuptiale. Éviter qu'elle n'aille déposer la ponte suivante chez un voisin, ce qui pourtant arrive souvent. Après avoir saisi les œufs, elle réagit aux taches comme aux œufs véritables. Mais elle ne se laisse jamais leurrer, comme si, pénétrée de l'œuvre de Magritte, elle savait que « ceci n'est pas un œuf ». Certes, elle tente intentionnellement et souvent avec ardeur d'enlever avec ses lèvres les taches de la nageoire. C'est à ce moment de la parade nuptiale, selon l'hypothèse de Wickler, que le mâle éjecte son sperme, qui aboutit dans la bouche de la femelle de sorte que les œufs qui n'ont pas été fécondés puissent encore l'être. Pour une des espèces au moins chez lesquelles l'incubation se fait dans la bouche, *Pseudocrenilabris multicolor*, on a constaté que la moitié environ des œufs n'était fécondée qu'après que la femelle les a happés [50]. Ceci confirme l'idée de Wickler selon laquelle les taches ovoïdes auraient également pour fonction d'augmenter les chances de fécondation des œufs. Mais ce n'est pas certain. En effet, cette fécondation se produit même si on enlève les taches de la nageoire anale du mâle [51]. Du moins chez *Haplochromis elegans*, qui a été utilisé pour ces expériences.

Les taches ovoïdes ne sont présentes que chez les espèces qui couvent leurs œufs en bouche. Tous les furus du lac Victoria, qui appartiennent à ces espèces, en portent quelques-unes sur la nageoire anale. De la forme d'un œuf, ces taches (orange, jaunes) en ont aussi, en gros, la couleur (jaune, brun clair). Celles des mâles sont voyantes, nettement délimitées et entourées d'un anneau contrasté, celles des femelles sont bien moins visibles, car elles n'ont pas d'anneau et sont moins colorées. Les taches des mâles ont l'air d'une représentation de l'œuf d'après nature, du moins pour l'œil humain. Comment ces petits tableaux naturalistes sont-ils apparus ?

Au cours de la parade nuptiale, les mâles des espèces dépourvues de taches ovoïdes déploient également leur nageoire anale palpitante. Celle-ci – comme c'était sans doute aussi le cas pour les ancêtres des espèces à taches ovoïdes – est parsemée de petites taches perlées, qui auraient pu leurrer les femelles, très motivées à attraper des œufs. On pense que les taches de certains mâles étaient plus proches aléatoirement des œufs véritables, par les dimensions, la forme ou la couleur, que celles d'autres mâles. Si les premiers avaient, dès lors, plus de chances d'être élus par les femelles et si leurs descendants avaient des taches ayant une ressemblance avec les œufs plus forte que la moyenne, l'orientation de l'évolution d'une tache ovoïde serait déterminée. Mais il s'agirait alors d'un exemple de sélection sexuelle, qui n'a pas sa place dans un chapitre consacré à la sélection naturelle. Le sexe ne serait-il donc pas naturel ? Difficile pourtant d'imaginer plus naturel. C'est vrai, mais, en 1871, se fondant sur des arguments solides, Darwin a élevé la sélection sexuelle au rang de catégorie à part entière de la sélection naturelle. Nous en reparlerons plus loin.

Des parasites de la malaria dans mon sang ; le cou de la girafe ; la latéralité gauche et droite des poissons ; un gène responsable d'une maladie fatale, l'anémie falciforme, qui se maintient dans les régions où règne la malaria ; des papillons comestibles qui imitent des modèles vénéneux, s'assurant ainsi une protection contre les oiseaux ; motifs colorés discrets sur les ailes des papillons à la période sèche, mais couleurs vives, comme signaux d'alarme, à la saison des pluies où elles assurent une protection plus efficace contre les prédateurs. Sans cesse, je suis confronté au rôle immense de la sélection naturelle. Mais celle-ci peut-elle expliquer l'essaimage des furus ? Oui, en partie. La dispersion de toutes ces formes en est sans doute une conséquence, tout comme la différenciation des gratteurs d'écailles du lac Tanganyika en gauchers et droitiers. A ceci près que la dispersion de formes est tout autre chose que l'apparition d'espèces. Bien sûr, des individus congénères vivant dans des régions séparées géographiquement pourraient être l'objet d'adaptations locales s'ils sont exposés à des pressions différentes. Ainsi, la sélection naturelle pourrait orienter, dans deux directions divergentes, la formation de la bouche de deux populations de briseurs d'escargots appartenant à la même espèce. La raison pourrait en être, par exemple, que dans l'une des régions il n'y a pas d'escargots, ce qui oblige les poissons à se tourner vers d'autres nourritures, alors que, dans l'autre, les escargots sont leur lot. La différence du processus de constitution de la bouche pourrait entraîner, à la longue, l'apparition de deux espèces nouvelles. Phylogenèse se déroulant en parallèle avec l'apparition d'adaptations à des circonstances divergentes. C'est dans cette direction que Darwin a conduit ses réflexions et les choses pourraient en effet se passer ainsi, mais, parfois, il en va tout autrement. Que serait-il arrivé si, au lieu d'aller aux Galapagos, Darwin était venu nous rendre visite ? Peut-être aurait-il été confronté au rôle possible de la sélection sexuelle dans la formation des espèces. Peut-être aurait-il découvert que, parce qu'elles sont exigeantes dans le choix d'un partenaire, les femelles peuvent mettre en route un processus phylogénétique. Peut-être disposerions-nous aujourd'hui d'une théorie de l'évolution différente [52].

V

Le baisemain : l'apparition des espèces

Un télégramme de Leyde dans le casier de la poste : « Largeur/ hauteur maximale du bateau ? Oublié. Urgent. »

Sans cesse, mon propre travail est interrompu. Voilà autre chose ! Ces taches peuvent bien attendre encore peu, n'est-ce pas, pour l'heure, nous allons vraiment travailler. L'extension du projet se poursuit. Le navire de haute mer est pratiquement prêt. Mais, hélas, personne ne s'est demandé si le bateau, qui doit être transporté par train de Dar es-Salaam à Mwanza, pourra passer dans le tunnel le plus étroit. Allons, trêve de gémissements... Nul n'est tenu de partager mon goût de l'inutile et, finalement, je vois un certain avantage à ce bateau. Avec la petite embarcation de bois, je ne peux pas sortir du golfe de Mwanza, mais si je dispose de ce chalutier, toutes les taches seront à ma portée. Je pourrai fouiller le lac dans ses moindres recoins, aussi profondément que j'en ai envie. En route donc à la recherche des dimensions du tunnel le plus étroit.

Melle et moi nous dirigeons à vélo vers l'agence des chemins de fer qui se trouve au bord du lac. Avant d'entrer, nous saluons un surveillant qui monte la garde auprès d'élégants contre-torpilleurs de couleur grise amarrés au quai.

A l'intérieur, dans la pénombre de la pièce qui tient à la fois de la remise et du bureau, on distingue trois pupitres de bois dur recouverts d'un sous-main vert sombre. Les rayonnages qui courent le long des murs croulent sous les classeurs gris, dont les dos portent des noms de lieux : Dodoma, Tabora, Kigoma... Deux des bureaux sont inoccupés, une jeune femme aux cheveux frisés coupés court est assise derrière le troisième. Elle lève un instant vers nous des yeux exorbités et humides comme si elle sortait des profondeurs d'un lac. Elle trace des marges dans un cahier. Dès qu'elle en a fait une, elle tourne la page et tire une nouvelle ligne au verso sur un rythme d'une agaçante lenteur. Melle et moi allons nous poster devant son bureau. Je retiens mon souffle. Arrivée à la moitié d'une marge, elle pose son Bic. Ses lèvres s'ouvrent mais se referment sans qu'elle ait rien dit et, quelques instants plus tard, sont à nouveau à demi ouvertes.

Parler ? Un vestige du passé. Enfin, une vibration se fait entendre au plus profond de la gorge de cette murène :

– *Shida gani*, quel est le problème ?

– Je suis désolé de vous déranger. Nous venons demander les dimensions du tunnel le plus étroit du trajet Dar es-Salaam-Mwanza. C'est urgent.

La femme glousse comme si j'avais proféré une obscénité :

– Vous voulez les dimensions de ce tunnel ?

D'un mouvement de tête, elle désigne une porte et dit :

– *Huyu*, vous devez aller chez lui. Il connaît tout ça.

J'ai honte de ma mauvaise connaissance du swahili, mais *shimo* ne semble pas mauvais pour tunnel. La femme se traîne vers la pièce voisine d'une manière si molle que je m'étonne de ne pas la voir s'effondrer. Elle tend l'oreille pendant quelques instants, frappe à la porte et l'ouvre. Melle et moi entrons. Derrière un bureau est assis un fonctionnaire au regard si effrayé qu'on dirait qu'il voit s'ouvrir sa porte pour la première fois depuis des années. Un vent chaud fait s'envoler les papiers qui jonchent son bureau. Une fenêtre a perdu sa vitre. Les cambrioleurs ont tout loisir d'entrer, mais à part une table, deux chaises et des archives, il n'y a rien à emporter. Aux Pays-Bas, les voleurs brisent les vitres pour trouver autre chose, mais ici, l'objectif, c'est le verre lui-même. La vitre a été soigneusement retirée de son cadre.

– Ah ! c'est vous, dit le fonctionnaire dont la tête décrépite est maintenue en l'air par un corps juvénile.

Il saisit la main droite de Melle et se met à la pétrir passionnément. Il l'avait déjà rencontré en ville :

– Engrais chimique ? Puits ? Coton ? Que puis-je faire pour vous ? demande-t-il.

– Les dimensions du point le plus étroit du trajet Dar es-Salaam-Mwanza, voilà ce qu'il nous faut.

L'homme nous conduit chez l'un de ses collègues, plus haut

placé, qui dispose non seulement d'un bureau personnel, mais aussi du téléphone. Il est petit et fluet. Sa tête toute ronde, d'un noir bleuté, luit comme une olive mouillée. Son regard méfiant oscille nerveusement entre Melle et moi. Il nous offre une chaise et, pour la troisième fois, j'explique la raison de notre visite.

Avant même que j'aie terminé, il dit :

– *It is impossible to give you this information now. We need headquarters. If you could come back in two weeks.*

Nous recevons ses paroles comme une salve de mitrailleuse. Il nous est impossible d'attendre deux semaines. Ne pourrait-il téléphoner au bureau principal de Dar es-Salaam ou, au besoin, écrire ? Exclu. L'homme se lève et nous serre la main.

En se dirigeant vers la porte, Melle demande :

– Les contre-torpilleurs sont arrivés ici par train ? Nous pourrions peut-être les mesurer, eux ?

Soudain hargneux, le fonctionnaire dit :

– *Where are your passports ? You said you are residents. What does that « Haplo... » mean ?*

Rester calme. Prendre le temps de lui raconter, avec plus de détails encore, comment nous sommes arrivés en Tanzanie et pourquoi la petite embarcation de bois ne nous suffit pas. Improviser une longue allocution avec introduction et conclusion. Les Tanzaniens raffolent des discours. Demandez au laitier de faire un laïus sur le lait, il traitera le sujet pendant une heure et demie sans la moindre hésitation. Le goût du lait, la façon de l'allonger sans altérer son onctuosité, la saveur aigre qu'il prend lorsqu'il est exposé à l'air, son origine et sa destination.

Nous réussissons finalement à persuader l'olive que nous n'avons pas l'intention de lui arracher des secrets militaires et que nous n'avons aucun lien avec l'Afrique du Sud, même si nous parlons le *« Ki-Holanzi »*. Mais il est hors de question que nous puissions prendre les dimensions des contre-torpilleurs.

– Ainsi vous êtes des chercheurs. Bien, notre pays a besoin de gens comme vous, *karibuni Tanzania*, bienvenue en Tanzanie, dit le fonctionnaire comme s'il débitait une consigne gouvernementale.

Je veux tenter un dernier essai.

– Vous savez peut-être lequel des tunnels est le plus étroit, même si vous n'en avez pas les dimensions ? demandé-je prudemment.

– *In fact, officers, this is simple.* Le dernier tunnel est aussi le plus étroit. *It is the very same tunnel.*

L'homme passe sans cesse de l'anglais au swahili et vice versa :

– Devant le tunnel, il y a des restes de produits occidentaux qu'on n'a pas pu y faire passer.

Et il conclut en souriant :

– *So that, my dear scientists, we may call this : the law of the last tunnel.*

Le point le plus étroit

Le dimanche suivant, au matin, nous longeons la voie, Melle et moi, en direction du point le plus étroit. Nous n'avons pas la moindre idée de la distance à laquelle il se trouve. A une heure, un jour, une semaine de marche ? Le point le plus étroit n'est pas indiqué sur la carte. Nous avons emporté une Thermos de café, des biscuits, des mangues, de la ficelle, un mètre pliant et un couteau.

Il a plu. Des deux côtés de la voie, les champs sont d'un vert exubérant. Une brise chaude nous caresse. Dans les parcelles gorgées d'eau, on a planté du riz, dans les lopins secs du maïs, du millet et du manioc. Des gardes-bœufs marchent dans les rizières, en furetant avec précaution. Un martin-pêcheur creuse un petit trou dans le talus d'argile qui borde un champ. Un peu plus loin, une tache rouge se balance à une tige de maïs. Rouge magnétique. La voilà qui disparaît à nouveau. Tel un funambule, Melle oscille sur les rails. J'enjambe la voie pour le rattraper.

A quelques mètres devant nous, une vieille femme et une fillette surgissent d'un champ de maïs. Elles marchent main dans la main, du même côté que nous. La femme porte un livre sur la tête. Elle nous salue sans se retourner ni ralentir le pas. N'aurions-nous pas envie de les accompagner à l'église, pour chanter ? Nous n'aimons pas chanter ? Un court instant de silence, puis elle passe à un autre sujet.

Questions posées à qui se sent interpellé :

– Tes parents vivent encore, *baba*, père ? Ils sont en bonne santé ? Contente de l'apprendre. Marié ?

– *Bado*, pas encore, dis-je.

– Des frères et sœurs ? Trois sœurs ? C'est bien, père, dit la femme. *Tumbo moja*, du même ventre ? Pas mal, quatre du même ventre. De quel pays venez-vous ? Un grand pays, sûrement ? Quoi, un petit ? Avec de grands champs, sûrement ?

Et nous continuons, Melle et moi, à suivre, en flânant, les piliers d'église. Nous nous tenons à quelques mètres de distance. La fillette s'est retournée de temps en temps, mais la vieille femme pas une seule fois. Nous nous approchons d'un groupe de babouins assis sur la voie. La femme se penche sans retirer la bible de sa tête, ramasse quelques pierres et les lance, avec une force et une adresse insoupçonnées, en direction des singes.

– Ils mangent notre maïs, dit-elle pour s'expliquer. Voilà, père, nous tournons ici. Tu feras le bonjour à tes parents ?

Sans se retourner, la femme et la fillette disparaissent entre les épis de maïs de la taille d'un homme.

Melle et moi accélérons la cadence. Après quelques heures de marche, nous apercevons le tunnel dans le lointain. Deux blocs de rochers gigantesques sont suspendus dans l'air au-dessus de la voie. Deux énormes massifs de pierre situés de part et d'autre des rails les empêchent de tomber. Serait-ce le point le plus étroit ? Nous passons sous les blocs rocheux et observons les alentours. Où sont les vestiges des donations occidentales ? Les carcasses de navires, de batteuses à grain, de grues et de camions ? Dans mon imagination, le tas de ferraille avait déjà atteint la hauteur d'une pyramide, mais on n'en voit aucune trace. Serait-ce vraiment le point le plus étroit ? Ceci est-il un tunnel ? Melle propose de continuer jusqu'au passage suivant : « Nous en saurons plus alors. » Je ne crois pas avoir envie d'en savoir plus. Entre-temps, nous passons et repassons sous les blocs rocheux pour déterminer dans quel axe l'étroitesse de la percée pourrait constituer un obstacle. Je cherche une plante de sisal, en coupe la tige et parviens à toucher le toit du tunnel. A l'aide du mètre pliant, Melle mesure la hauteur que j'atteins le bras tendu et y ajoute la longueur de la tige : cela fait environ cinq mètres. Le bateau peut largement passer. Ensuite, nous déterminons avec une ficelle la largeur du tunnel : exactement 390 centimètres. J'écris les chiffres sur mon bloc-notes. Nous nous asseyons sur les rails, buvons du café à tour de rôle dans l'unique tasse et mangeons des mangues sauvages fibreuses.

– Rentrons. Nous allons télégraphier les faits avec précision : « Ces mesures sont peut-être celles du point le plus étroit, peut-être pas. » Nous pourrions peut-être faire une dernière tentative : prendre le train et demander au machiniste de s'arrêter au point le plus étroit

– L'Afrique, dit Melle.

Je me lève et revisse la tasse sur la Thermos.

Nous prenons le chemin du retour. Après quelques centaines de mètres, nous entendons des appels provenant de la vallée qui longe la voie.

– Étrangers, *karibuni nyumbani*, bienvenue dans ma maison.

Melle avance dans la direction de la voix.

– Nous ne sommes pas censés y aller vraiment, dis-je.

Cette invitation est rituelle. Il est même impoli de ne pas proposer aux passants d'entrer chez soi. Melle insiste cependant pour que nous acceptions. Qui mieux que ces gens peut savoir si ceci est le point le plus étroit ? Nous longeons un petit sentier sablonneux qui mène à la hutte d'argile toute ronde. Ronde, évidemment. Sinon, des morts courroucés pourraient se tapir dans un coin. Sur le toit de chaume pointu, on a fixé un montage : un pic de fer forgé domine des coquilles d'escargots d'un blanc éclatant fichées sur des bâtons pointus. Une marmite peinte, posée à l'envers, forme la base de la sculpture.

L'homme qui criait, un vieillard édenté au visage ridé comme de la boue séchée, nous accueille dans sa cour. Une femme, nettement plus jeune que lui, avance de petits tabourets, mais, après un timide salut, elle disparaît dans la maison. Nous taillons une bavette avec le vieillard. Je profite d'un moment de silence pour aborder le sujet du tunnel :

– Y a-t-il vraiment des camions qui restent là parce qu'ils ne peuvent passer ?

L'homme me regarde comme si j'avais perdu la tête et me prie de répéter la question.

– Y a-t-il des camions laissés là parce qu'ils ne peuvent passer le tunnel ?

– Ça arrive parfois, oui... pourquoi pas ..., dit-il hésitant.

– Où sont donc les carcasses de ces camions ? demandé-je.

Le vieillard sursaute. Il se penche pour ramasser une branchette et la jette dans l'herbe hors de la cour.

– Les carcasses, les carcasses... Qui peut le dire ?

– Ou bien tout peut toujours passer le tunnel ? dis-je.

– Oui... évidemment, dit notre hôte.

Il tourne son tabouret et indique le tunnel :

– Le train arrive dans le lointain, il ralentit, de plus en plus, et s'arrête devant le tunnel. Psssssttt. Pfffff. Arrêt. Le train s'arrête.

Le vieillard s'est transformé en une locomotive du même âge que lui, dont ses bras sont les roues. Ses pieds martèlent le sol en cadence. Tadam, tadam :

– Puis le train démarre prudemment. *Pole, pole*, lentement, lentement. Comme ça. Regarde. Tout passe le tunnel.

– C'est pour ça qu'il n'y a pas de ferraille…

– Eh ! exactement. Comme je suis content que vous soyez là. Vous resterez bien manger ?

– *Sikiliza mzee*, mais écoutez, vénérable vieillard, si je vous comprends bien, tout peut passer le tunnel et rien ne peut passer le tunnel ?

– Eh ! dit le vieillard en riant à gorge déployée – et, me prenant le bras : Tout peut passer le tunnel et rien ne peut passer le tunnel. Tu n'aurais pas pu mieux dire. *Wewe mwenjeji*, tu es des nôtres. Bienvenue.

Sous prétexte de vouloir rentrer avant la tombée de la nuit, nous nous levons pour partir.

– Ils s'en vont, crie-t-il à l'adresse de sa femme.

Pendant des kilomètres, nous ne disons quasi rien. Puis, Melle se met à grommeler :

– Que faisons-nous ici ? Nous ne sommes tout de même pas venus pour mesurer des tunnels. Il y a six mois que je suis en Tanzanie et qu'ai-je fait ? Rien. Plus fort, quand je songe à la partie de la pêche qui disparaît du bateau avant d'arriver à terre… Je risque d'être menacé de mort par les gens de l'usine… C'est de la folie. Une véritable folie.

– Tu t'aventures sur le terrain de l'argent, dis-je. Cherche quelque chose d'inutile à faire. C'est ça, le secret. Moi, les Tanzaniens me considèrent comme un pitre non dangereux. Un fou qui compte des taches.

– C'était quoi exactement, cette idée des taches ovoïdes ? demande Melle.

– Je l'ai eue en comparant les œufs de femelles de laparogrammes que j'avais prises dans deux baies distinctes. Les différences de dimensions étaient assez sensibles. Tu sais que la plupart de ces poissons sont casaniers. Certaines espèces n'apparaissent que sur une seule île ou sur une seule plage. Suppose qu'on trouve une espèce dans deux baies distinctes et que pratiquement aucun individu ne nage de l'une à l'autre. Admettons aussi que des conditions différentes règnent dans les deux baies : la sélection naturelle favorise la production de petits œufs relativement nombreux, dans l'une, et d'une faible quantité de gros œufs dans l'autre. Si les femelles ont une nette préférence pour les mâles qui ont des taches exactement semblables à leurs œufs, à la longue, les mâles d'une baie auront de petites taches ovoïdes et ceux de l'autre baie, de grandes taches. La différence d'aspect des taches des mâles des deux baies pourrait constituer l'amorce d'une barrière de reproduction, le début d'un isolement reproductif. L'apparition de différences dans les caractères des œufs entraînera celle de différences analogues dans les caractères des taches. Le développement divergent de ces dernières provoquera la naissance de deux espèces nouvelles. Le processus pourrait se répéter à l'infini et expliquer la formation explosive d'espèces de poissons qui couvent leurs œufs dans la bouche [53].

Melle n'arrête pas de regarder les oiseaux. Je ne suis pas certain qu'il m'écoute :

– Un effet secondaire, tu vois ? L'apparition de nouvelles espèces comme conséquence fortuite de différences locales dans les caractères des œufs. Si une barrière de reproduction s'installe, les individus s'adaptent de mieux en mieux dans chacune des deux baies. Les populations peuvent alors, en principe, diverger par une série de caractères autres que les œufs et les taches. Les individus acquièrent, par exemple, une autre bouche, une forme corporelle différente, d'autres rétines, selon les exigences spécifiques imposées par la vie dans la baie. Peut-être, dans l'une d'elles, les animaux vont-ils se mettre à vivre « plus vite », à atteindre la maturité sexuelle et à mourir plus tôt qu'initialement, alors que ceux de l'autre baie vivront « plus lentement », seront fertiles plus tard, vieilliront et auront peu de jeunes dont, en revanche, ils s'occuperont beaucoup. La différenciation génétique qui s'installe entre animaux des diverses baies n'est pas effacée aussitôt par des migrants qui transportent des gènes, d'une baie à l'autre, sous forme d'œufs ou de sperme.

– Pourtant, ça ne se passait sans doute pas comme ça, car les femelles avaient des œufs de dimensions différentes. Tu viens de le dire toi-même, répond Melle.

– La diversité morphologique de ces centaines d'espèces née d'une illusion. Un monde bâti sur des mensonges.

– Enfin une chose qui a des accents connus, dit Melle en riant : « D'abord les faits, *bwana Tesi*. Mesure un peu ces taches, si tu veux. As-tu jamais déterminé le degré de précision du mimétisme ? Cela aurait-il vraiment un intérêt que les taches soient l'exacte réplique des œufs ? Une similitude globale n'est-elle pas suffisante ? La femelle a certes besoin de cette stimulation pendant la parade nuptiale. Apprennent-elles réellement à réagir aux taches ovoïdes ou s'agit-il d'une réponse innée ? Si c'est un IRM*, une réaction innée, on ne peut sans doute pas se rendre compte de l'évolution du mimétisme précis.

Bras écartés, Melle se tient en équilibre sur les rails.

– On ne sait même pas si les femelles sont vraiment capables de distinguer des taches de forme et de dimensions différentes. En fait, on ne sait absolument rien. Essaie un peu de prouver qu'il existe une relation linéaire entre la taille des œufs et celle des taches.

Melle glisse des rails.

– Tu as vu ça ? demande-t-il.

– Quoi ?

– La casquette de cet homme. Là, attends un peu.

Melle fléchit légèrement les genoux, siffle fortement dans ses doigts et demande en guise de *schibboleth* :

– Hé ! toi. Oui, toi, à la mine de déterré, dis un peu *« schele schelvis*** ».

Trop tard. La casquette a disparu dans un champ de maïs.

– C'était une casquette de SS. Une belle casquette, pensait certainement cet homme. Comment a-t-elle pu échouer ici ?

– Combattu en Afrique du Nord. Délivrée de son SS par une rafale de vent du désert. Sauvée *in extremis* par un jeune Targui qui

* *Innate releasing mechanism.*

** Expression néerlandaise (signifiant églefin bigleux) donnée ici à titre d'exemple, car seul un Néerlandais est capable de prononcer correctement le son « sch ».

jouait. Seule la visière dépassait du sable. Après la guerre, changée plusieurs fois rapidement de tête sur la route de l'Afrique orientale. Au Caire, déposée sur un marché aux vêtements... *Heitere Tage auf braune Menschen*. Mémoires d'une casquette. On n'attend plus que ça, dis-je.

Nous avons longé la voie en silence pendant des kilomètres avant que Melle ne se remette à parler :

– En y réfléchissant plus longuement, je me demande ce qu'il en est des ostracodes, des silures, des anguilles épineuses, des escargots. Ils se sont également séparés en de nombreuses espèces dans certains lacs d'Afrique orientale. Tu ne vas tout de même pas me dire qu'ils ont des taches ovoïdes ? Tu devrais chercher des propriétés communes à ces animaux qui se ramifient. Tu comprendrais peut-être alors comment de nouvelles espèces de furus apparaissent continuellement [54].

Nous poursuivons notre route en silence. Je prends conscience de l'importance des propos de Melle. Ils pourraient porter le coup de grâce à mon idée.

– Et ceci encore : sur quel concept d'espèce travailles-tu exactement ? Quand je t'entends parler d'œufs et de taches, je te sens influencé par les idées de Paterson et, en même temps, non encore affranchi des maîtres Mayr et Dobshansky. Je pense que tu dois faire un choix précis. Pile ou face.

Qu'est-ce qui est plus important pour un animal : pouvoir reconnaître qu'un individu du sexe opposé appartient à la même espèce que lui et représente donc un partenaire potentiel, ou pouvoir établir que cet individu est d'une autre espèce et qu'il ne peut donc être pressenti pour ce rôle ? Formulée de cette façon, la question n'a pas de sens. L'un implique l'autre. Un animal qui ne s'accouple qu'avec ses congénères évite, de ce fait, le croisement avec d'autres espèces. Cependant, l'utilisation de la notion de la reconnaissance ou de celle de l'isolement, comme sont appelées ces conceptions de l'espèce biologique, n'est pas uniquement affaire de sémantique. Ces notions sont fondées sur diverses opinions relatives à l'apparition des espèces ainsi qu'à la valeur adaptative éventuelle de ce processus. Cependant Melle a peut-être bien raison. Je suis un partisan de la notion de la reconnaissance, mais je n'ai pas rejeté radicalement celle de l'isolement [55]. Cherchons la différence.

Isolement

Les évolutionnistes s'habituent à cette idée : à toutes les questions qu'ils abordent, Darwin a déjà apporté une réponse. Celles-ci sont formulées en mots et non, comme c'est le cas aujourd'hui, condensées en termes mathématiques. Mais, en général, ses descriptions contiennent déjà l'essentiel. Il est pourtant un important problème de biologie évolutionniste auquel Darwin n'a pas accordé une grande attention, même si le titre de son ouvrage *On the Origin of Species* peut faire supposer le contraire. Pour lui, l'évolution (qu'il appelait *« modification in time »*) et l'apparition de nouvelles espèces étaient intimement liées. Mais les changements évolutifs – modifications de la forme, du comportement ou de la physiologie que les animaux connaissent au cours de nombreuses générations – peuvent se produire également sans que l'espèce qui les subit se divise en deux autres. Darwin s'est concentré sur les changements évolutifs des organismes *au cours du temps* sans accorder suffisamment d'importance au phénomène de l'apparition des espèces en tant que problème en soi.

Il a appris l'existence des couleurs éclatantes des cichlides, mais n'a pas pu assister à la découverte des grands essaimages d'espèces des lacs d'Afrique orientale. Je pense qu'il y aurait immédiatement adhéré, s'il en avait eu l'occasion. Chez aucun autre groupe de vertébrés le nombre d'espèces qui apparaissent par unité de temps n'est aussi élevé que chez ces cichlides. Il est probable que, dans le lac Victoria, mais aussi dans d'autres lacs d'Afrique orientale, de nouvelles espèces se forment encore actuellement à un rythme rapide. Confronté à l'incroyable densité de la faune de ces lacs, le biologiste peut difficilement éviter la question de savoir comment ces centaines, voire ces milliers, d'espèces de poissons sont apparues. S'il avait vu les essaims d'Afrique orientale, Darwin aurait peut-être accordé une attention plus explicite aux mécanismes de formation des espèces. Il montre qu'une ligne évolutive peut se scinder en deux, mais il ne fait guère allusion ni à la façon dont cette scission se produit ni aux phénomènes précis qui l'accompagnent :

> Les espèces très voisines, habitant aujourd'hui une surface continue, ont dû souvent se former alors que cette surface n'était

> pas continue et que les conditions extérieures de l'existence ne se confondaient pas insensiblement dans toutes ses parties. Quand deux variétés surgissent dans deux districts d'une surface continue, il se forme souvent une variété intermédiaire adaptée à une zone intermédiaire ; mais, en vertu de causes que nous avons indiquées, la variété intermédiaire est ordinairement moins nombreuse que les deux formes qu'elle relie ; en conséquence, ces deux dernières, dans le cours de nouvelles modifications favorisées par le nombre considérable d'individus qu'elles contiennent, ont de grands avantages sur la variété intermédiaire moins nombreuse et réussissent ordinairement à l'éliminer et à l'exterminer[31].

De rares passages de *The Origin of Species* tels que celui-ci laissent à penser que Darwin a certes évoqué le problème, mais sans mettre jamais l'accent sur les mécanismes responsables de l'apparition de nouvelles espèces. Comme tout écrivain habile, il tourne autour de la question, en joue même de temps en temps, mais ne s'y attelle nulle part avec tout le sérieux qu'elle mérite. Ce que firent, quatre-vingts ans plus tard, les célèbres biologistes Ernst Mayr et Theodosius Dobzhansky[56].

Ces auteurs ont formulé comme suit le concept d'isolement qui permet de définir l'espèce biologique : une espèce A existe grâce à l'existence d'au moins une autre, B, concept qui suppose qu'il y en a au moins deux. Les individus A se croisent entre eux, mais non avec les individus B, C, etc. Comment se fait-il que cette discrimination se produise dans les circonstances naturelles ? Selon Mayr et Dobzhansky, certains « mécanismes d'isolement » s'opposent à l'échange de gènes entre espèces différentes. Dobzhansky, qui fut le premier à utiliser ce terme, émit l'hypothèse que ces mécanismes d'isolement sont produits par la sélection naturelle spécialement pour éviter ces croisements hybrides. Ceux-ci entraînent généralement un gaspillage de cellules sexuelles et d'énergie, puisque les animaux qu'ils produisent sont moins résistants ou moins féconds que les descendants d'individus de la même espèce. L'hybridation sera donc souvent désavantagée par la sélection naturelle. Selon Dobzhansky, les barrières de reproduction entre espèces étroitement apparentées seraient le résultat d'un processus de sélection naturelle. Depuis quelques années, cette théorie fait l'objet de critiques de plus en plus vives.

Une barrière de reproduction peut être élevée de plusieurs manières. Chez les espèces anciennes, elle sera efficace, c'est-à-dire hiérarchisée. Mayr a utilisé la métaphore de la course de haies. Pour engendrer des descendants féconds, une femelle et un mâle doivent franchir certains obstacles, parfois très nombreux, surtout s'il s'agit d'anciennes espèces résistantes. Ce n'est que lorsque tous ces obstacles ont été surmontés qu'un croisement fructueux peut se produire. Si le mâle et la femelle appartiennent à des espèces différentes, il est quasi certain qu'ils échoueront bien avant de franchir le dernier obstacle. Chez les jeunes espèces étroitement apparentées, comme les furus du lac Victoria, le nombre des obstacles est réduit. Dans le cas extrême, il n'y en a qu'un seul et la barrière de reproduction ne représente pas grand-chose. C'est ainsi que j'ai nourri le fantasme que les espèces de furus les plus récentes ne seraient séparées l'une de l'autre que par la différence d'aspect de leurs œufs fictifs. Mais le signal peut aussi bien être tout autre, par exemple la présence ou non d'un trait sur le flanc ou d'un schéma de taches formant masque sur la tête. Si deux espèces ne sont séparées que par un seul obstacle, l'apparition d'hybrides sera relativement fréquente.

Il va de soi qu'il n'y a pas croisement si les cellules génitales ne s'approchent pas. L'hybridation ne se produit pas si les mâles et les femelles d'espèces étroitement apparentées ne peuvent se rencontrer pour la simple raison qu'ils se reproduisent dans des régions géographiquement distinctes. S'ils se retrouvent au même endroit, les individus d'espèces différentes restent souvent séparés parce qu'ils ne vivent pas dans le même habitat. Au soleil ou à l'ombre. Près ou loin du fond des lacs. Dans le grand vent ou sous la brise, etc.

De telles barrières de reproduction sont écologiques. Elles ne sont pas solides. Si leur habitat est perturbé et que les animaux, en se dispersant, se retrouvent aux mêmes endroits, la barrière tombe. L'hybridation se produira à moins que d'autres mécanismes d'isolement n'interviennent. Pour les furus, j'ai toujours guetté attentivement la présence d'hybrides. On aurait ainsi la preuve qu'on peut en trouver dans un essaim composé d'espèces jeunes. Mais je n'ai jamais pu les découvrir. Alors qu'on sait que les croisements d'espèces de furus effectués en laboratoire peuvent produire des descendants féconds [57]. Chez les furus également, on peut s'attendre à l'hybridation d'espèces lorsque leurs domaines de dispersion se chevauchent à la suite de la perturbation de leur habitat ou lorsque les animaux deviennent si rares qu'ils ne rencontrent plus de partenaires de leur espèce.

Outre la séparation spatiale, l'écart temporel peut également constituer une barrière écologique. De nombreux animaux ne se reproduisent qu'en certaines saisons bien déterminées. Si leurs périodes d'accouplement ne sont pas les mêmes, une barrière de reproduction peut se dresser entre les mâles et les femelles de deux espèces différentes. Cet obstacle ne tient parfois qu'à un fil, car le codage génétique du calendrier de l'accouplement n'implique qu'un petit nombre de gènes.

Moins fragile qu'un obstacle écologique est l'isolement éthologique, une barrière de reproduction fondée sur des différences de comportement. La forme et la séquence des mouvements de la parade nuptiale, la présentation des odeurs, des sons, des motifs colorés et autres signaux qui jouent un rôle dans la communication entre congénères sont spécifiques. La probabilité d'accouplement avec un partenaire d'une autre espèce est faible. A moins qu'il ne s'agisse d'espèces jeunes. Dans ce cas, des différences spécifiques se manifestent surtout dans la fréquence, la séquence ou l'intensité des comportements. Elles ne sont pas (encore) qualitatives, comme chez les espèces anciennes, mais quantitatives.

J'ai été pénétré de ce fait lors d'une visite à la réserve de Gombe Stream, au bord du lac Tanganyika. Dans ce vestige de forêt tropicale, non loin de l'endroit où nos ancêtres se sont installés autrefois, vit un groupe de chimpanzés que Jane Goodall suit depuis plus de vingt-cinq ans [58]. Au cours du temps, ces singes se sont, en quelque sorte, habitués à l'homme. Autrefois, Goodall attirait les animaux dans une clairière, proche de son camp, en leur apportant régulièrement des bananes. Assis dans l'herbe, près de cet endroit, mon compagnon de voyage et moi nous entretenions des événements de la journée. Le matin, nous avions dessiné, face à un groupe de chimpanzés. Après un certain temps, ceux-ci décidèrent de s'en aller. Les animaux partirent ensemble en passant pas très loin de nous. Un mâle, un chef qui fermait la marche, se détacha du groupe. Il se faufila derrière nous et regarda un instant par-dessus l'épaule de mon ami. Ensuite, il rejoignit les autres et reprit sa place.

Entre-temps, comme on approchait de la tombée du jour, la lumière disparut comme si on passait en accéléré le film d'un coucher de soleil occidental. « Regarde un peu à côté de toi », dit mon compagnon de voyage d'une voix étouffée. Je tournai la tête et me trouvai face à face avec une femelle de chimpanzé d'âge moyen. Dès qu'elle vit que je l'avais remarquée, elle tendit le bras droit dans ma direction. La paume de sa main était tournée vers le haut, ses doigts énormes recourbés vers l'intérieur. Sans m'en rendre compte, j'avais tendu la main droite et pris la sienne entre mes doigts. Elle tira mon bras à elle et, de ses lèvres douces, me fit un classique baisemain. Puis, elle me relâcha. Elle se retourna et resta immobile pendant quelques instants, appuyée sur ses phalanges. Enfin, elle disparut dans le bois.

Ce chimpanzé m'avait adressé un salut très banal. L'homme est capable d'exécuter correctement, sans réfléchir, un salut de chimpanzé. Ma réaction ne semblait pas avoir suscité de malentendu majeur. Je n'avais jamais prêté consciemment attention à la façon dont les chimpanzés se saluent entre eux, et encore moins envisagé quelle serait ma réponse à l'accueil que me réserverait l'un d'eux dans son milieu naturel. En un moment pareil, la durée s'estompe – mes ancêtres et les siens, encore congénères à l'époque, auraient pu se saluer ainsi, il y a *x* millions d'années. Un écrivain chinois dont j'ai oublié le nom fit un jour une de ces remarques dont seul ce peuple a le secret : il s'étonnait que les Allemands aient produit de si bons compositeurs. A peine sortis du bois et déjà aptes à créer toute cette belle musique. C'est bien vrai. Le singe sort tout juste du bois et, avec lui, les Chinois évolués.

La rencontre avec la femelle de chimpanzé montre que, chez deux espèces étroitement apparentées, certains éléments du comportement sont restés plus ou moins identiques. Toutefois, même dans ce cas-ci, ce fait n'est pas absolument certain. Il se pourrait aussi qu'un développement convergent du comportement du salut se soit produit chez l'homme et chez le chimpanzé.

Il y a des années, un après-midi, je me dirigeais vers le tableau d'une salle de cours désertée dans laquelle je devais donner une conférence le lendemain. A une précédente occasion, j'avais laissé le public dans l'obscurité une heure durant parce que je n'arrivais pas à comprendre les interactions des nombreux interrupteurs répartis sur le panneau d'éclairage. Cela ne m'arriverait pas cette fois-ci.

J'appuyai sur divers commutateurs dans l'espoir d'apprendre leur fonctionnement et vis la salle sortir lentement, lentement de la pénombre. Sur le tableau apparurent trois lignes, écrites à la craie blanche :

DO NOT MEET
DO NOT MATE
DO NOT MATCH

Il me fallut un moment pour comprendre ce dont il s'agissait. *« Do not meet »* : un mâle et une femelle de deux espèces étroitement apparentées ne se rencontrent pas. Il n'y a pas de croisement. *« Do not mate »* : un mâle et une femelle de deux espèces différentes se rencontrent, mais la communication est si difficile qu'elle n'aboutit pas à un accouplement. *« Do not match »* enfin : le courant passe et il y a accouplement entre un mâle et une femelle d'espèces différentes. Mais il y a des frictions, au sens littéral. La fusion des cellules sexuelles n'a pas lieu. Les parties génitales des mâles et des femelles des espèces à fécondation interne s'adaptent mutuellement comme clé et serrure. Elles sont faites les unes pour les autres.

Chez les animaux à reproduction sexuée, les individus ont toujours un élément de reconnaissance mutuelle, fût-ce une simple réminiscence chimique des cellules génitales. De nombreux animaux marins à fécondation externe lâchent les leurs dans l'eau, la rencontre des œufs et du sperme se faisant ensuite grâce à des substances propres à l'espèce. Les croisements entre mâles et femelles d'espèces différentes sont cependant beaucoup plus fréquents chez les animaux à fécondation externe, comme les poissons, que chez ceux qui ont une fécondation interne.

Lorsque tous les obstacles à l'accouplement d'un mâle et d'une femelle de deux espèces étroitement apparentées ont été surmontés, il n'est pas encore dit qu'il y aura échange effectif de gènes. Certains mécanismes d'isolement n'entrent pas en action avant le contact des cellules génitales, mais seulement après celui-ci. En général, un ovocyte fécondé par le spermatozoïde d'un mâle appartenant à une autre espèce ne donnera pas un embryon sain. Et si cela devait arriver, il y a de fortes chances que le flux de gènes étrangers se fige en hybrides dont la viabilité et la fertilité sont réduites [65].

Reconnaissance

Le concept d'isolement a été violemment critiqué. Le principal porte-parole des contradicteurs, Paterson, pense que l'apparition de barrières de reproduction entre espèces étroitement apparentées est un effet secondaire [55]. Si les animaux appartenant à plusieurs populations de congénères présentent des différences dues à leur adaptation aux circonstances locales, il peut en résulter une altération des signaux essentiels à leur reconnaissance. Voici un exemple fictif : une certaine population de lézards prend une coloration gris-noir imposée par la nécessité de se camoufler sur les rochers dénudés où se déroule sa misérable existence. Une autre population, obligée elle aussi de se fondre dans le paysage, prend la couleur verte des rochers moussus. S'ils se rencontraient, les lézards gris et les lézards verts risqueraient d'avoir des difficultés à se reconnaître en tant que congénères. Des différences de couleur apparues sous l'influence de l'exigence du camouflage – une pression de sélection totalement étrangère à la prévention du croisement entre animaux des différentes populations – pourraient constituer une barrière de reproduction, qui serait un pur effet secondaire.

Le même modèle pourrait s'appliquer aux furus. Lorsque deux populations de ces poissons apparaissent dans des baies où règnent des conditions de luminosité différentes, leurs couleurs pourraient changer sous l'influence de l'exigence d'être vus par leurs congénères. Si des individus de baies différentes entrent en contact, il est possible qu'ils ne se reconnaissent plus. Formation d'espèces en tant qu'effet secondaire, exactement comme dans le modèle des taches ovoïdes. On a effectivement découvert des indices qui permettent d'accréditer ce mécanisme [59].

Paterson ne conteste d'ailleurs pas l'existence de barrières de reproduction entre mâles et femelles d'espèces différentes. Ces obstacles existent incontestablement, comme chacun peut le constater par lui-même. Il s'oppose seulement à la notion de mécanismes d'isolement. Les biologistes réservent le terme de « mécanisme » aux cas où il est question d'un projet *(design)*, ce qui est improbable dans le contexte de l'apparition de barrières de reproduction. Comment des mécanismes d'isolement pourraient-ils se développer lorsqu'il s'agit d'animaux appartenant à des populations séparées géographiquement qui ne se rencontrent que rarement ou jamais ? Sous l'influence de quelle pression de sélection une barrière de reproduction pourrait-elle se dresser dans ce cas ? Obstacle au croisement d'animaux qui, de toute façon, ne s'accouplent pas, elle ne serait pas une véritable pression. La sélection naturelle n'est pas prévoyante. Il n'existe pas, dès l'abord, des barrières de reproduction destinées à rendre les animaux insensibles aux rencontres séductrices qu'ils pourraient faire éventuellement, dans le futur, avec des membres d'espèces étroitement apparentées à la leur. La prévention de l'hybridation entre mâles et femelles d'espèces proches n'est favorisée par la sélection naturelle que si les animaux se rencontrent effectivement. Si l'hybridation est dommageable, la sélection pousse à l'éviter. Ce n'est que dans les régions où se répartissent les mâles et les femelles de plusieurs espèces proches qu'une pression s'exercera sur le développement de signaux discriminatoires. Les différences de couleur, de mouvements de danse nuptiale, de sons ou d'odeurs deviendront plus spécifiques. Telle est, du moins, la prédiction de la théorie néo-darwiniste. Cette spécificité est nécessaire sous peine de voir des gènes passer d'une espèce à l'autre et *vice versa*. Le phénomène prédit a été appelé glissement reproductif de caractères ; il en existe quelques exemples, étonnamment peu nombreux. Le cas de deux espèces étroitement apparentées de crapauds est connu. Dans les régions où ne vit qu'une seule d'entre elles, les mâles sifflent sans contrainte pour attirer les femelles, et leurs sifflements sont quasi identiques à ceux de l'autre espèce. Mais, dans les contrées où les deux types de mâles se côtoient, le sifflement, plus spécifique, permet aux femelles de reconnaître celui de leurs congénères.

Paterson a fait remarquer avec raison que le terme « mécanisme d'isolement » avait été mal choisi. Il n'y a aucune raison de penser que les mâles et les femelles d'une espèce vivant dans des populations séparées géographiquement développent des « mécanismes » leur permettant d'atteindre l'isolement reproductif. L'apparition d'espèces n'est pas un but en soi. Elle résulte d'un processus passif qui ne vise aucun objectif futur.

Une autre erreur consiste à penser que les groupes animaux qui produisent un nombre particulièrement élevé de nouvelles espèces

« réussiraient » mieux que ceux qui restent confinés dans un seul réservoir de gènes. Un jugement de valeur tel que « réussir » ou « ne pas réussir » n'a aucun sens tant que la « réussite » n'a pas été définie. Si ce terme signifie que, dans ce groupe animal, les nouvelles espèces sont plus nombreuses, l'affirmation est une tautologie. Lequel « réussit » le mieux de l'espèce cosmopolite représentée par un million d'individus ou du groupe de cent espèces apparentées dont la dispersion est limitée à un univers fermé restreint et dont chacune n'est représentée que par 10 000 individus ? Si on entend par « réussite » la non-disparition, l'espèce cosmopolite pourrait bien s'avérer rétrospectivement être, parmi les cent une, celle qui a le mieux réussi [60].

Paterson propose de remplacer le « concept d'isolement » de l'espèce biologique par le « concept de reconnaissance » où c'est le système spécifique de reconnaissance du partenaire qui joue un rôle central. Ce système est défini comme l'adaptation mutuelle des comportements des mâles et des femelles d'une espèce, qui leur permet de s'identifier en tant que partenaires potentiels. Tous les animaux mobiles possèdent un tel système qui peut être constitué de toutes sortes de signaux et combinaisons de signaux. Ceux-ci se manifestent automatiquement dès que les sens sont aux aguets : couleurs, mouvements, odeurs et sons. On peut considérer le concept d'isolement et celui de reconnaissance comme les deux faces d'une pièce de monnaie. Paterson et ses successeurs attendent des miracles de son retournement. Ce n'est pas mon cas, mais si le concept de reconnaissance n'apporte sans doute aucun changement fondamental à la théorie de la formation des espèces, il est évident qu'il a éclairé le problème d'un jour nouveau.

Comment des individus dotés d'un système de reconnaissance A proviennent-ils d'individus dotés d'un système de reconnaissance B ? En d'autres termes, comment apparaissent les nouvelles espèces ?

L'étang aux femelles

Je suis sur le mont Luguru en compagnie d'une visiteuse.

– J'ai toujours trouvé fascinant que cet essaim d'espèces ait pu se produire alors que le lac est resté un bassin, dit-elle.

Je désigne l'étang aux femelles qui est séparé du golfe de Mwanza par un marécage couvert de papyrus touffus.

– Ce n'est pas le cas, dis-je. Le lac n'a pas toujours été un bassin. Des étangs périphériques, comme celui des femelles là-bas, dans le lointain, se forment en de nombreux endroits et il y en a probablement eu aussi autrefois. De nouvelles espèces de furus y apparaissent. Ils représentent un milieu idéal pour leur formation selon le modèle classique.

– Qu'est-ce vous étudiez encore alors ? réplique ma visiteuse déçue. Êtes-vous ici pour résoudre des questionnaires à choix multiple sur le néo-darwinisme ?

– Nous sommes ici pour examiner la situation. Si la solution est classique, tant pis pour nous !

Comment se déroule la formation d'espèces selon le modèle classique ? L'idée est la suivante : certains individus se trouvent séparés de leurs congénères par une barrière géographique infranchissable : un terrain est, par exemple, divisé par l'apparition d'une rivière. Les animaux qui ne savent ni nager ni voler sont donc isolés de ceux qui se trouvent sur l'autre rive. La formation d'une montagne peut produire le même effet. Si les conditions sont différentes des deux côtés, les individus s'adaptent, à la longue, aux circonstances locales. Si la barrière vient à disparaître (assèchement de la rivière, érosion de la montagne), le contact se rétablit éventuellement, mais, entre-temps, les individus des deux populations ont pu se différencier si fortement qu'ils ne se reconnaissent plus en tant que congénères. Dans ce cas, deux nouvelles espèces sont nées. Une divergence est apparue dans le système de reconnaissance des partenaires et a entraîné, comme effet secondaire, l'isolement reproductif. La formation d'espèces due à une barrière géographique est dite allopatrique (du grec *allos patria* = autre patrie). Des espèces sont apparues de cette manière dans de nombreux groupes animaux, y compris chez les furus [56].

Dans un territoire non découpé également, on peut trouver des populations dont les individus ne se côtoient que rarement, sinon jamais. Bien qu'il semble ne pas y avoir de barrières, celles-ci existent parfois bel et bien. Un obstacle chimique, par exemple, peut séparer deux populations aussi efficacement qu'une rivière ou une montagne. Parfois aussi, les animaux sont fortement liés à un type de sous-sol. Ce phénomène s'observe très bien en certains endroits du lac Malawi où la rive rocheuse est interrompue par un banc de sable. Les cichlides vivant près des rochers semblent retenus à ce terrain comme par un aimant. Même un banc de sable de quelques mètres seulement constitue un obstacle relativement infranchissable. Lorsque les individus vivant de chaque côté du banc se sont adaptés aux conditions locales, il peut en résulter, à la longue, la formation de deux espèces nouvelles.

Greenwood a fait une telle découverte dans le lac Nabugabo, situé en Ouganda et séparé du lac Victoria par une crête sablonneuse. C'est un étang périphérique comme l'étang aux femelles. Cinq espèces nouvelles de furus s'y sont formées qu'on ne trouve nulle part ailleurs. Greenwood pensait pouvoir associer à chacune d'elles une espèce très proche vivant dans le lac Victoria. Les poissons des deux lacs diffèrent essentiellement par la couleur qu'ont les mâles au cours de leur activité sexuelle. Il s'agit vraisemblablement là d'exemples du processus allopatrique classique. Une telle situation n'est jamais tout à fait définitive. Nul ne sait si les espèces du Nabugabo ne se mêleront pas à nouveau à celles du lac Victoria si celui-ci absorbe, un jour, l'étang périphérique.

L'âge du lac Nabugabo a été estimé à 4 000 ans environ par le procédé de la datation au carbone 14 de fragments de bois carbonisé. L'apparition de cinq espèces nouvelles en un laps de temps aussi court a été considérée comme un modèle de rapidité. Mais les espèces peuvent se former plus vite, beaucoup plus vite même, comme le montre le cas des cichlides du lac Malawi.

Il y a environ 14 000 ans, le niveau du lac Victoria était considérablement plus bas qu'aujourd'hui. Peut-être même le lac s'est-il complètement asséché. Dans ce cas, l'essaim de plus de 300 espèces se serait produit sur une période de 14 000 années. Mais si le lac ne s'est pas asséché, il s'est, de toute façon, fragmenté en petits étangs, ce qui représente les meilleures conditions imaginables d'apparition d'espèces, selon le schéma allopatrique orthodoxe. Combien de fois, assis au bord de cette énorme baignoire, n'ai-je pas fait s'écouler l'eau en pensée en me demandant où se formeraient ces étangs séparés. La fragmentation du lac aurait fourni les conditions adéquates à la formation des premières espèces de furus issues de l'unique espèce ancestrale qui s'y est aventurée. Ensuite, de nouvelles auraient pu apparaître dans les étangs périphériques comme celui des femelles et le Nabugabo. Les montées et descentes alternatives du niveau de l'eau jouent un rôle important, mais le facteur essentiel est la durée de la fragmentation du lac par rapport au temps nécessaire à l'apparition de deux espèces nouvelles.

Le pendant du modèle de formation d'espèces allotropique est le modèle sympatrique (*sympatria* = même patrie). Le principe en est que les espèces peuvent apparaître également en l'absence de barrières physiques ou écologiques entre deux populations [61]. Maynard Smith, l'un des plus grands biologistes mathématiciens actuels, a fait largement progresser l'élaboration de la théorie de la formation sympatrique des espèces. Sur la base d'arguments plausibles, il a suggéré que celle-ci ne puisse se produire que dans des circonstances exceptionnelles. Comment deux espèces nouvelles pourraient-elles naître d'une autre, parente, lorsque les individus reproducteurs des deux groupes se côtoient et se rencontrent sans cesse, partagent, si l'on peut dire, le même lit ? Quel obstacle pourrait empêcher les individus d'un groupe de s'accoupler avec ceux de l'autre groupe ? Chez les plantes et les insectes, la formation sympatrique des espèces est courante, ce qui indique que ce phénomène n'est pas exceptionnel, puisque le monde est essentiellement peuplé d'insectes. Mais la discussion est toujours en cours sur le fait de savoir si, dans le cas des vertébrés, la formation sympatrique des espèces est plus qu'une simple hypothèse théorique.

Les lacs qui se sont formés dans deux petits cratères volcaniques comblés du Cameroun, le Barombi Mbo et le Bermin, abritent respectivement onze et neuf espèces de cichlides. Celles-ci sont très vraisemblablement issues, dans chacun des deux lacs, d'une même espèce ancestrale. Les séquences des nucléotides de l'ADN mitochondrial de ces poissons présentent une grande similitude au sein de chacun de ces lacs. Ceux-ci sont si petits et les conditions écologiques y sont si uniformes que les poissons y vivent de manière sympatrique. Même s'il existait une certaine séparation écologique entre elles, les individus d'espèces différentes s'y rencontreraient encore régulièrement. Il se pourrait donc qu'elles soient apparues d'une manière sympatrique [62].

Il est établi que de nouvelles espèces peuvent se former sans qu'un lac se fragmente en lacs plus petits. Ce processus a été décrit pour les cichlides du lac Malawi. Une idée généralement répandue veut que l'apparition de deux nouvelles espèces demande des milliers, voire des millions d'années. Cette idée est dépassée. La phylogenèse peut se dérouler rapidement. Chez les animaux dont la vie d'une génération est courte, le processus peut même s'accomplir dans le délai d'une existence humaine. Les cichlides rupestres du lac Malawi en sont un exemple.

Iles : formation rapide d'espèces en l'absence de barrière géographique

Le lac Malawi compte plus de 500 espèces de cichlides. A part quatre d'entre elles, toutes sont nées – et se sont dispersées – dans ce lac. Un groupe d'environ 200 espèces rupestres est connu sous le nom de Mbuna, comme on les appelle dans la langue chitonga. Ces Mbuna ont la propriété frappante d'être de mauvais voyageurs. Une autre de leurs caractéristiques est le nombre de leurs œufs, extrêmement réduit pour des poissons. Chez certaines espèces, la femelle n'en produit que cinq ou six à chaque ponte, un nombre qu'on trouve plutôt chez les oiseaux et les mammifères. Ces œufs d'environ sept millimètres de section, relativement gros pour des œufs de poissons, sont couvés dans la bouche de la mère [63].

Ces animaux sont le sujet d'études privilégié des évolutionnistes, car ils sont faciles à suivre. Ils se déplacent très peu et vivent dans une eau très claire. La rive du lac est bordée de nombreux massifs rocheux, séparés par d'autres habitats. Il y a également beaucoup d'îles : les couleurs des mâles présentent une certaine variation de l'une à l'autre et une diversité plus faible sur une même île. Le plus souvent, le statut taxinomique de ces formes colorées est inconnu. S'agit-il de variétés d'une même espèce ou d'espèces biologiques à part entière ? Comme pour les furus du lac Victoria, on sait que les différences génétiques entre Mbuna sont minimes. Il est pratiquement certain que leur apparition est récente.

Plus une bande de rivage ou une île est isolée, plus grande y est la proportion des espèces qu'on ne retrouve nulle part ailleurs et qui sont dites endémiques [64]. C'est le cas d'un grand nombre de celles qui vivent dans les îles éloignées de la rive, comme Chinyankhwazi

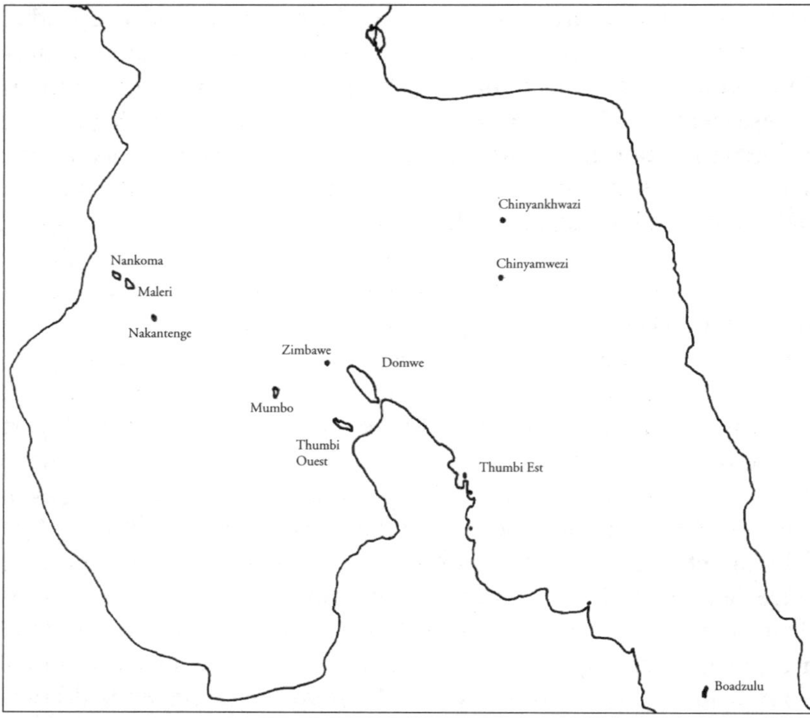

Partie méridionale du lac Malawi.

et Chinyamwezi, mais la majorité (treize sur trente-cinq) de celles de la zone méridionale du lac se trouve dans les îles Maleri, situées à douze kilomètres des rochers les plus proches. En outre, la plupart de celles qu'on voit aussi ailleurs ont ici d'autres couleurs. Ce schéma confirme l'hypothèse selon laquelle la différence des habitats a joué un rôle important dans la formation de nouvelles espèces de Mbuna.

La situation rappelle fortement la dispersion des pinsons de Darwin des Galapagos. Là aussi, des espèces endémiques sont apparues sur des îles différentes. Mais elles sont beaucoup moins nombreuses (treize) que les Mbuna (environ 200), Comment se fait-il que ces dernières soient apparues dans un passé récent ? Alors que le lac Malawi, assez ancien, date certainement de plus de un million d'années.

Il est probable que les variations alternatives du niveau de l'eau ont joué un rôle essentiel [64]*. En particulier, la dernière forte décrue a retenu l'attention des biologistes à cause de ses effets sur la répartition spatiale des Mbuna. Des données géologiques, hydrologiques, palynologiques, archéologiques et historiques ont été rassemblées afin de circonscrire avec le plus de précision possible cette dernière période de basses eaux. Nombre de ces données proviennent de sources sûres. Elles avaient été recueillies initialement par des chercheurs tout à fait ignorants du spectacle évolutif qui se déroulait, sous l'eau, dans les rochers.

Les données historiques font état d'un niveau d'eau extrêmement bas au début du XIXe siècle. Dans un article datant de 1894, un certain Swann raconte avoir vu des arbres gigantesques plantés dans une profondeur d'eau d'un mètre environ, près des rives du lac Malawi. A partir de la vitesse de croissance des arbres, on peut déterminer que le niveau de l'eau doit être resté très bas pendant cinquante à cent années consécutives, couvrant la fin du XVIIIe et le début du XIXe siècle. Des récits transmis oralement vont dans le même sens. Une légende raconte que le roi de Ngonde, Mwangonde, qui régna de 1815 à 1835 environ, traversa à pied la partie septentrionale de l'actuel lac Malawi pour se rendre au petit village de Mwela afin d'y épouser une femme nommée Mapunda.

D'autres sources de données confirment l'hypothèse de la sécheresse exceptionnelle qui sévit pendant cette période. S'il est vrai, comme le pensent Owen et ses collaborateurs, que le niveau de l'eau est descendu de plus de 120 mètres, les îles rocheuses peuplées d'espèces strictement endémiques étaient extrêmement arides il y a 200 ans. Les cichlides qui y vivaient ont été asphyxiés, à moins qu'ils ne soient partis à temps pour des lieux plus humides. Pourtant, presque toutes les îles rocheuses sont habitées actuellement par des espèces qu'on ne trouve sur aucune autre. Examinée en termes de critères orthodoxes, l'explication la plus vraisemblable est plutôt ahurissante : de nombreuses variétés colorées, mais aussi des espèces biologiques sont apparues en moins de deux siècles.

---

* Depuis la parution de ce livre, des recherches ont montré qu'il est vraisemblable que la formation sympatrique d'espèces a souvent eu lieu également sans qu'une diminution du niveau de l'eau se soit produite.

Cela signifie qu'elles se sont formées en peu de temps, en quelques centaines de générations tout au plus. En outre, les calculs des généticiens conduisent à croire qu'un archipel composé de petites îles comme celui-ci est particulièrement favorable à la constitution rapide d'espèces.

Comparons deux populations théoriques comportant le même nombre d'individus [65]. L'une se compose d'animaux en contact continuel les uns avec les autres, l'autre est fragmentée. Pour accroître la fréquence de certaines mutations, favorables mais rares, il faut une pression de sélection beaucoup plus forte dans le cas de la population continue que dans celui de la population fragmentée. Toute tendance d'un gène favorable quoique rare à s'élever dans une partie de la population continue est freinée par l'échange de gènes avec des individus issus d'autres parties de la population où le gène est rare. Les mutations et les combinaisons de gènes rares mais favorables n'ont aucune chance de succès. Une grande masse d'individus a donc un effet conservateur. De là vient que les expériences, les innovations, les créations sont rares dans la meute [66]. Tout comme en matière d'art, les chances de véritable renouvellement sont beaucoup plus grandes en marge, à la périphérie des populations étendues ou dans des populations fragmentées. Plus efficace est l'isolement d'animaux vivant sur des îles différentes, plus facile sera l'augmentation de la fréquence des gènes et de leurs combinaisons favorables mais rares. En outre, dans les populations réduites comme celles des Mbuna des îles rocheuses du lac Malawi, le hasard intervient. Moins la population est nombreuse, plus il y a de chances que la fréquence d'apparition aléatoire d'un gène déterminé s'écarte de la moyenne qui serait atteinte dans une population étendue. Le phénomène de glissement aléatoire des fréquences des gènes est appelé dérive génétique. Comme la sélection naturelle, celle-ci exerce une grande influence sur l'évolution des variétés insulaires [65].

L'apparition des différentes variétés colorées de Mbuna n'a pas été précédée d'un essaimage produisant un grand nombre d'individus spécialisés dans un type de nourriture. On n'a pas trouvé non plus d'éléments indiquant qu'elle ait été accompagnée du développement de formes trophiques diverses (voir le chapitre VII). Cela laisse à penser que la spécialisation alimentaire est secondaire, c'est-à-dire qu'elle n'intervient qu'après la formation des espèces. Tout ceci implique que cette dernière et la séparation de populations s'adaptant à des circonstances locales ne doivent pas nécessairement se dérouler côte à côte. Les observations faites sur les furus du lac Victoria montrent qu'il aurait pu s'y passer les mêmes phénomènes que chez les Mbuna [67]. En période d'activité sexuelle, les mâles de différentes espèces de mangeurs de zooplancton ont un motif spécifique de taches colorées. Ils exécutent leur parade nuptiale en des lieux séparés géographiquement. Ils couvent pendant des périodes qui ne se recouvrent que partiellement et chaque espèce dispose de lieux qui lui sont propres pour élever ses petits. Toutes caractéristiques qui plaident fortement en faveur de l'hypothèse selon laquelle il s'agit d'espèces biologiques. Jeunes, certes, mais néanmoins des espèces et non des variétés colorées, bien que leurs différences morphologiques soient minimes. La forme de la bouche de ces mangeurs de zooplancton présentera-t-elle des différences spécifiques considérables après quelques milliers d'années ? Étant donné la grande diversité des espèces des anciens essaims, je n'en serais pas étonné.

Que manque-t-il au dipneuste ?

Il est remarquable que ce soient justement les furus qui forment facilement de nouvelles espèces. Comparées à cette prolificité, celles des autres vertébrés existent en quantité totalement négligeable. Même les autres groupes de cichlides, tels les tilapias, ne comportent que peu d'espèces. Un fossile vivant comme le dipneuste *(Protopterus aethiopicus)* s'est sans doute peu modifié depuis la formation du lac Victoria et ne s'est pas ramifié, pas même en deux espèces, alors que ces poissons ont passé une période aussi longue que les cichlides dans les mêmes lacs et étangs isolés. Les aspects spatiaux du processus de formation des espèces ne peuvent donc tout expliquer. Il est évident que les propriétés des animaux eux-mêmes ont joué un rôle. Nous en avons déjà évoqué quelques-unes : la faible tendance à se déplacer, les couleurs des mâles pendant la parade nuptiale, la présence d'œufs fictifs sur la nageoire anale, le nombre réduit de descendants gratifiés des soins assidus des parents.

Furu briseur d'escargots pourvu d'un dispositif renforcé de mâchoires gutturales. Restes de coquilles d'escargots visibles dans l'estomac. 1. Mâchoire gutturale supérieure. 2. Mâchoire gutturale inférieure. 3. Escargots brisés.

Ces propriétés ne font pas obstacle, en tout cas, à l'apparition de nouvelles espèces, mais il me semble qu'il y a autre chose. Les cichlides – et aussi beaucoup d'autres *Labroïdes*, genre auquel ils appartiennent – possèdent un dispositif étrange pour capter la nourriture. Outre le système habituel de mâchoires, ils en ont deux autres dans la gorge. La multitude des espèces de cichlides serait liée à ces mâchoires gutturales [68]. Non tant à leur existence même, qui est courante chez les poissons, qu'à leur mode spécifique de suspension aux muscles. La description précise du système serait trop spécialisée. L'important est de signaler que cette configuration spécifique est nouvelle et qu'elle offre des perspectives. C'est une trouvaille. Une percée de l'évolution. Ce pourrait être l'innovation cruciale qui a ouvert la voie à l'établissement de niches écologiques très différenciées. Ces mâchoires gutturales pourvues de dents permettent d'ingérer des proies qu'un animal doté de mâchoires normales ne se risquerait pas à affronter.

D'un point de vue évolutif, les mâchoires habituelles et les mâchoires gutturales ont suivi, dans la mesure du possible, leur propre voie. Elles se sont développées indépendamment les unes des autres. Il est frappant de constater que des modifications morphologiques relativement insignifiantes offrent la possibilité d'occuper des niches nutritives très variées, c'est-à-dire de remplir une tout autre fonction dans l'écosystème. Dans chacun des lacs d'Afrique orientale, les cichlides ont provoqué une véritable révolution écologique dont la recherche des causes a montré qu'aucun changement anatomique profond n'y a été nécessaire. Un usage subtil a été fait des ingrédients disponibles (os, muscles, tendons). Et l'observation des variations du thème de base donne à penser qu'elles sont l'œuvre d'un ingénieux architecte qui, compte tenu des limitations spatiales, a tiré parti de tout ce qui était à sa disposition.

Le cichlide *Heros minckleyi* d'Amérique centrale se présente sous deux variétés. L'une possède de fortes mâchoires gutturales retenues par des muscles puissants et portant d'énormes dents aplaties pareilles à des meules. Les mâchoires gutturales de l'autre variété sont légères, pourvues de nombreuses petites dents pointues et soutenues par une musculature moins développée. Les formes intermédiaires sont rares, le polymorphisme étant déterminé génétiquement. Observant leur bouche pour la première fois, j'avais peine à croire que les représentants des deux variétés fussent des congénères. Les différences entre elles sont plus grandes que celles qui séparent certains genres de furus du lac Victoria. Liem et Kaufman ont étudié expérimentalement leurs méthodes de prise de nourriture et d'ingestion de proies. Tant qu'il y avait de la nourriture en suffisance, les individus des deux formes donnaient la préférence aux proies molles, mais, en période de disette, la forme dotée d'un dispositif maxillaire renforcé avait la possibilité d'attaquer une nourriture impossible à traiter pour la deuxième forme, à savoir des escargots dont la coquille dure doit être broyée. Pourquoi alors tous les individus ne possèdent-ils pas les mâchoires gutturales renforcées qui offrent de meilleures chances de survie ? Il y a probablement un *trade-off,* un compromis. Un animal est littéralement le résultat de compromis architectoniques [69]. Ainsi, l'avantage de posséder de fortes mâchoires gutturales existe au détriment d'autres, par exemple la facilité d'ingérer des insectes.

Selon Liem et Kaufman, les deux variétés de *Heros minckleyi* pourraient se trouver dans la première phase d'un processus sympatrique de formation d'espèces et évoluer, à la longue, en deux espèces différentes. Mais comment une barrière de reproduction pourrait-elle se dresser entre les deux formes ? Une même nichée comporte des petits à mâchoires lourdes et à mâchoires légères. Les formes se traversent donc. On ne pourrait parler de deux espèces que si les animaux à mâchoires gutturales puissantes et ceux qui ont des mâchoires gutturales légères choisissaient exclusivement des partenaires du même type qu'eux [70].

L'espèce *Heros citrinellum*, apparentée à *Heros minckleyi*, existe elle aussi sous deux variétés, respectivement dotée et dépourvue de mâchoires gutturales puissantes. En lisant des articles consacrés à cette espèce d'Amérique centrale, j'ai cru un moment que l'énigme de la formation explosive d'espèces était résolue. En effet, chez *Heros citrinellum*, la présence de mâchoires faibles ou puissantes est liée à une différence de couleur [52]. Une des variétés est jaune, l'autre noire. Si les animaux ont le choix entre un partenaire jaune et un noir, ils choisissent celui qui a la même couleur qu'eux. Cette préférence n'est pas absolue, elle évolue exactement comme n'importe quelle autre propriété. Encore l'un de ces rares sujets qui ont échappé à l'attention de Darwin. Au cours du temps, la priorité donnée au partenaire de même couleur pourrait devenir absolue et les variétés évoluer en espèces.

Je me suis mis à chercher, comme un possédé, des équivalents de ce cas dans le lac Victoria, mais sans succès. Le polymorphisme de couleur a été décrit pour quelques cichlides africains, mais dans ces rares exemples on n'a constaté aucun lien avec le polymorphisme de la constitution de l'appareil capteur de nourriture. La même déception attendait les évolutionnistes à propos des autres lacs d'Afrique orientale. Ce modèle de polymorphisme ne s'applique certainement pas de manière générale à la formation de toutes les espèces de cichlides d'Afrique*.

Le veilleur de nuit

Un matin d'avril, au moment de partir pour l'Institut, je trouve l'un des veilleurs de nuit de la mission devant ma porte. Il me salue amicalement puis se met à ricaner. Je lui demande l'objet de sa visite.

---

* Mais Seehausen et ses collaborateurs en signalent quelques exemples (cf. p. 269, Seehausen, O., 1997, postface).

– Nous y voilà à nouveau, petit père.

– *Sorry ?*

– Tu comprends ça, quand même. Tu es un homme bon. Un enfant de Dieu.

– Qu'est-ce qui me vaut ce compliment ?

– *Christmassi tena*, c'est à nouveau la Noël, petit père. Je viens chercher mon argent, dit le veilleur de nuit. Et du café et *halfcaki*, du cake. Du pain, c'est bon aussi, tu sais.

A ce moment, je me rappelle que c'est le dimanche de Pâques. Je fais un paquet pour le veilleur, puis nous prenons le café sur la terrasse. Il me raconte qu'il se souvient du temps où la retraite n'existait pas encore. Il n'y avait, au sommet de la montagne, qu'une masse rocheuse dénudée et, plus bas, des arbres. Partout des arbres. Il y avait beaucoup d'hyènes.

– J'en ai empoisonné vingt-six.

– Vingt-six, dis-je.

– Ou vingt-trois. Ça se peut aussi. En tout cas, il n'y en a plus maintenant.

– Si, j'en ai encore entendu une hier soir.

– Une hyène ? Une seule, alors. Ce n'est pas une hyène. C'est un *mchawi*, un sorcier. Il peut se changer en hyène. Ce ne sont pas les sorciers qui manquent.

– Ça s'est passé quand avec les hyènes ?

– Oh ! il y a longtemps. Je suis vieux maintenant.

– Mais vous avez quel âge ? demandé-je.

Le veilleur de nuit inspecte le sol autour de lui. Il cherche un petit bâton. L'ayant trouvé, il relève la jambe de son pantalon. Sur son tibia brun sombre, il grave, l'un en dessous de l'autre, les deux millésimes 1984 et 1930, trace un trait dessous et se met à calculer fébrilement.

– *Hamsini na nne*, cinquante-quatre, dit-il en riant.

Il se lève, balance triomphalement le bâton par-dessus son épaule et s'en va.

Je décide de ne pas aller renifler le formol par cette belle journée et de rester plutôt à réfléchir et à paresser sur la terrasse. Qu'est-ce que je crois savoir et qu'est-ce que je veux encore apprendre sur les furus ? Peut-être mon contrat ne sera-t-il pas prolongé et serai-je rentré chez moi l'année prochaine.

Il n'y a toujours pas d'arbre généalogique détaillé des furus du lac Victoria. Mais j'ai bon espoir que les chercheurs en biologie moléculaire y arrivent dans un avenir proche. En tout cas, il est hautement probable qu'il s'agit d'un essaim d'espèces. Tous ces poissons descendent d'un même ancêtre. Il est clair aussi que leurs éléments constitutifs ont fait l'objet de bricolages et de tours de passe-passe à l'infini. Des innovations anatomiques, telles que le système de suspension des mâchoires gutturales, ont sans doute ouvert la voie à la diversité morphologique. De nombreuses variétés nouvelles ont été, au cours du temps, générées et testées. La plupart de ces formes expérimentales ont été éliminées par la sélection naturelle. Une petite fraction subsiste à l'heure actuelle, qui compte cependant encore des centaines de variétés. Un exemple dément d'essaimage adaptatif.

J'ai aussi acquis la conviction qu'il ne s'agit pas, comme je le pensais au début, d'une sorte de super espèce aux centaines de masques. Non, ce sont de véritables espèces biologiques, bien qu'encore jeunes. Des espèces qui, du point de vue génétique, sont plus étroitement apparentées qu'un Africain et un Européen.

Une partie d'entre elles est sans doute apparue au cours de périodes de descente du niveau de l'eau et de fragmentation du lac. Phylogenèse selon le schéma orthodoxe, le modèle allopatrique classique. Une autre partie est née dans les étangs périphériques. Et, enfin, il est probable que des espèces soient également apparues en l'absence de diminution préalable du niveau de l'eau. Les populations vivant dans des îles rocheuses, des baies ou des profondeurs d'eau différentes sont parfois extrêmement isolées les unes des autres[59]. Et la formation sympatrique d'espèces ? Je ne suis pas encore convaincu, bien que l'exemple de l'essaimage qui s'est produit dans les petits lacs volcaniques soit une sérieuse indication. Je pense que l'existence de barrières physiques ou écologiques est une condition nécessaire à l'apparition de nouvelles espèces de furus*. Le fait que les biologistes ne puissent les trouver ne signifie pas que ces barrières n'existent pas pour les poissons. Voilà à peu près où j'en suis. Mais il reste encore beaucoup de zones d'ombre. D'où

---

* Seehausen et ses collaborateurs ont montré que de nouvelles espèces peuvent vraisemblablement apparaître en l'absence de barrières (cf. Seehausen, O., *op. cit.*).

vient, par exemple, que les furus mâles sont plus grands que les femelles et qu'eux seuls sont vivement colorés ? La sélection naturelle s'exerce globalement, elle agit avec la même ardeur sur les mâles et les femelles d'une espèce. Mais il se peut que cela n'ait pas été le cas lors de l'apparition de ces différences liées au sexe. Si la sélection naturelle est responsable de l'évolution de ces dernières, elle a dû adopter une forme particulière, une forme qui précisément n'agit pas aussi intensément sur les deux sexes, la sélection sexuelle que Darwin éleva, en 1871, au rang de catégorie à part entière [71]. La rivalité qui oppose les mâles pour la séduction des femelles pourrait-elle être le moteur de l'apparition et du maintien de ces différences liées au sexe ? Ou l'évolution de ces caractères sexuels secondaires génériques est-elle la conséquence du choix du partenaire fait par les femelles ? Femelles qui modèlent les mâles selon leur bon plaisir ? Qu'est-ce qui est vrai dans tout cela ? Plus d'un siècle après la publication des travaux de Darwin sur la sélection sexuelle, près d'un demi-siècle après le traitement mathématique de ses idées par Fisher [72], je commence à y voir clair.

Les mâles jouent-ils un rôle qui leur est inspiré, en grande partie, par les femelles ? Quel est celui de la sélection sexuelle dans l'évolution des furus [52] ? Dans l'apparition des différences, mentionnées plus haut, entre les sexes ? Dans la forme des systèmes d'accouplement ? Dans l'apparition de nouvelles espèces ? La variabilité du système de reconnaissance du partenaire entre les différentes populations d'une espèce peut se manifester très rapidement lorsqu'une sélection sexuelle efficace a lieu [73]. J'ai encore du pain sur la planche. Il y a des dizaines d'années de travail pour toute une équipe de biologistes, et je n'ai encore rien dit de l'écologie communautaire. Je ne comprends toujours pas comment autant d'espèces d'un même type trophique peuvent coexister sans que la concurrence pour l'espace ou la nourriture soit fatale à une partie d'entre elles. Ces communautés complexes de furus sont-elles structurées ou les animaux se côtoient-ils de manière chaotique ? Par quoi commencer ? Cet écosystème est si compliqué. Un lac semblable à une mer. Opaque comme une soupe aux pois. Dans laquelle, une fois par semaine, Mhoja, Elimo et moi descendons un filet, en un endroit déterminé. Nous le traînons derrière nous pendant un moment, le ressortons de l'eau et remplissons un petit seau de poissons. Ensuite, je prends un thermomètre et l'enfonce profondément dans le lac. Il suffit que je fasse ça régulièrement et je comprendrai bientôt comment fonctionne l'évolution.

VI

La dot : sélection sexuelle et différences liées au sexe

Les adultes qui ne se consacrent pas exclusivement à la procréation et à l'éducation de leurs enfants et petits-enfants ne jouissent pratiquement, ici, d'aucun statut social. Une Tanzanienne sans progéniture n'est pas considérée. Lorsqu'une femme met au monde son premier bébé, elle perd son nom et porte désormais celui de son enfant précédé de *« mama »*. Un homme sans descendance risque de passer pour un fumiste : *« All that meat but no potatoes, throw it to the alligators. »* Chez les étrangers, il n'en va pas autrement. Eux aussi font des enfants en série, sous les encouragements des Africains, qui les accueillent alors en triomphe dans la meute des éleveurs.

Mahella, une jeune fille qui, pendant quelques semaines, est venue me voir presque tous les jours pense qu'il y a chez moi quelque chose qui ne tourne pas rond. Elle a confié à Levocatus son opinion à mon sujet :

– Ce garçon est malade ou bien c'est un religieux.

« Jolies fleurs, jolies fleurs. » C'est avec ces mots prononcés en néerlandais qu'elle me saluait, tandis que je rentrais chez moi, empestant le formol et accablé de migraine après avoir classé poissons, écrevisses et insectes microscopiques. Elle portait toujours la même robe moulante dont le décolleté, profond d'après les prudes normes locales, débouchait sur deux seins menaçants. Des heures durant, elle tournait autour de moi en retroussant ses lèvres pulpeuses. Si provocante. Si sensuelle. Ces merveilleuses fesses piriformes. Et moi qui réprimais mes désirs, en cherchant comment on dit « poire » en swahili. Le soir, j'avais du mal à m'en débarrasser. Je me mis à l'admirer : elle savait ce qu'elle voulait, moi non. Quand je lui demandais s'il n'était pas l'heure de partir, elle évoquait les dangers de la route. Elle entendait des lions, moi, seulement des engoulevents. Quand alors je la ramenais chez elle, elle me disait d'un air boudeur qu'elle voulait poursuivre le voyage jusqu'aux Pays-Bas.

Non, je n'en avais pas envie. C'est-à-dire, de sexe, oui, mais pas d'une liaison. Cette femme avait peut-être des vues sur mes gènes, mais là n'était certainement pas son seul but. Mahella voulait et aurait un étranger. Tendre ou agressif, intelligent ou stupide, gros ou maigre, c'était secondaire. L'important, ce n'était pas à qui elle avait affaire, mais ce que cette personne pouvait lui offrir, à elle et à ses enfants : un statut, la fortune, la sécurité. Pendant des mois, j'ai essayé de savoir si les femelles de furus choisissent leur partenaire avec soin ou fraient avec le premier mâle venu, mais, dès que les animaux de l'aquarium entendaient mes pas, leur libido disparaissait complètement. Tapis derrière une pierre, ils me fixaient, attendant le moment où je les débarrasserais de ma présence. Mais je n'étais pas sitôt rentré que ça commençait : « Jolies fleurs. Jolies fleurs. »

Si Mahella réussissait à mettre le grappin sur un étranger, elle aurait de bonnes chances de s'en sortir, matériellement s'entend. Un étranger qui se respecte est la promesse d'une abondance d'appareils : réfrigérateurs, congélateurs, magnétoscopes, transistors, ventilateurs. Un étranger est un bureau d'importation, une assurance sur la vie, un soutien pour la descendance. Un étranger vous emmène dans des endroits idylliques comme Hillegom. La ville où une sœur de Mahella s'installa un jour dans la maison inondée de soleil d'un médecin néerlandais. Au milieu d'un océan de fleurs, dans un quartier plein d'étrangers. Le rêve ! Mahella elle-même y avait passé trois semaines et en était revenue avec un album de photos : Mahella à côté d'un réfrigérateur bien garni. Rayonnante, elle en tient la porte ouverte. Mahella, penchée sur une chaîne stéréo, pose un disque sur la platine… Mahella assise devant une machine à coudre électrique…

Mais si une Tanzanienne a choisi un partenaire, que l'élu est accepté par sa famille et a payé la dot, gardez-vous bien de fréquenter cette femme monnayée. « *Hodi, hodi*, il y a quelqu'un », criat-on un matin à ma porte. Je sortis et me trouvai nez à nez avec un homme robuste d'une quarantaine d'années. C'était la première fois que je le voyais, mais lui déclara me connaître : j'étais le chauffeur de la Jeep qui transporte régulièrement des gens entre Mwanza et Nyegezi.

J'endossai immédiatement mon rôle de modeste bienfaiteur :

– Ce serait vraiment stupide de laisser des gens attendre le bus pendant des heures, alors que je suis seul dans ma… Non, c'est naturel.

– Ah ! oui, c'est naturel ? répondit vivement l'homme. Tu sais ce que j'ai payé pour cette femme ?

J'ignorais totalement de quelle femme il parlait.

– Cette femme m'a coûté cent mille shillings, étranger. Je n'ai pas payé cette somme pour la voir arriver avec toi tous les après-midi. Que je ne voie plus ça…

Il s'en alla en jurant, avant même que j'aie pu lui prouver mon innocence.

Entre-temps, j'avais compris de qui il parlait. Une femme qui travaille à Nyegezi et que je ramène en ville, chaque midi, à la sortie des bureaux. Faut-il que je passe désormais sans m'arrêter devant cette grosse dondon, onéreuse et fessue ? Ce serait trop pénible. Elle est si gentille. Je vais lui demander ce qu'elle en pense.

A tous les coups, sans m'en rendre compte, je provoque des drames entre époux ou peut-être ai-je déjà gâché leur relation avant même qu'ils ne se soient rencontrés. Au risque d'inquiéter les victimes, je dirai que je monte souvent les conjoints l'un contre l'autre. Les Africains m'en apprennent certainement autant sur la sélection sexuelle que l'observation des poissons. Ce n'est que maintenant, des années plus tard, que je perçois l'impact douloureux que la tragédie que je vais vous raconter a eu sur le choix d'un partenaire.

Je fais de mon mieux pour limiter mes biens et, en tout cas, pour ne pas en faire étalage, mais je n'y arrive pas : une maison de pierre, raccordée à l'électricité, des sanitaires, une voiture. Des idéaux inaccessibles pour beaucoup de Tanzaniens. A mes yeux, la maison est pratiquement vide, mais les jeunes pêcheurs donnent l'impression d'entrer dans une salle du trésor lorsqu'ils viennent ici manger ou prendre le café : dans la pièce centrale, il y a une simple table de bois à laquelle est fixée une lampe de bureau et où se trouvent un magnétophone et une boîte à biscuits rouge vif, objet des fantasmes de Mhoja comme il me l'a avoué : s'il pouvait l'avoir lorsque je rentrerai chez moi ! Au moment où il m'a dit ça, j'ai vu la boîte pour la première fois. Autour de la table, sont disposés quelques chaises de bois et deux tabourets. Les murs blancs sont nus. Un livre ouvert repose sur une étagère de bois. On y voit une reproduction de tableau : un homme jaune avec une charrette. Avec cela, je n'humilie personne.

Ma honte n'échappe pas à Elimo qui en profite pour solliciter toutes sortes de services de ma part. Récemment encore, il m'a demandé de le conduire chez les parents de Maisha dont il brigue la main.

Maisha habite dans un village reculé, à une bonne centaine de kilomètres d'ici.

– Pourquoi dois-je t'accompagner ? m'enquis-je.

– Parce que je dois y porter une perche du Nil, grosse comme une chèvre et un lourd sac de riz. Aucun bus n'y va. On prendra la Jeep ?

Nous convînmes d'une date et, au jour dit, un samedi matin, Elimo était devant ma porte avec un de ses cousins.

Au terme d'un voyage de plusieurs heures, nous arrivons devant une maison d'argile, en bordure du village. Maisha dégage une impression de nervosité. Elle nous présente à une femme qui nous invite à prendre place sur un banc étroit dans un sombre couloir et à patienter. Elimo et son cousin chuchotent entre eux. Le poisson et le riz sont-ils toujours dans la voiture ? Où est Maisha ? Je décide de ne pas m'en soucier.

Du couloir, on aperçoit une partie de la cour de ferme. Des feuilles de manioc sèchent sur des nattes rectangulaires. Des canards coureurs y picorent ; les mâles ont le bec entouré d'abondantes caroncules roses. Ils se dirigent vers deux abris ancestraux, constructions ouvertes faites de branches plantées en cercle dans le sol et réunies par le dessus. Ces abris aérés offrent un gîte aux *masamva*, les ancêtres, au moins aussi présents que les vivants. Lorsque je me lève pour inspecter les maisonnettes de plus près, Elimo me presse de rester assis. Enfin une journée de liberté, et où suis-je tombé ? Dans un sombre couloir où l'atmosphère est obsédante. Il y a toutes sortes d'odeurs : feu de bois, sueur, pétrole, cardamome, poulet, mangue et bien d'autres que je ne reconnais pas. Au mur d'argile pendent une carte d'Asie et une publicité de sèche-cheveux. Le bourdonnement d'un essaim d'abeilles s'approche à grande vitesse, atteint un bref sommet et disparaît aussitôt. Je sors. On a rassemblé quelques cailloux près des maisonnettes des ancêtres. A côté gisent une mangue et trois limons.

A l'appel d'Elimo, je retourne dans le couloir. Je ne comprends pas la signification de cette configuration de pierres et de fruits, mais je sens bien qu'il vaut mieux ne rien demander. Notre hôtesse apporte de petits bassins d'aluminium contenant de l'eau où nous nous lavons les mains et une fillette amène le repas : riz, légumes verts et poulet.

En bâillant, je propose :

– On repart après le repas ?

– *Bado*, pas encore, dit Elimo d'un ton décidé.

Lui et son cousin mangent en silence sans me regarder.

Si je pouvais être sur l'eau à rassembler des furus. Je veux poursuivre l'étude des taches ovoïdes, ça devient une obsession. Certains biologistes doutent que la sélection sexuelle ait joué un rôle dans l'évolution des furus. Cette attitude reste, pour moi, incompréhensible. Et pourtant, un simple coup d'œil sur une tache et le doute ne devrait plus être possible. En effet, comment ces œufs fictifs de la nageoire anale des mâles auraient-ils pu apparaître autrement que sous l'action de la sélection sexuelle ? Ils sont sûrement l'œuvre des femelles qui privilégient les mâles dont les taches ressemblent le plus aux œufs véritables. Mais il y a quand même là quelque chose d'étrange.

Les taches des furus mâles qui vivent dans les eaux profondes et troubles sont considérablement plus grandes que les œufs, alors que, chez les mâles des eaux transparentes, leur taille est égale ou inférieure à celle des œufs [81]. Ce sont surtout les espèces rupestres qui ont de petites taches, alors que ces poissons sont de grande taille. Ethelwynn Trewavas, spécialiste des poissons d'Afrique, a publié un article sur des furus qu'elle avait trouvés dans l'estomac d'un cormoran. Il s'agissait essentiellement de mâles aux couleurs vives. Les cormorans exerceraient-ils une pression de sélection déterminante sur l'aspect des taches ovoïdes de ces furus rupestres ? Autour de ces rochers, l'eau est relativement claire, du moins par rapport aux autres habitats du lac Victoria. Ces espèces de l'eau « claire » seraient-elles confrontées à un « dilemme » ? Devant la menace représentée par les cormorans, elles préféreraient sans doute perdre leurs taches, qui leur sont pourtant indispensables pour attirer les femelles lorsque la concurrence est forte. Celles-ci donnent la préférence aux mâles qui ont les taches les plus grandes. Chez les poissons rupestres, la taille des taches, égale ou inférieure à celle des œufs, résulterait-elle de deux exigences contradictoires : attirer les femelles et ne pas être trop facilement repéré par les cormorans ? Un conflit entre les exigences respectives de la sélection sexuelle et de la sélection naturelle qui débouche sur un compromis. Une situation analogue existe chez les guppys. En dernier ressort, ce sont les piscivores qui influencent le motif des taches colorées de ces animaux. Si, dans un habitat donné, il y a peu de piscivores, les taches des guppys mâles sont plus nombreuses et plus grandes que lorsque la population subit les attaques d'une multitude de piscivores. Si ces derniers sont capturés, la disparition de la pression de sélection entraîne une modification des taches des guppys. A travers les générations, celles-ci croissent en taille et en nombre [74].

Comment pourrais-je tester ces hypothèses ? Tout d'abord en passant une année au Japon, dans une communauté de pêcheurs traditionnels, pour apprendre à pêcher avec des cormorans dressés. Ensuite, retour à Nyegezi, et expédition en canot le long des rochers, pour faire des expériences avec des cormorans au collier. Quelles proies ces derniers choisiraient-ils ? Je pourrais, au préalable, peindre de grandes taches ovoïdes sur les poissons pour vérifier si le risque qu'un cormoran les attrape s'en trouverait accru. Bref, faire une expérience qui tient la route. Ou peut-être pas ? J'oublie les pélicans : les voilà qui arrivent, flottant sur l'eau, silencieux, tout un groupe aux plumes d'un blanc sale. En route vers le milieu du lac, ils longent les rochers où nichent mes poissons peints, disparaissent ensemble sous l'eau et se pavanent imperturbables avec leurs becs énormes. Rien à tirer de ces expériences. Fin de l'expédition japonaise.

La fillette emporte les assiettes et l'hôtesse nous demande de l'accompagner. Nous partons pour une autre maison. A nouveau, nous sommes abandonnés dans un couloir sombre. Après plus de dix minutes, la femme me prie de la suivre à l'extérieur. Elimo et son cousin restent là.

Debout près de la porte, un homme mal rasé se met à pétrir ma main droite dans les deux siennes et me dit « laissez donc ! » alors que je n'ai pas exprimé l'intention de lui baiser les pieds.

Une quinzaine d'hommes sont assis sur le sol, en bordure de la cour, à l'ombre d'un manguier géant. Ils sont d'âge moyen, peut-être un peu plus. Certains d'entre eux sont vêtus d'un cafetan et portent sur la tête un petit chapeau brodé. « Laissez donc ! » me conduit à quelques mètres du groupe et me présente :

– Voici l'un de nos invités, il vient de Mwanza. Nous sommes heureux qu'il ait tenu à honorer notre village de sa visite…

J'approuve d'un signe de tête et me dirige vers le groupe assis sous l'arbre. Je crois reconnaître l'un des hommes et le salue :

– Kahama !

– Kahama… Non, je ne suis pas Kahama, dit mon interlocuteur.

– Oh ! pardon. Vous habitez un bel endroit. C'est calme, sûrement ?

L'homme qui n'est pas Kahama ne répond pas, saisit sa canne et se lève. Il pose sa main dans mon dos et me ramène devant le groupe, à l'endroit où « Laissez donc ! » m'avait conduit. Il me regarde avec insistance et dit d'un ton solennel :

– *Tunasumbiri*, nous attendons. La parole est à notre hôte.

Il s'incline légèrement dans ma direction et reprend dignement sa place sous l'arbre.

Je décide de remercier le groupe de son accueil chaleureux et de souhaiter à tous une agréable journée quand « Laissez donc ! » se glisse vers moi et murmure :

– Parle-nous un peu de tes ancêtres…

De mes ancêtres ? Comment ça ? Que dois-je en dire ? Je ne sais presque rien d'eux : en 1860, Calmon, mon arrière-grand-père paternel est venu d'Allemagne aux Pays-Bas et a fondé une usine de vinaigre sur le Weteringschans à Amsterdam. En quoi cela les intéresse-t-il ? Qu'est-ce que je pourrais bien faire ? Parler du cousin de Calmon, le talmudiste, qui a écrit un livre ? *Über das Notwendigste*. Je ne l'avais jamais eu en mains. Le groupe s'agite. Dire quelque chose, vite. « Éloquent » et « marieur » ne s'expriment-ils pas par le même terme dans certaines langues ? Aucun mot ne me vient aux lèvres. Je ne sais par où commencer et repense aux mois écoulés. Voilà pourquoi Elimo avait fait faire ces photos. Voilà pourquoi elles devaient absolument être en couleurs : Elimo appuyé sur la Jeep, une montre dorée de location au poignet. De là ce poisson très gras et le sac de riz, de là aussi que je suis ici : pour impressionner.

Je dois scruter le passé avec au moins autant d'yeux que ceux qui sont braqués sur moi. Avec ceux de mes ancêtres, ceux de mes parents, les miens. Comment ai-je fait la connaissance d'Elimo ? Qu'est-ce que je pense de lui ? Au nom de quoi osé-je le recommander comme époux pour Maisha ? Comment puis-je résoudre le problème d'Elimo ? Pourquoi ne m'a-t-il pas informé ? Il ne m'a rien dit de ce qui nous attendait. Pensait-il que j'étais au courant ? A tout hasard, je commence à tenir des propos sans intérêt sur les ancêtres buveurs de vin, tout en cherchant fébrilement ce que je pourrais dire pour recommander Elimo. Pourquoi ne me vient-il à l'esprit que des arguments défavorables alors que je lui suis si attaché ? Puis-je dire que nous sommes allés plusieurs fois à l'hôpital, tantôt parce qu'il avait contracté une blennorragie, tantôt pour faire soigner un chancre mou dans la bouche ? Puis-je vraiment le recommander ? C'est une question que je ne veux pas me poser. Quelques *wazee*, vieillards, se lèvent, me font un bref signe de tête et quittent la cour. Je saute un peu plus d'un siècle et commence à jacasser sur Elimo. Sur sa gentillesse, son intelligence et son humour, sa capacité de travail… « Que j'ai la plus grande confiance en lui… » L'agitation croît et, à nouveau, quelques hommes s'en vont…

Voilà donc le récit de l'expédition chez Maisha, à laquelle je repense depuis que j'ai lu une étude de Monica Borgerhoff-Mulder sur le choix du partenaire et les cadeaux nuptiaux dans la tribu kenyane des Kipsigis [75].

Dans son ouvrage passionnant *The Selfish Gene* (Le gène égoïste), Richard Dawkins défend l'hypothèse selon laquelle les hommes, mais aussi d'autres organismes, ne sont que des appareils de survie :

> Nous sommes (…) des robots qui ont été programmés pour conserver aveuglément les molécules égoïstes connues sous le nom de gènes (…). Que tente de faire le gène égoïste ? D'augmenter en nombre dans le groupe des gènes. En fait, il atteint ce but en programmant le mieux possible pour la survie et la reproduction les corps dans lesquels il se trouve (…). Un gène pourrait soutenir une réplique de lui-même située dans un autre

> corps. (…) Mais un gène a-t-il le moyen de « reconnaître » ses copies incluses dans d'autres individus ? Certes : il est facile de démontrer que des parents proches ont une chance supérieure à la moyenne de posséder des gènes communs. Il est évident, depuis longtemps, que telle est la raison pour laquelle l'altruisme des parents envers leurs enfants est si courant. Mais R. A. Fisher, J. B. S. Haldane et surtout W. D. Hamilton ont compris qu'il en était de même pour d'autres parents proches – frères et sœurs, neveux et nièces, cousins et cousines [76]…

Ces considérations conduisirent les chercheurs à formuler une hypothèse importante : les animaux mettent tout en œuvre pour accroître au maximum non seulement leurs propres chances de survie et de reproduction, mais aussi celles de leurs proches [77]. Ils optimalisent donc non pas leur seule adaptabilité propre, mais aussi celle de toute leur tribu, qu'on désigne par le terme d'adaptabilité inclusive. Cette idée pourrait expliquer le comportement altruiste des animaux envers leurs proches. On suppose que ce dernier est d'autant plus développé que le degré de parenté est élevé.

Partant de cette hypothèse, Borgerhoff-Mulder a voulu tester certaines prévisions d'évolution spécifiques chez les Kipsigis : les hommes paient-ils plus de vaches, de chèvres, de moutons et aussi, depuis 1960, plus d'argent pour obtenir des épouses susceptibles de porter les performances reproductives de leur futur époux à un niveau supérieur à la moyenne ? Ces fiancées sont essentiellement des jeunes filles dotées d'un statut élevé, issues de familles qui soutiendront leur ménage futur. De préférence, des jeunes filles précoces, saines et non libertines qui, surtout, n'ont pas procréé avec d'autres hommes. Leur fécondité, important critère de choix, serait certes ainsi prouvée, mais, si leur mère doit subvenir à leurs besoins, les enfants du premier lit représentent une charge supplémentaire pour le futur époux. Celui-ci investit dans l'éducation de jeunes qui ne lui sont pas apparentés, ce qui, dans la perspective de la préférence sélective donnée aux proches, ne peut que le désavantager. Borgerhoff-Mulder a découvert que les hommes payaient plus pour les femmes rondelettes que pour les maigres et suppose, tout comme ces hommes, que ces femmes sont en meilleure santé. On payait plus pour les jeunes filles précoces, ce qui est logique d'un point de vue néo-darwiniste, car ces femmes ont, en effet, un peu plus d'enfants que la moyenne. On était plus généreux également pour les femmes qui venaient de loin. Peut-être parce que, dans la pratique, il est plus intéressant d'avoir une femme entièrement dévouée à sa maison et à son ménage qu'une épouse obligée, en outre, de rendre quelques services à sa propre famille [75].

Je comprenais enfin qu'on avait voulu me faire jouer le rôle de rapporteur pour Elimo, mais la mission m'apparaissait plus difficile que je ne le pensais à l'époque.

Il n'est pas dit que les négociations relatives au montant de la dot soient régies par le même protocole chez les Kipsigis et les Sukuma, mais je crains le pire : chez les Kipsigis, le père du fiancé paie la première épouse pour son fils ; Elimo n'avait plus ses parents. Le père du fiancé ouvre les pourparlers en faisant une offre, qui n'est jamais acceptée immédiatement par le père de la fiancée. « Laissez donc ! » aurait-il été, en fait, le père de Maisha ? Le groupe assis sous le manguier était-il composé de ses proches parents ayant autorité sur elle : grands-pères, oncles, etc. ? Chez les Kipsigis, le père de la fiancée entend plusieurs candidats. Dans le cas de Maisha, ils étaient là, je m'en souviens. Ensuite, il demande un montant supérieur à l'offre la plus élevée et le négocie avec les différents prétendants. Ça me revient tout à coup, un jeune frère de Maisha est venu plusieurs fois à Nyegezi. A chacune de ses visites, il apportait une ou deux poteries. Hélas, pas des vases traditionnels aux formes artistiques, mais de banales chopes à bière. *« Made in Europe »*, dit-il en riant lorsqu'il me remit les deux premiers vases que je reçus. A sa dernière visite, il demanda : « Tu viens chez mes parents dimanche prochain ? Vous parlerez et boirez ensemble. Tout sera *"nice and good"*. On échangera des cadeaux… » Sûrement encore ces vases de pacotille, pensai-je. J'en ai déjà sept. Je ne veux pas devenir fournisseur d'articles occidentaux. Laissez-moi tranquille. Sans cesse mon travail est interrompu. Je suis ici pour m'occuper de la faune, pas pour introduire en fraude dans le pays des enregistreurs et des appareils photographiques pour des étrangers. Je vois encore le visage du frère de Maisha, marqué par la douleur devant mon refus de rendre visite à ses parents. Et maintenant seulement je m'aperçois que j'ai sans doute été choisi pour remplacer le père d'Elimo. Si c'est le cas – mais je n'ai pas encore eu l'occasion de le demander à un Sukuma –, ce pauvre Elimo n'a pas tiré le bon numéro avec son Brave Boss Blanc. Il n'a pas obtenu Maisha non plus. Un jour, quelques mois après notre expédition, il me dit d'un ton résigné qu'elle avait rapporté des dizaines de vaches.

Retour à la source

J'avais décidé d'écrire un article sur la sélection sexuelle des furus du lac Victoria. Chez ces poissons, les mâles n'apportent à la génération suivante qu'une contribution génétique, rien d'autre : ni cadeau de mariage, ni terrain, ni attention parentale. Ils constituent donc le matériel d'étude idéal pour vérifier si les femelles choisissent les gènes de haute qualité présentés dans l'emballage « cadeau » d'un mâle ardent aux couleurs vives. Si une femelle de furu ne prend pas son plaisir avec le premier partenaire venu, mais fait un choix, celui-ci est guidé uniquement par les gènes du mâle. De toute façon, elle ne peut espérer ni aide, ni protection, ni nourriture. Je voudrais savoir si les différences de couleur et de taille entre les furus mâles et femelles résultent de la sélection sexuelle. Mais le sujet a été très peu étudié jusqu'ici*. La plupart des espèces de furus n'ont même pas encore de nom. On en sait un peu plus sur les cichlides des autres lacs d'Afrique orientale, mais une seule espèce a fait l'objet d'une recherche approfondie sur le rôle de la sélection sexuelle, c'est l'épinoche *(Gasterosteus aculeatus)*.

Dès qu'il s'agit de comportement, ce poisson est incontournable pour le biologiste. Il a été étudié sous toutes ses facettes au siècle passé et une partie importante des connaissances éthologiques actuelles repose sur les recherches dont il fait l'objet. L'épinoche est devenue un modèle, tout comme le goéland argenté et la mésange charbonnière. Je l'ai étudiée également moi-même avant de partir pour la Tanzanie, poussé par le désir de découvrir une région inexplorée. Je vais utiliser mes observations d'alors et le travail récent d'autres chercheurs pour illustrer certains aspects de la théorie de la sélection sexuelle. Cette étude serait beaucoup plus riche d'enseignements pour les biologistes si elle était effectuée sur les furus, mais le comportement de choix du partenaire des épinoches est

* Voir cependant Seehausen, O., *op. cit.*

l'exemple de sélection sexuelle le mieux connu dont nous disposions actuellement. Retour obligé donc vers un petit étang d'eau froide des Pays-Bas, sous un ciel uniformément gris.

J'ai trouvé dans l'ouvrage de Darwin *La Descendance de l'homme et la sélection sexuelle (The Descent of Man and Selection in relation to Sex)* un passage sur l'épinoche à trois épines :

> De nombreux poissons mâles luttent pour la conquête des femelles. Ainsi le mâle de mon épinoche à trois épines est décrit comme « fou de joie » lorsque la femelle sort de son refuge et contemple le nid qu'il a construit pour elle. Il tourne frénétiquement autour d'elle... On dit que les mâles ont plus d'une femelle ; ils sont particulièrement courageux et combatifs, alors que les femelles sont tout à fait pacifiques. Leurs luttes sont parfois désespérées, car il arrive que ces combattants soient rivés l'un à l'autre pendant quelques secondes, culbutant l'un sur l'autre, jusqu'à épuisement total de leurs forces [71a].

La lecture de ce passage m'a rappelé le temps où j'habitais dans la Veluwe, près de l'élevage de truites « de Bron » (« la source »). A l'entrée, un panneau publicitaire – je l'ai revu récemment – annonce que les visiteurs peuvent participer à un « safari à la ligne ». Le dernier cri de la civilisation occidentale. Le pêcheur achète trois truites vivantes qu'on puise dans un vivier et qu'on relâche aussitôt dans le vaste étang de « safari » qui le jouxte. Ensuite, le pêcheur dispose d'une demi-journée pour essayer de reprendre autant de truites qu'il le souhaite. La plupart des visiteurs du vivier sont de sexe mâle. Nombre d'entre eux sont en mauvaise santé et participent au « safari » pour trouver le calme.

Toutes les deux heures, une bonne mère passe, poussant devant elle une brouette chargée de canettes de bière et de saucisses. Les « safarimen » en consomment beaucoup pour prendre des forces en vue de la chasse. Aussitôt repus, ils quittent leur chaise de toile et repartent. Portant leurs lignes, ils longent fébrilement les rives où poussent la glycérie et le carex, repérant les endroits où se tiennent les truites. Là, les fils de leurs lignes se rencontrent à l'aveuglette et s'entremêlent désespérément. Le rouge aux joues, les pêcheurs passent le temps à maugréer jusqu'à ce que la brave dame apaise les esprits à coups de bière et de saucisses. Cette scène se répète tous les jours.

C'est dans cette ambiance que, agenouillé au bord du vivier, j'observe les épinoches à trois épines qui, venues des sources et des ruisseaux, se sont retrouvées dans l'eau du bassin des truites, gorgée de nourriture. Après des années passées entre les murs d'un laboratoire, je réalise enfin l'un de mes désirs les plus chers. Me plonger dans la merveilleuse liberté de la nature sur les pas de mon célèbre modèle Niko Tinbergen. Développer le travail qu'il a entrepris avant la guerre, à Leyde, et que l'on poursuit encore aujourd'hui [78]. N'est-ce pas à ceci que j'ai aspiré pendant des années ? Ne serait-ce pas l'oiseau moqueur que j'entends dans les taillis qui bordent l'étang ? Comme il imite bien le grincement de la brouette. Qui grincera le plus longtemps, le dernier moqueur ou la dernière brouette ? Je regarde à peine autour de moi pour être distrait le moins possible par l'environnement et concentre totalement mon attention sur le combat des sexes qui se déroule juste sous la surface.

Près de la rive, là où l'eau est peu profonde et chaude, se trouvent les territoires des épinoches mâles bien défendus contre les intrus tels qu'autres épinoches, loches et nèpes. De temps en temps, la silhouette fantomatique d'une truite apparaît aux frontières d'un territoire. Alors le mâle recule et semble se congeler. Si c'est une épinoche femelle au ventre gonflé d'œufs qui se présente à la limite de son domaine, il se jette sur elle avec agressivité. Une femelle mûre peut résister à cet assaut. Elle ne fuit pas mais flotte, la « tête haute », près de la limite du territoire. Ensuite le mâle la titille doucement, à plusieurs reprises, de ses piquants dorsaux. En même temps, à chaque fois, il prend le risque de se détacher d'elle. Le but est qu'elle l'attende à la frontière du territoire, pendant qu'il inspecte son nid et y apporte quelques aménagements. Puis, en sautillant, il fait des allers et retours dans sa direction. Si elle continue à participer à la parade nuptiale, il la conduit vers l'ouverture de son nid tubulaire. En général, elle le suit. Couché sur le flanc et à moitié sous la femelle, le mâle tente de l'inciter à ramper dans le nid. Si elle s'exécute, il lui imprime, avec la bouche, des mouvements saccadés à la base de la queue qui, seule, dépasse encore de l'entrée. Si la femelle dépose alors des œufs – en une seule fois, à la différence des poissons qui couvent leurs œufs dans leur bouche –, elle quitte ensuite le nid. Le mâle s'y introduit, féconde les œufs et chasse la femelle de son territoire, si celle-ci n'a pas déjà disparu de sa propre initiative [79]. Aucun lien conjugal ne se crée donc. Assez vite, le mâle essaiera d'amener d'autres femelles à son nid jusqu'à ce que celui-ci soit rempli d'œufs, qu'il surveille et soigne pendant une période d'au moins une semaine, au terme de laquelle les jeunes quitteront son territoire.

Sous l'impulsion sexuelle, les mâles ne paradent pas seulement devant les femelles mûres, mais aussi devant tout ce qui a la même apparence, à leurs yeux, voire une bulle d'air, s'ils sont suffisamment excités. J'ai observé pendant des centaines d'heures la manière dont les mâles tentent d'attirer les femelles dans leur nid. Celles-ci sont beaucoup plus difficiles à suivre que les mâles casaniers, car elles se déplacent continuellement. Elles flottent d'un territoire à l'autre et paradent devant le propriétaire. Elles se laissent mener à l'ouverture de son nid, y introduisent le nez, mais alors il se passe quelque chose d'étrange… En général, elles s'enfuient au lieu de ramper dans le nid et, peu après, paradent avec un autre partenaire. Après quelque temps, j'ai commencé à identifier les femelles et j'ai été frappé de constater qu'elles retournaient systématiquement dans le nid du même mâle. Oh ! mon Dieu, encore elle, pensais-je alors, mais lui paradait avec autant d'ardeur que la première fois. Les mâles sont prêts à accepter toute femelle qui exécute bien la danse nuptiale, alors que les femelles n'admettent pas tous les mâles. *« So these women are shopping around a long time before they finally make their choice »*, conclut l'épouse écossaise d'un pêcheur à qui j'avais expliqué ce que j'observais. C'était bien vu.

Dans le même laps de temps, un mâle peut produire beaucoup plus de jeunes qu'une femelle. Celle-ci ne peut pondre qu'un nombre limité d'œufs, alors qu'un mâle peut rassembler plusieurs pontes dans son nid et avoir plusieurs nids à chaque saison. Mais tous les mâles n'ont pas la même productivité, tant s'en faut. Le nombre des descendants présente une grande variabilité. La concurrence est rude pour obtenir les quelques femelles mûres disponibles. Pour cette sélection intrasexuelle, un certain niveau d'agressivité est un atout. S'il est trop bas, les mâles ne sont pas en mesure de défendre un territoire étendu, ce qui est pourtant souhaitable. En effet, un vaste domaine est une garantie de haute performance reproductive, la parade nuptiale y étant moins souvent perturbée par des rivaux [80]. C'est cette forme de sélection entre individus de même sexe qui a entraîné, chez de nombreuses espèces animales, l'évolution d'organes et de structures de protection (cornes acérées, piquants, peaux épaisses). En même temps, les mâles sont exposés à la sélection intersexuelle, cette forte pression exercée par les femelles, très exigeantes dans le choix du partenaire. Cette sélection peut entraîner l'apparition de caractères sexuels secondaires qui, abstraction faite du point de vue de la reproduction, peuvent représenter un inconvénient, voire une véritable charge, pour l'animal. Et, souvent, la sélection sexuelle entre en conflit avec la sélection naturelle *stricto sensu*, comme dans les cas cités plus haut des guppys et des taches ovoïdes des furus [74] : la sélection sexuelle favorise l'accentuation des caractères tels que couleurs vives et sons stridents, phéromones, plis de la peau, peignes, longues queues, alors que la sélection naturelle au sens strict s'oppose à ces développements. Car ces caractères voyants rendent les mâles imposants (pour les autres mâles) et attirants (pour les femelles), mais aussi vulnérables aux prédateurs. Les cas où les couleurs vives, en annonçant le caractère vénéneux de l'animal, le protègent contre ces derniers constituent une faible minorité.

Les épinoches femelles sont exigeantes, mais dans quel but ? Qu'ont-elles à gagner à ne pas déposer leurs œufs dans le nid du premier venu ? En tirent-elles un avantage immédiat ? Leur choix influence-t-il directement leurs propres chances de survie et celles de leurs œufs ? Chez de nombreuses espèces où le mâle offre un cadeau de mariage à la femelle, c'est le cas. On peut aussi s'attendre à une sélection directe qui privilégie l'exigence des femelles dans le cas où le mâle soigne la progéniture. Chez les épinoches, ils s'occupent, en plus, du frai lui-même. La femelle a donc intérêt à choisir un bon père : un mâle qui ne mange pas ses œufs, les protège des intrus et leur assure une bonne ventilation afin que tous arrivent à éclosion. Mais comment une épinoche femelle discerne-t-elle un bon d'un mauvais père ? Je reviendrai plus loin sur les signes de la « paternité responsable ».

La sélection fondée sur l'évolution de l'exigence des femelles peut aussi être indirecte lorsque les bienfaits de cette attitude sont héréditaires. Dans ce cas, la femelle elle-même ne tire aucun avan-

Le mâle du crabe signaleur d'Afrique *(Uca tangeri)*.
Les dimensions extrêmes de la pince signaleuse sont l'œuvre de la sélection sexuelle.

tage immédiat de son choix, mais elle en fait bénéficier sa descendance qui hérite de certains caractères génétiques favorables du mâle. L'évolution de l'exigence des femelles va donc, dans ce cas, de pair avec celle de certains caractères sexuels secondaires des mâles (longues queues, couleurs vives). Les mécanismes qui pourraient expliquer cette relation ont fait l'objet de nombreuses discussions. Darwin et, après lui, le biologiste et mathématicien Fisher en ont donné l'explication suivante [82]. Les femelles auraient, de manière aléatoire, une légère préférence pour les mâles possédant certains caractères externes, par exemple la couleur bleue du corps ou les yeux pédiculés, bien que – et c'est essentiel – ces caractères ne constituent en rien une garantie de qualité génétique. Lorsque les femelles choisissent les mâles aux caractères sexuels secondaires les plus surdéveloppés, les gènes responsables de l'exigence des femelles et ceux qui déterminent l'apparition de ces caractères chez les mâles sont couplés [83]. Les fils de ces mâles posséderont aussi ces caractères marqués et, de plus, leurs filles choisiront des partenaires qui les portent également. Si la préférence des femelles pour les mâles aux caractères sexuels secondaires surdéveloppés se renforce tout au long des générations, le processus peut s'emballer : la queue des paradisiers mâles est de plus en plus longue, la pince signaleuse des crabes signaleurs est de plus en plus grande, les pédicules des yeux des mouches mâles *(Cyrtodiopsis dalmanni)* sont incroyablement longs, jusqu'à ce que la sélection naturelle *stricto sensu* s'oppose à un développement encore plus excessif. Il arrive, en effet, un moment où les mâles « extrêmes » ne sont plus capables que d'attirer des femelles, ce qui peut leur être fatal. Le paradisier ne quitte plus le sol, le crabe signaleur titube, les yeux de l'irrésistible mouche se mettent à rouler comme des billes dès que le mâle apparaît.

Si les femelles de deux populations d'une espèce n'ont pas la même préférence pour les caractères sexuels secondaires de leurs partenaires, les mâles pourraient, à la longue, prendre des apparences différentes dans les deux populations. Violets au départ, ils pourraient devenir bleus dans l'un des habitats et rouges dans l'autre. Cette divergence de la parure pourrait conduire les deux populations à l'isolement reproductif. Théoriquement, ce processus pourrait être rapide, surtout si l'opposition de la sélection naturelle *stricto sensu* est faible, voire absente [84]. Le choix des femelles pourrait donc jouer un rôle très important dans l'apparition de nouvelles espèces, probablement aussi chez les furus*. Certains Mbuna du lac Malawi sont des espèces jumelles. La ressemblance de leurs caractères morphologiques et de leur comportement est frappante, mais les motifs de taches colorées des mâles en période d'activité sexuelle sont différents. Les femelles marquent une préférence systématique pour un motif déterminé, ce qui indique qu'il s'agit non de différentes variétés colorées d'une même espèce, mais d'espèces biologiques sans doute jeunes et appelées peut-être, dans un stade ultérieur, à se différencier aussi par d'autres caractères que le seul motif de taches colorées.

Il ne sera pas facile de montrer expérimentalement le processus de l'emballement des caractères mâles et la préférence des femelles pour ces caractères. L'évolutionniste ne peut voir que le produit final, et non le parcours évolutif qui y conduit, bien qu'il soit parfois possible de reproduire celui-ci au moyen de la sélection artificielle.

> En route, les bêtes de la forêt je les entendis bien souvent encore, avec leurs plaintes et leurs trémolos et leurs appels, mais

* Voir Seehausen, O., *op. cit.*

> je ne les voyais presque jamais, je compte pour rien ce petit cochon sauvage sur lequel une fois j'ai failli marcher aux environs de mon abri. Par ces rafales de cris, d'appels, de hurlements, on aurait pu croire qu'ils étaient là tout près, des centaines, des milliers à grouiller, les animaux. Cependant dès qu'on s'approchait de l'endroit de leur vacarme, plus personne, à part ces grosses pintades bleues, empêtrées dans leur plumage comme pour une noce et si maladroites quand elles sautaient en toussant d'une branche à l'autre, qu'on aurait dit qu'un accident venait de leur arriver [85].

Ce passage du *Voyage au bout de la nuit*, qui se déroule dans une forêt vierge d'Afrique, illustre l'ampleur de la charge que peuvent représenter les caractères sexuels secondaires. La plus connue des autres hypothèses évolutionnistes émises suppose que ces caractères surdéveloppés constituent toujours un handicap pour les mâles [86]. Lorsque l'un de ceux-ci reste en vie malgré cet inconvénient – et c'est d'autant plus vrai que celui-ci est prononcé –, on pourrait considérer ce fait comme un signe de haute qualité génétique. Formulée verbalement, cette hypothèse paraît invraisemblable. Car, si apte que soit un mâle à survivre avec son handicap, il le serait encore bien plus en l'absence de celui-ci. Des théoriciens ont cependant montré mathématiquement que le principe du handicap pouvait s'appliquer dans certaines circonstances [87].

Hamilton et Zuk ont formulé cette hypothèse de façon différente [88] : la femelle pourrait considérer les caractères mâles surdéveloppés en bon état comme un signe de résistance aux parasites, résistance qui est programmée génétiquement. Ce mâle est pressenti pour une paternité, car il y a de fortes chances que la qualité de sa condition physique lui permette de mener le cycle de reproduction à bonne fin et qu'en outre sa descendance soit également résistante aux parasites.

Rouge, plus rouge, le plus rouge

Sur quels critères se fondent les épinoches femelles pour choisir leur partenaire ? En dehors de la période de reproduction, les mâles et les femelles ont la même sensibilité à la couleur rouge, mais, au printemps, quand les mâles du territoire prennent cette couleur, une modification se produit chez les femelles : leurs yeux deviennent plus sensibles aux longueurs d'onde rouges [89]. Cette variation de la sensibilité de la rétine ne se produit pas chez les mâles.

Ceci indique que les femelles utilisent l'intensité de la coloration rouge du mâle comme critère de choix du partenaire. Mais comment le démontrer ? Peut-être les mâles fortement colorés sont-ils meilleurs à la parade nuptiale, plus combatifs ou dotés de toute autre qualité liée à l'intensité de la couleur rouge qui soit appréciée des femelles. Manfred Milinski et Theo Bakker ont réalisé une jolie expérience pour vérifier si la femelle choisit effectivement la couleur rouge et non un autre caractère. Les femelles se sont vu proposer le choix entre deux mâles, placés dans deux aquariums dont les dimensions, l'équipement, etc. étaient exactement les mêmes. Elles affichèrent, en effet, une nette préférence pour le plus rouge des deux mâles. Si on les plaçait devant le même choix, mais en lumière verte au lieu de lumière blanche, cette préférence disparaissait, car elles ne pouvaient plus percevoir l'intensité de la couleur rouge.

Les femelles ne choisissent pas les mâles les plus rouges pour des considérations de sensibilité esthétique, mais parce que ces mâles sont en meilleure condition et ont moins de parasites. Si les mâles d'un rouge intense étaient légèrement infectés, leur couleur pâlissait et donc la préférence dont ils jouissaient s'affaiblissait nettement. Les femelles utilisent l'intensité de la coloration rouge comme critère d'évaluation de la santé du mâle. Cette coloration n'est donc pas un handicap, elle fournit à la femelle une information importante sur les qualités du partenaire éventuel [90].

Pourquoi les mâles infectés par des parasites ne sont-ils pas également rouge vif ? Pourquoi n'affichent-ils pas une excellente santé et une résistance aux parasites ? Il leur serait facile d'arborer une couleur rouge trompeuse. Mais mentir coûte cher : la production et la conservation de pigment rouge consomment de l'énergie et la santé des mâles fortement infectés se détériorerait quand même. L'unique garantie de la sincérité des messages échangés entre les sexes est le prix élevé du mensonge.

Dans l'expérience faite en laboratoire sur des épinoches, la femelle voyait simultanément les deux mâles entre lesquels elle pouvait choisir, mais, dans la nature, le choix d'un partenaire n'est pas aussi simple. Ce problème n'est pas spécifique aux épinoches. Toutes les femelles qui rencontrent successivement plusieurs mâles y sont confrontées [91]. Elles pourraient avoir en tête un certain nombre d'exigences de base minimales auxquelles un partenaire devrait satisfaire, une sorte de norme interne. Si l'une d'elles rencontre un mâle qui répond à ces exigences strictes, elle ne cherche pas plus loin. En principe, si elle applique la règle du oui ou non, elle ne doit disposer que d'une mémoire ROM *(read only memory).* Des possibilités plus étendues ne lui sont nécessaires que si elle veut adapter ses critères de décision à la situation. Une autre règle générale qu'une femelle pourrait appliquer est la suivante : elle compare successivement un certain nombre de mâles et fait son choix au moment où elle estime que la poursuite de ses recherches ne lui apporterait rien de mieux. Elle pourrait aussi aborder tous les mâles pour choisir finalement le meilleur d'entre eux. On peut montrer mathématiquement que cette dernière stratégie est la plus efficace, pour autant que la recherche du mâle adéquat ne coûte rien à la femelle (temps, exposition aux prédateurs, etc.), condition qui n'est généralement pas remplie [92].

Électrices et imitatrices

Un automobiliste s'approche d'une frontière contrôlée par la douane. Il y a deux postes. Une longue file attend devant l'un d'eux, devant l'autre, il n'y a personne. Où le chauffeur va-t-il se placer ? Se joint-il à la longue file, supposant qu'il y a un problème à l'autre poste de contrôle ? Ou essaie-t-il d'abord celui-ci ? Dans ce dernier cas, le chauffeur choisit, il n'imite pas. Ce problème joue également un rôle dans la recherche d'un partenaire.

Les animaux peuvent choisir celui-ci de manière active ou passive. Un choix actif signifie que la femelle ne se laisse pas influencer par l'attitude des autres, comme c'est le cas dans le choix passif. Les modèles théoriques de la sélection sexuelle partent du principe que les femelles choisissent de manière indépendante. Cette hypothèse n'est pas fondée. En homme qui s'intéresse aux femmes, je sais qu'il est beaucoup plus facile d'aborder l'une d'elles lorsqu'on se trouve en compagnie d'une autre, surtout si cette dernière est attirante, que lorsqu'on est seul. Des expériences récentes ont été effectuées à ce propos sur les guppys [93]. Les femelles de ces poissons ont une forte tendance à choisir des mâles qui ont déjà une partenaire. Dans l'expérience, les femelles, placées devant le choix entre un mâle accompagné et un mâle isolé, ont manifesté une nette préférence pour le premier. Si la partenaire de celui-ci rejoignait le mâle isolé, la préférence des femelles électrices était soudain satisfaite. Ces expériences montrent que, au moins dans le cas des guppys, le choix du partenaire est déterminé socialement et non fixé génétiquement.

Une variante abstraite de cette expérience est celle du siège pour enfant. Empruntez un vélo muni d'un tel siège. Deux hommes entament une conversation devant une terrasse. L'un d'eux tient le vélo. Comptez le nombre de fois que le regard de chacun des deux hommes croise celui d'une femme. Sur le trajet qui mène à une autre terrasse, l'homme qui tient le vélo le passe à l'autre. Le processus est répété. Que ne projettent-elles pas dans ce siège, les femmes !… Je posai la question et reçus la réponse suivante : cet homme (avec le siège) ose choisir, il prend ses responsabilités, il ne laisse pas sa femme s'occuper seule des enfants. A cela s'ajoutait qu'un homme avec un siège d'enfant était perçu comme moins menaçant.

Si la chance qu'une femelle choisisse un mâle déjà élu par une autre est plus grande que celle du choix du mâle célibataire – mais elle pourrait évidemment aussi être plus petite –, on parle de comportement de copie [94], à condition que le succès du mâle n'ait pas rendu son comportement ou son apparence plus attrayants. En outre, la femelle doit pouvoir constater qu'une ou plusieurs autres ont choisi le mâle auparavant. C'est le cas, par exemple, si elles demeurent dans le territoire du mâle, si elles vont voir celui-ci en groupe ou si, comme chez les épinoches, elles pondent dans le nid.

Les épinoches femelles ont une nette préférence pour les mâles dont le nid est garni d'œufs [95]. Est-ce parce que ces mâles prennent une coloration rouge plus intense ou exécutent mieux la danse nuptiale [96] ? Probablement pas. C'est un effet du frai lui-même, peut-être causé par l'odeur de la glaire fraîche. Mais quel avantage la femelle peut-elle tirer de la présence d'œufs dans le nid ? Imite-t-elle le comportement d'autres femelles ? Elle pourrait le faire, par exemple, pour être certaine de produire des fils attirants, car les pères séducteurs ont une chance non négligeable d'avoir des fils qui le sont également. C'est possible, mais le phénomène est probablement plus compliqué que cela.

Les décisions que les femelles sont susceptibles de prendre lors du choix d'un partenaire peuvent être intégrées dans un modèle théorique de jeu. Ce modèle part du principe que les femelles ne font pas n'importe quoi, mais opèrent des choix qui ont un but d'adaptation. Si c'est le cas, leur stratégie devrait être déterminée par trois facteurs [91] : le coût du choix du partenaire (énergie, temps, exposition aux prédateurs), les avantages de ce choix et leur capacité à discerner les différences de qualité des mâles.
Considérons le choix d'un partenaire comme un jeu auquel jouent deux types de femelles. Les électrices investissent du temps pour établir les différences de qualité des mâles, les imitatrices, si elles sont en compagnie d'une femelle électrice, s'accouplent toujours avec le même mâle que celle-ci. Les femelles abordent les mâles à deux, soit deux électrices, soit une électrice et une imitatrice, soit deux imitatrices. Une femelle électrice bénéficie des avantages du choix, mais en subit aussi le coût, que les mâles qu'elle chasse soient accompagnés d'une électrice ou d'une imitatrice. Le bénéfice recueilli par une imitatrice, en revanche, dépend du type de la femelle qui lui sert de modèle. Si cette dernière est une électrice, elle profite des avantages, mais n'encourt pas les frais d'un choix. Notez bien qu'il s'agit d'un modèle. On n'envisage pas ici la façon dont une imitatrice qui part en chasse avec une électrice arrive à éviter les frais du choix. Si elle est en compagnie d'une autre imitatrice, elle ne bénéficie pas des avantages du choix. Dans ce cas, on peut sans doute qualifier son « choix » d'aléatoire.
Stephen Pruert-Jones, qui a développé ce modèle, a calculé dans quelles circonstances ces stratégies comportementales atteignent un point d'équilibre, ou stade d'évolution stable, c'est-à-dire immunisé contre l'infiltration. Cela signifie que, si cet état n'est plus susceptible d'amélioration, il ne peut non plus être détérioré par une stratégie mutante ou un mélange de stratégies. Lorsque le coût du choix d'un partenaire dépasse ses avantages, le comportement d'imitation pourrait être une stratégie d'évolution stable : une population composée uniquement d'imitatrices ne pourrait être infiltrée par des électrices. Mais si les avantages du

choix l'emportent sur son coût, une population composée exclusivement d'électrices ou d'imitatrices n'est pas inattaquable. Dans ces conditions, ni le choix ni l'imitation ne sont des stratégies d'évolution stables. Une stratégie mixte, une population composée d'électrices et d'imitatrices, peut également présenter une stabilité d'évolution. Lorsque les inconvénients et les avantages d'un choix sont connus avec précision, il est possible de calculer le rapport des nombres d'électrices et d'imitatrices qui représente un stade d'évolution stable. En outre, il n'est pas toujours nécessaire de parler de deux catégories distinctes de femelles. L'opportunisme peut aussi conduire à un état d'évolution stable, à condition que les femelles passent au bon moment d'une stratégie à l'autre. Plus maigre est le gain lié à la possibilité de choix, plus élevé devrait être le pourcentage d'imitatrices d'une population.

Intrus et vol d'embryons

Le combat entre les sexes peut être très acharné, plus que ne le soupçonnaient les éthologistes de la première heure, comme Tinbergen et Lorenz [97]. On a cru pendant longtemps que les espèces appliquaient une seule stratégie spécifique pour conquérir un partenaire, mais ce n'est pas le cas. Les femelles et même les mâles déploient plusieurs tactiques. C'est surtout le cas lorsque certains mâles ont plus de succès que d'autres et qu'il s'agit d'accroître les chances de reproduction réussie. Il existe parfois deux types génétiques de mâles, dont chacun applique sa propre méthode et est incapable de passer d'une tactique à l'autre. Un cas plus fréquent est celui où le mâle peut choisir l'une ou l'autre stratégie en fonction de la situation.

Les épinoches mâles, qui possèdent certes un territoire et un nid, mais ne parviennent pas à inciter une femelle à pondre, se tournent vers une autre tactique : l'intrusion [98]. Si un intrus voit son voisin en compagnie d'une femelle, il perd sa couleur. Et, alors que quelques minutes auparavant il parcourait son territoire en tous sens de façon erratique, il se tient immobile dans l'eau comme s'il se congelait. Ensuite, il se laisse tomber comme un objet inanimé sur le fond et se faufile, millimètre par millimètre, vers le territoire voisin. Il a souvent ses trajets favoris et, au cours de sa progression, il cherche à se cacher derrière des plantes ou des pierres. A un moment donné, il surgit et nage vers l'ouverture du nid du voisin. En général, la femelle prend alors la fuite. Parfois, lorsqu'une femelle s'y trouve, il s'introduit dans le nid. Il rampe sur elle et dépose du sperme.

Jusqu'ici, les actes de l'intrus sont compréhensibles. Un mâle essaie de réaliser une fécondation qui « revient », en fait, à son voisin. Mais la suite de son comportement est étrange. Il ne laisse pas les œufs, dont il a éventuellement fécondé certains, dans le nid du voisin, qui pourrait ainsi en prendre soin, mais tente de les subtiliser [78]. S'il y arrive malgré la résistance opiniâtre du voisin, il les emporte dans son propre nid. Ce comportement pourrait-il signifier que l'intrus veut se faire passer pour un mâle qui a conquis une autre femelle [99] ? Est-ce sa réponse, dans le contexte de l'évolution, au comportement d'imitation des femelles [100] ? Bien que le phénomène n'ait pas fait l'objet d'études approfondies, je n'en serais pas étonné, car les intrus volent parfois des œufs sans les avoir fécondés.

Mâles qui se disputent des femelles, femelles exigeantes économes de leurs œufs, comportement de copie, variabilité des tactiques d'accouplement des mâles. Si un essaimage d'espèces pareil à celui du lac Victoria devait se produire en Occident, il ferait probablement l'objet des travaux de dizaines de biologistes. Car les phénomènes qui jouent un rôle dans l'évolution du dimorphisme sexuel des épinoches se produisent également chez les furus et d'autres espèces de cichlides, mais sous une infinité de formes différentes.

La polyandrie a-t-elle un avenir ? Sélection sexuelle et variabilité des systèmes d'accouplement

La sélection sexuelle n'influence pas seulement l'évolution des caractères sexuels secondaires. Ses conséquences ont une portée beaucoup plus grande. Elle est souvent déterminante pour la structure sociale d'une espèce animale. Mais son degré d'efficacité n'est pas constant et cette variabilité entraîne celle de la structure sociale. La sélection sexuelle détermine si les animaux sont monogames ou polygames et si ce sont les mâles qui monopolisent les femelles ou le contraire.

Chaque jour, sur le chemin de mon travail, je passe devant un arbre aux branches duquel sont suspendus, par dizaines, des nids sphériques de tisserins, ces petits oiseaux analogues à des pinsons, au corps jaune et à la tête noire de jais qui font un vacarme incroyable. Le soir, lorsque je repasse, le tapage n'a toujours pas cessé. La vie dans cet arbre doit être un enfer. Crook, qui a effectué une vaste étude comparative des tisserins africains et asiatiques, a découvert que les espèces qui vivent dans la forêt vierge sont généralement monogames [101]. Les mâles et les femelles de ces oiseaux sylvicoles ont pratiquement la même apparence extérieure. Chaque couple défend un territoire dont les ressources en nourriture suffisent à assurer sa subsistance. Mais les mâles des espèces de la savane, comme les tisserins de cet arbre, pratiquent la polygamie et sont plus vivement colorés que les femelles. L'adultère y est également commis sans arrêt et il est probable que certaines femelles sont violées. Le vacarme s'explique.

Les espèces de la savane couvent pendant les périodes où les graines se trouvent en abondance sur place. Ensuite elles cherchent leur nourriture en groupes, ce qui, dans cet habitat, est probablement une tactique plus rentable que la quête solitaire. En effet, les chances de trouver les bons endroits sont plus grandes et les prédateurs passent moins facilement inaperçus. L'un des premiers, Crook réussit à établir une relation entre les conditions écologiques et la structure sociale [102]. Cette approche se développa ensuite en une branche importante de la recherche.

Comme on l'a dit plus haut, le combat entre les sexes provient de l'inégalité d'investissement dans les cellules sexuelles – ovocytes coûteux, spermatozoïdes à bon marché – et dans les jeunes qui en sont issus. D'importance capitale pour la forme du conflit est le fait de savoir si les femelles constituent un frein à l'amplification de la réussite reproductive ou inversement. Plus le déficit en l'un des deux sexes est cuisant, plus est forte la concurrence entre les membres de l'autre sexe pour s'approprier les rares partenaires [103].

Chez les espèces de cichlides monogames, la sélection sexuelle est faible, mais elle se renforce à mesure que la polygamie se répand dans l'espèce. En général, la sélection est plus forte à mesure qu'un nombre plus réduit d'individus d'un sexe entrevoit la possibilité de monopoliser une partie plus importante des membres (sexuellement actifs) de l'autre. Le contrôle qu'un impala mâle exerce sur un troupeau d'impalas femelles en est un exemple : il possède un harem de dizaines de femelles dont il tient les autres mâles à l'écart. Dans ce cas, la sélection sexuelle est sévère [104].

Emlen et Oring ont montré clairement que le degré de monopolisation de partenaires potentiels dépend de facteurs écologiques. Lorsque ceux-ci sont connus avec précision, on peut prévoir quelle sera la forme d'un système d'accouplement. Beaucoup d'espèces d'oiseaux sont monogames à cause des efforts extrêmes que les deux parents doivent fournir pour élever correctement leurs petits. L'avantage qu'un parent déserteur pourrait trouver dans la polygamie ne compense pas la perte d'un frai abandonné. La polygamie n'est possible que si un individu du sexe polygame est en mesure de défendre plusieurs partenaires ou d'attirer ceux-ci en préservant des moyens d'existence essentiels. Si le coût énergétique est trop élevé, il ne reste plus que la relation monogame. A moins que l'un des deux sexes ne puisse se décharger sur l'autre des soins aux petits. C'est ce qui se passe chez de nombreux mammifères, dont les mâles désertent, « spéculant » sur la forte propension du sexe allaitant à rester auprès des jeunes [104]. Il existe un seul cas où le « sexe allaitant » s'attache plusieurs partenaires, comme en témoigne l'exemple suivant :

> Et l'Hindou l'enferme dans sa maison. On ne la voit pas. Il est tout. Elle n'est rien. J'ai pu voir des Tibétains, qui ne sont pas du type tibétain courant, lequel est bien plus délicat, mais qui était bien remarquable. Voici.
>
> Le Tibétain, lui, était lourd, large et grand et pas beau, et rude.
>
> La Tibétaine était lourde, grande, pas belle, et presque encore plus forte et rude.
>
> De ces femmes tibétaines, comme il y en avait autrefois, épousant jusqu'à cinq hommes (à la fois, naturellement) ; et à mon sens, elle devait les faire marcher droit. S'il y avait quelqu'un à enfermer, c'était ses hommes plutôt qu'elle qui eussent été enfermés.
>
> J'ai vu une de ces femmes, tenant la bourse, et commandant, commère assurée au milieu de grands gaillards mâles et dociles de 1,80 mètre.

Cette description est extraite de *Un barbare en Asie* (1933) d'Henri Michaux[105], observateur perspicace et râleur hors pair qui, au cours de son voyage en Asie, a remarqué aussi la polyandrie des femmes tibétaines. Des décennies plus tard, les anthropologues étudieraient ce phénomène de manière approfondie, sous l'angle du néo-darwinisme[106]. La véritable polyandrie, où une femelle a plus d'un mâle tandis que plusieurs mâles se partagent la même femelle, est rare. A part les hommes, seules quelques espèces d'oiseaux pratiquent la polyandrie, entre autres les jaçanas. Beaucoup plus nombreuses sont les espèces monogames ou polygynes (polygynie = systèmes de harem). Parfois aussi, les mâles et les femelles sont polygames. C'est le cas des furus. Chez ces poissons, les mâles sont disposés à donner leur sperme successivement à plusieurs femelles. Ils sont donc polygames. Mais les femelles le sont aussi. Les œufs qu'elles couvent dans leur bouche ont souvent été fécondés par plusieurs mâles.

Chez les cichlides, l'incubation sur substrat et l'incubation dans la bouche sont les deux principales stratégies de reproduction[107]. Dans la première, les œufs sont déposés sur une base de pierre ou de sable. Le couple veille encore un certain temps sur ses petits après l'éclosion, parfois avec l'aide d'assistants[108]. Chez ces espèces, les mâles et les femelles ne sont pas très différents d'aspect extérieur, à ceci près que le mâle est généralement un peu plus grand. Elles connaissent le lien conjugal et sont monogames. Les partenaires ne s'accouplent qu'après avoir lié connaissance, car une certaine compatibilité d'humeur est nécessaire pour que la relation mène à la naissance d'une descendance[109]. Chez les espèces qui couvent leurs œufs dans la bouche, les mâles et les femelles diffèrent beaucoup d'aspect et de comportement. Ils n'entretiennent pas de lien conjugal et sont généralement polygames.

Tous les systèmes d'accouplement intermédiaires entre les deux extrêmes existent[110].

Harems et arènes

Je suis éveillé en sursaut par un « boum » à côté du lit. Un gecko tombé du plafond remonte comme un possédé le long des murs verts moussus de la chambre. Hôtel Mamba au bord du lac Tanganyika. Me suis-je endormi hier soir tout habillé ? J'ai rêvé. Images de cet incident à la station des bus de Mwanza. Le cochon, cet homme avec ses béquilles. Le bus est prêt à partir. Plein de passagers selon les normes européennes, presque vide à l'aune africaine. Le chauffeur attend qu'il soit bondé au point que la plupart des passagers ne puissent plus en sortir que par les fenêtres. La loi interdit de charger les bus de la sorte. Si le chauffeur rencontre la police en route, il lève la main. Signe double. Salut vers l'extérieur, mais aussi signal adressé aux passagers pour les avertir que la moitié d'entre eux doivent se pencher pour que le bus ne semble rempli qu'à demi. Le toit est chargé de bagages. Des sacs de maïs, des chaises, des vélos, des valises, une roue. Un porcelet ligoté est hissé par deux hommes debout sur le toit. Je propose d'acheter un billet supplémentaire, pour qu'on mette le porc à l'intérieur du bus. Ils me regardent comme si j'étais timbré et déclarent que c'est exclu.

A côté du bus, un homme se tient sur des béquilles. Il est unijambiste et a perdu les deux avant-bras, ses membres supérieurs se terminent aux coudes. Il bavarde avec quelques cireurs de chaussures assis sur des caisses à légumes. Devant eux, sur le sol, une petite radio, réglée au volume maximal, hurle : le président déclare que le pays ne va pas bien. Personne ne lève les yeux. Un passager du bus, un garçon qui gesticule frénétiquement, sort le bras par la fenêtre. Il tient en main une orange qu'il voudrait jeter en direction du handicapé. Il l'appelle et, dès que l'homme tourne les yeux vers lui, il lâche le fruit. Celui-ci décrit une courbe dans l'air, rebondit sur l'épaule de son destinataire et roule dans une flaque. L'homme vacille, tombe et glisse dans la mare à la suite de l'orange. Dérapant dans la boue, il tournoie comme un insecte qui se noie, jusqu'à ce que l'un des cireurs de chaussures l'aide à se relever. Le bus est secoué de rires. Le chauffeur me fait signe de monter. Vais-je y aller après cela ? La méchanceté des gens me tombe soudain dessus comme une chape. Alors des images me passent devant les yeux de milliers de poissons happant l'air qui gardaient le silence devant ma propre cruauté.

Le trajet en bus fut interminable. A chaque nid-de-poule profond, le cochon hurlait. Pourrais-je trouver Tetsu Sato ? Ce biologiste, qui a eu l'intelligence d'aller travailler au bord d'un lac limpide, accumule les belles découvertes. Il a trouvé des « coucous » aquatiques et projette d'étudier systématiquement ces silures *(Synodontis multipunctatus)* qui font recueillir et couver leurs œufs par diverses espèces de cichlides incubant dans la bouche. Les jeunes silures sont des parasites très encombrants. Non seulement, ils sont à l'abri dans la bouche du parent adoptif, mais ils se nourrissent des embryons de cichlides qui s'y trouvent[111]. Sato s'intéresse aussi à la polygynie des cichlides qui couvent dans les coquilles d'escargots vides. J'espère avoir l'occasion de voir ces petits poissons. Faire la connaissance d'un nouvel animal. C'est quand même ce qu'il y a de mieux.

Je me lève. Il fait déjà jour. Je me lave, m'habille et vais sur la plage. Je devrais y voir les occupants des coquilles d'escargots. Au bord du lac, je rencontre un employé de l'hôtel qui balaie la grève. Merveilleuse occupation. Je le rejoins et lui adresse la parole. Un chemin tracé par le balai part de l'eau et nous rejoint dans une large courbe, puis, dépassant le point où nous nous trouvons, suit les traces d'un grand animal.

– Tu es matinal, patron, très matinal pour un étranger, dit l'homme.

– Des crocodiles ? demandé-je.

– J'efface les empreintes, dit l'employé en riant, sinon les clients croient qu'il y a des crocodiles.

– Ils n'ont pas tout à fait tort, dis-je.

– Autrefois, il y en avait bien plus. Il n'y en a plus qu'un seul. Elle s'appelle Zazie. Elle est O. K.

Je rentre à l'hôtel et, installé sur la terrasse, je lis des articles sur les poissons que je n'ose pas rechercher. Ma place est dans une bibliothèque, pas dans la nature. L'une des espèces qui couvent dans les coquilles d'escargots, *Lamprologus callipterus*, se distingue des autres en ce que les mâles rassemblent et défendent activement les coquilles[112], indispensables aux femelles. Celles-ci y déposent leurs œufs et veillent sur le frai dans ce lieu protégé, jusqu'à ce que les jeunes soient devenus autonomes. Les mâles ne dispensent pas de soins directs, car il leur est impossible de s'introduire dans une coquille. Ils déposent à l'entrée leur sperme que la femelle amène à destination par aspiration et grâce aux battements de ses nageoires pectorales. En revanche, ils assurent la défense du territoire. Répartition des tâches. Étant donné que les coquilles d'escargots, dont le nombre est limité, peuvent être transportées et réutilisées, la concurrence entre mâles prend un tour étrange. Ils se pillent mutuellement leurs nids et volent les coquilles utilisables pour compléter leur propre collection. S'ils y trouvent encore des femelles avec œufs ou jeunes, ils chassent les premières et mangent les seconds. Les mâles grands et forts parviennent à amasser plus de coquilles que les petits. Une constitution robuste est donc un critère de sélection favorable. Il en va autrement pour les femelles qui doivent, avant tout, pouvoir entrer dans une coquille. Les exigences corporelles divergentes auxquelles doivent satisfaire, respectivement, les individus des deux sexes ont entraîné l'apparition de différences de taille extrêmes entre ceux-ci : les mâles territoriaux sont, en moyenne, quatorze fois plus lourds que les femelles, un dimorphisme sexuel encore plus marqué que chez d'autres espèces possédant un harem, comme les éléphants de mer[113].

Ce ne sont pas les nombres relatifs de mâles et de femelles qui déterminent lequel des deux sexes est en déficit, mais le rapport du nombre de mâles sexuellement actifs à celui des femelles réceptives au sperme : le rapport opérationnel des sexes. Lorsqu'elles ne sont pas toutes réceptives en même temps mais qu'il y a, néanmoins, tout au long de l'année, une offre d'œufs mûrs ou de femelles fécondes, celles-ci sont en nombre limité par rapport à celui des mâles, dont la période d'activité sexuelle est longue, et la concurrence entre ces derniers est rude. Cette situation peut entraîner un système d'accouplement où les mâles ne défendent ni femelles ni ressources vitales, mais déterminent leur position de domination les uns par rapport aux autres. En période d'activité sexuelle, les mâles se concentrent dans les arènes. Ces territoires où aucune incubation n'a lieu sont réservés à la séduction des femelles et à la fécondation[104]. Les paradisiers *(Ptilonorhynchidae)*, qui vivent en Nouvelle-Guinée et en Australie, sont connus. Chez ces oiseaux, les mâles sont dispensés des soins au frai. La femelle construit son nid elle-même et y couve ses œufs. Pour attirer les femelles, les mâles fabriquent, à l'aide de brins de paille, une sorte d'allée menant à une piste de danse. Certaines espèces l'aménagent autour d'un arbrisseau. Les mâles la garnissent de pierres, de mousse, de fleurs, de petites plumes, de coquilles d'escargot, et, depuis que l'homme occidental laisse des traces de son passage au plus profond de la forêt tropicale, de boutons, de boucles, de capuchons de stylos, de pinces à linge et autres objets. Les mâles d'une espèce d'Australie, l'oiseau satiné *(Ptilonorhynchus violaceus)*, d'une couleur bleu sombre brillante, ne rassemblent pas n'importe quels ornements mais les sélectionnent rigoureusement. Ils se limitent à ceux qui ont la couleur de leurs plumes et de leurs yeux : le bleu. Comme s'ils voulaient se fondre dans l'environnement. En outre, ils peignent leurs clairières de pulpe de fruits et utilisent parfois à cet effet, en guise d'outil, un morceau de liber qu'ils tiennent dans leur bec « *to act as a combination sponge and stopper*[114] ».

Les mâles des espèces grises érigent des constructions sophistiquées, « compensant » ainsi leur couleur terne, tandis que, chez les espèces vivement colorées, les édifices sont délabrés. Les femelles parcourent le territoire, jugent la qualité des constructions et des décorations et laissent les mâles parader indéfiniment avant de désigner l'élu auquel elles céderont. Cette sélection sexuelle est sévère. Les mâles se disputent âprement les meilleures places pour construire des arènes, et ceux qui possèdent un bon endroit s'accouplent relativement souvent. En outre, ils se volent leurs ornements et, s'ils en ont l'occasion, détruisent les constructions de leurs rivaux[115]. Collias et Collias supposent que ce comportement de bâtisseur s'est manifesté au moment où les mâles ont été dispensés des soins au frai – la façon dont cette situation s'est installée constitue un autre problème en soi. La sélection naturelle a probablement favorisé l'usage de tous les objets que les femelles trouvent attrayants. Dès qu'il a été dispensé du devoir de fabrication du nid, le mâle disposait sans doute encore du pouvoir et de la motivation de « jouer » avec les matériaux de construction. Mais, au cours de l'évolution de ce comportement, il aurait collectionné d'autres objets encore pour attirer la femelle. Affranchie de sa fonction originelle, l'accumulation de matériaux de construction du nid serait devenue symbolique. L'une des espèces qui a connu cette évolution garnit son allée de fleurs. Tous les jours, le mâle remplace celles qui sont fanées par d'autres, plus fraîches, qu'il a soigneusement sélectionnées[115]. Le lac Malawi abrite également de nombreuses espèces qui ont des arènes de parade nuptiale, que les mâles divisent en petits espaces où chacun reçoit des femelles. Parfois, ils y creusent des trous peu profonds où celles-ci déposent leurs œufs, parfois aussi ils construisent des châteaux de sable. Les critères selon lesquels les femelles choisissent leurs partenaires ne sont pas uniformes. On a observé, chez une seule espèce, *Cyrtocara argyrosoma*, que les femelles donnent la préférence aux mâles qui occupent une position centrale dans l'arène. Seuls les dominants plus âgés peuvent conquérir et conserver cette place. Chez d'autres espèces, les femelles élisent les mâles qui ont le plus gros château de sable, mais qui ne sont pas toujours, tant s'en faut, les plus grands [52].

Il en va tout autrement sur l'épais tapis de nénuphars des baies abritées du golfe de Mwanza. En ces lieux idylliques couvent les jaçanas marron au cou et aux joues blanc crème. Dans les mini-territoires qui composent l'empire d'une colossale matrone jaçana, de frêles mâles couvent les œufs sur un lit de lis. Perchée sur des serres d'une longueur inimaginable, la femelle polyandre patrouille dans son domaine. Elle est plus lourde, plus forte, plus dominatrice et agressive que les mâles qui n'ont pas grand-chose à proposer. Comment ce renversement des rôles, assez rare, s'est-il installé ?

Comme on l'a dit, les femelles sont généralement moins enclines que les mâles à abandonner leurs petits, une caractéristique peu favorable à la polyandrie. Chez de nombreux oiseaux, les deux parents dispensent les soins pratiquement à parts égales et, de temps en temps, se développe un système de polyandrie. Si un climat défavorable ou l'action intensive de prédateurs a entraîné de lourdes pertes d'œufs et de jeunes, il peut être avantageux pour le mâle de couver le frai tout seul. Pour autant que, face à cette situation, la femelle soit en mesure de produire rapidement de nouveaux œufs. C'est le cas chez le jaçana. La femelle, de grande taille, dispensée de l'épuisante incubation, s'est spécialisée dans la ponte. Si cette productivité massive fournit plus d'œufs que ne peuvent en couver les mâles disponibles, ces derniers sont en nombre trop restreint. Les rôles sont inversés. A présent, les mâles sont les représentants du sexe déficitaire pour la conquête desquels les femelles rivalisent ; et celles-ci, eh oui, deviennent plus fortes, plus dominatrices et plus agressives que leurs partenaires [104].

Le psychologue et zoologiste Barash écrit :

> Chez les humains, ce sont les conventions culturelles et surtout religieuses qui déterminent les règles sociales et les accords de

> mariage, (…) indépendamment de la règle écologique qui, au niveau régional, serait la plus adéquate. Donc le maximum de quatre femmes imposé chez les musulmans et la politique judéo-chrétienne de la monogamie peuvent être jugés biologiquement justes ou injustes, mais ils sont probablement apparus tous deux pour des raisons totalement étrangères à leur utilité écologique ou leur objectif d'évolution.

C'est fort possible, mais ne perdons pas de vue qu'il vaudrait la peine de rechercher quelles sont les situations dans lesquelles une évolution culturelle rapide entrave l'évolution biologique lente et quelles sont celles où ce n'est pas le cas [116].

Quel contraste entre Moulay Ismail le Sanguinaire, un souverain marocain qui engendra 888 enfants enregistrés, et les cinq Tibétains dociles qui passent toute leur vie sous le joug d'une seule femme. Le souverain du harem occupait une position de force qui lui permettait de monopoliser de grands nombres de femmes, mais comment la Tibétaine a-t-elle obtenu cinq hommes assez fous pour rester auprès d'elle ? Tout d'abord : les hommes qui partagent une femme sont apparentés, ils sont frères. Ils possèdent un lopin de terre dont ils tirent tout juste de quoi assurer leur subsistance et payer les impôts dus aux seigneurs. Quand les frères unissent leurs forces, ils arrivent à s'en sortir, mais il est très important que la terre ne soit pas morcelée. Pour cela, il faut qu'il n'y ait qu'un seul mariage par génération. Pour les frères les plus jeunes, cela peut avoir un goût amer. Au moment où ils peuvent prendre femme, la pauvre matrone est devenue une petite vieille toute ridée. Et il n'est pas rare que les jeunes frères se retirent dans un cloître et se fassent moines [106]. Même si l'explication néo-darwiniste du fait que des frères s'accouplent avec la même femme n'est sans doute pas convaincante, il est relativement certain que les facteurs écologiques y jouent un rôle.

Dans l'aquarium, sous mes yeux, quelques mâles d'*Haplochromis argens* exécutent la danse nuptiale devant la même femelle. Ces animaux se seraient-ils enfin habitués à moi ? A plusieurs reprises, la femelle dépose des œufs dans le nid du même mâle, puis le quitte et suit un autre mâle, qui ne possède pas de nid, dans la moitié supérieure de l'aquarium. Là, ils tournent tous les deux en rond jusqu'à ce que la femelle ponde un œuf qui descend lentement. A la vitesse de l'éclair, elle se retourne et le happe. Un groupe d'autres poissons se précipite sur elle. Lorsque le calme est revenu, la scène se répète un certain nombre de fois. Cette espèce n'en serait-elle plus réduite à faire un nid ? Une espèce de furu détachée du fond ? Cela pourrait offrir des perspectives d'évolution. Lorsque la femelle a lâché ses œufs, j'appelle Melle qui travaille dans le couloir de l'Institut. Je lui raconte ma découverte, mais il ne manifeste guère d'enthousiasme.

– Il faut que tu observes le phénomène une bonne centaine de fois avant d'affirmer que cette espèce peut pondre dans la colonne d'eau. A ta place, j'irais travailler. Tu abordes sans cesse un nouveau problème.

– Mais tu ne trouves pas ça chouette ?

– Bien sûr, mais comme ça tu n'arriveras à rien.

– Certaines personnes tirent leur inspiration des grands espaces, d'autres des profondeurs. Où est le mal ? dis-je pour ma défense.

– *Bwana Tesi*, le temps des généralistes est révolu. Tu dois te spécialiser. Attache-toi à un travail et poursuis-le pendant trente ans. Ainsi tu t'en sortiras peut-être.

Combien de temps ai-je encore avant de rentrer aux Pays-Bas ? Qu'est-ce que j'étais en train de faire, déjà ? Nous avons affaire à un essaim d'espèces. C'est clair. De ça, je ne dois pas me soucier. Établir un arbre généalogique, je laisse ça aux chercheurs en biologie moléculaire. Vérifier si le comportement d'approvisionnement et la formation de l'appareil de captation de la nourriture ont atteint un état optimal au cours de l'évolution. Ils peuvent faire cela beaucoup mieux en laboratoire avec des aquariums étanches et des pompes qui fonctionnent. La sélection sexuelle et l'apparition des espèces alors ? Non, ces sujets sont bien trop vastes pour qu'on puisse vraiment les faire progresser en quelques années. En cela, Melle a raison. Mais il est un point essentiel qui n'a pas encore été abordé jusqu'à présent. Comment est-il possible que le lac Victoria abrite un nombre aussi élevé d'espèces d'un même groupe trophique ? Comment se fait-il que des individus d'espèces différentes qui vivent des mêmes ressources alimentaires ne se font pas une concurrence acharnée ? Avec un peu de chances, j'arriverai encore à comprendre cela.

VII

La niche : la structuration des communautés

Des centaines de copépodes gisent dans une coupelle placée sous l'objectif du microscope. Depuis des mois déjà, je suis vissé à l'appareil. L'un des crustacés fixe sur moi un œil gigantesque à demi broyé. Je trace un trait dans mon livre de bord. J'essaie de déterminer le nombre de ces cyclopes contenus dans un litre d'eau à l'endroit où séjournent les furus qui se nourrissent de zooplancton. Puis la lumière s'éteint et les cyclopes disparaissent dans un trou noir circulaire.

Dehors, des cercopithèques vadrouillent dans l'herbe sèche à la recherche de *mapera*, des fruits gonflés de graines. Un tumulte se déclenche à propos d'un fruit qu'un singe saisit sous le nez d'un autre. Partout autour de moi, des animaux rivalisent pour se procurer nourriture et espace. Congénères, mais aussi animaux d'espèces différentes. La concurrence est tantôt indirecte, lorsqu'une nourriture, commune à plusieurs animaux, existe en quantité limitée, tantôt directe, comme celle de ces singes qui se battent entre eux. Mais il est frappant de constater que, tandis que j'observe ainsi ces phénomènes incidemment, je ne les découvre pas là où je les cherche, c'est-à-dire chez les furus. Il n'est pas douteux que la plupart des observateurs voient ce qu'ils veulent voir. Et moi, je ne veux pas voir ? Bien sûr que si, j'échafaude des tas d'hypothèses, mais je ne vois vraiment rien.

Vais-je mesurer des poissons jusqu'au retour de l'électricité ? Des rangées de seaux de plastique attendent le long des murs. Ils contiennent les furus que j'ai rassemblés tout au long des années. Quelle hécatombe j'ai provoquée ! Il y a là des milliers de mangeurs de zooplancton appartenant à une dizaine d'espèces différentes. Capturés à divers moments de la journée, en divers endroits du golfe de Mwanza, dans des conditions de ressources nutritives très variées. Il faudra encore des années avant qu'on ait étudié tous ces échantillons. J'ai déjà les doigts tordus et ridés. Mais, trêve de mesquinerie ! Il y a pire qu'un biologiste qui, tandis qu'il met des poissons dans le formol, se transforme lentement lui-même en un animal caoutchouteux décalcifié.

Chaque fois que cette odeur me fait tousser, je me retrouve dans l'un de nos musées d'histoire naturelle d'Europe. Dans les catacombes du bâtiment datant du début du XIXe siècle, je rinçais des furus pour les débarrasser du formol et les plaçais ensuite dans l'alcool, un conservateur bien meilleur, mais souvent difficile à trouver sous les tropiques. Lorsque les vapeurs de formol m'irritaient les yeux au point de m'empêcher de poursuivre mon travail, je quittais la salle pour aller admirer l'immense collection du rez-de-chaussée. Il fallait d'abord monter un escalier de fer duquel, en levant les yeux, on pouvait voir, très haut, le squelette d'une baleine. Enchaîné à des galeries métalliques, il pendait là tel un dieu lessivé aux petites mains élégantes. Échoué un jour sur le sable, événement qui fit grand bruit, et exposé maintenant dans ce mausolée. Il régnait toujours un silence de mort dans ce bâtiment. Parfois, pour le rompre, j'ouvrais le robinet. Ou bien je marchais un peu pour me rassurer au son de mes pas sur le fer profilé. Au cours de l'une de ces promenades, j'ouvris au hasard deux portes métalliques et allumai la lumière. Dans une armoire de la taille d'une pièce, il y avait des buffles d'Afrique ayant tous la tête tournée du même côté et la patte antérieure droite légèrement levée. Faisant leur premier pas dans cet espace, ils avaient été pétrifiés dans l'« attitude où ils se trouvaient ». Depuis combien de temps étaient-ils là, le regard bonasse, presque niais, à fixer la paroi blanche de l'armoire, comme si le film pouvait repartir à tout moment ?

Des éléphants voisinaient avec les buffles, deux mâles, placés côte à côte, regardant vers le sud et deux femelles, côte à côte elles aussi, fixant le nord, leurs mamelles d'un rose sale poussiéreuses entre leurs pattes antérieures. En dessous de l'une des femelles, se dressait un éléphanteau aux orbites vides. Un sachet de plastique contenant trois yeux de verre lui pendait au cou. Juste devant lui, des morceaux de savane de plastique étaient empilés, accompagnés de l'inscription : « Le paysage a été prêté, s'il n'est pas présent ici. »

Bon, au boulot, la savane, ce n'est pas mon rayon. Je rejoignis la cage d'escalier et redescendis dans les catacombes. Chercherais-je une fois de plus le cœlacanthe ? Il doit se trouver par ici. Mais où ? Autrefois, j'avais passé en revue et examiné à mon aise tous les pots. Il était peut-être sous cette cloche de verre peinte en noir rangée à l'écart, assez grande apparemment pour contenir un spécimen adulte. Je m'agenouillai et amenai prudemment la cloche à moi. Le couvercle, dont le bord avait été enduit de graisse, céda difficilement. Je le mis sur le côté et fis un pas en arrière. La cloche contenait une tête humaine. J'avalai, toussotai, la main devant ma bouche, et sentis l'odeur du formol. Il me semblait que je devais refermer le bocal, mais ne pus m'empêcher de jeter un dernier coup d'œil à l'étiquette. La tête jaunie avait appartenu à un Africain et se trouvait dans cette collection depuis près d'un siècle. Un anatomiste avait, un jour, commencé à travailler à la joue gauche, dont la peau et quelques muscles avaient disparu. A l'aide d'une longue pince, je sortis de l'alcool un petit tube transparent contenant un morceau de papier roulé. Il y était écrit : « *Musculus* (illisible) et *musculus risorius* au département d'histologie. 712-912. JJH. » Le *risorius* était découpé en coupes très minces. Un réductionniste s'était-il égaré en cherchant la nature du rire ? Où était le reste du corps ? Le propriétaire de la tête avait-il signé un acte stipulant que tel devait être son sort ? Deux grandes mains s'abattent sur mon épaule. Je me retourne d'un trait et me lève. Ah ! Melle. Te voilà enfin.

– Un embouteillage entre Mwanza et Nyegezi, dit Melle, en se dirigeant vers la fenêtre. Regarde, *lateralis*. Là, tu ne le vois pas ? Ce caméléon. Près de cette motte de gazon.

Melle prend de quoi écrire, un scalpel et un laryngoscope et disparaît vers son poste de travail dans le couloir.

Je longe la réserve de poissons conservés dans le formol. « *Bottom trawl night*, 25-12-83 » est-il indiqué sur le premier seau de la rangée. J'ai écrit sur mon carnet : « Nuit de Noël sur le lac. Ai fui le Père Noël du club nautique. Sur l'eau avec Mhoja et Elimo pour célébrer, sous un ciel clair et étoilé, la pérennité de la lumière d'ici. »

J'ouvre le robinet pour rincer les poissons trempés de formol, mais en vain. Il n'y a pas d'eau, rien qu'un râle et des crachotements. Je sors en flânant de mon bureau et traverse le couloir en direction de la salle de réunion de l'Institut. « Tanzanian Research

Institute for Aquatic Ecology », peut-on lire au-dessus d'un tableau d'affichage. Il n'y a personne. Quelques lézards se glissent à travers les grilles vers l'extérieur. Dans le jardin, un petit être semblable à une belette rayée, une mangouste, se dresse sur ses pattes postérieures dès qu'elle m'aperçoit et donne l'alarme en produisant un pépiement aigu, imitée aussitôt par six autres qui se hissent également pour voir ce qui se passe. Elles prennent la fuite et le silence retombe.

Au mur, la photo en noir et blanc de Nyerere. De longues tables de bois se dressent au milieu de la vaste salle. Les chaises assorties ont été soigneusement rangées sur le côté. De nombreux ouvrages de biologie garnissent les rayons d'une bibliothèque. Ils sont tous écrits en russe, coréen ou japonais, sauf deux : un livre en allemand, *Siamesische Zwillinge beim kleinen Maulbrüter*, et un mémoire dactylographié en anglais qui tord le cou à l'idée selon laquelle les chats seraient doués de télépathie. Prenez une chatte et sa nichée. Séparez temporairement la progéniture de sa mère en plaçant celle-ci en compagnie d'un chercheur dans le grenier d'un bâtiment, tandis que les chatons sont amenés auprès d'un autre chercheur dans la cave. A un moment convenu, le chercheur de la cave pince les chatons à la queue. Le chercheur du grenier observe attentivement les réactions éventuelles de la chatte… Je remets le mémoire à sa place. Le contenu de cette bibliothèque me surprend. Ceux qui l'ont constituée voulaient-ils éviter à tout prix qu'un écologiste tanzanien y trouve quelque intérêt ? Ou, sans être malveillants, manquaient-ils un peu de sens pratique ?

Je quitte la basse construction de béton et traverse le patio vers la sortie de l'Institut. La grille d'entrée est fermée, mais je la secoue, réveillant aussitôt l'*askari*, le gardien, qui s'était endormi dans sa loge. « *Ndugu*, camarade, tu repars ? » dit-il amicalement en ouvrant la grille. Je descends lentement le sentier sablonneux. Après quelques centaines de mètres, j'aperçois, dans le lointain, un minibus qui approche en sifflant, tout auréolé de poussière d'or. Ce sont les Russes, pilotes et mécaniciens des bombardiers. Ils viennent se baigner ici toutes les semaines. Le minibus est garé le plus près possible du bord du lac. La portière coulissante s'ouvre et les Russes grassouillets sortent en caleçon de bain. Ils font le pas de gymnastique sur place. Dès que le dernier homme est sorti du minibus, ils franchissent craintivement le bas-côté et plongent dans l'eau. Du sentier, je leur fais signe. Savent-ils qu'il est presque impossible d'échapper à la bilharzie dans cette eau chaude et stagnante ? Tout à l'heure, ils seront assis dans leurs bombardiers, le ventre plein de vers. Si seulement ils voulaient bien parler. Que penseraient-ils en apprenant que la littérature spécialisée fournie aux biologistes tanzaniens est écrite en russe ? Faisons encore un signe. Les hommes nagent plus près les uns des autres comme s'ils se savaient menacés par un danger. Quelques instants plus tard, leurs corps blafards ressortent de l'eau. Au petit trot, ils rejoignent le minibus, la portière coulissante se referme et les voilà repartis.

Je retourne au petit lopin que le comptable de l'Institut a aménagé. Pieds nus, jambes de pantalon relevées, il travaille la terre à l'aide d'une bêche. A mon appel, il se retourne. Il se penche, ramasse quelque chose et met les mains dans le dos. Dès que nous sommes face à face, il me montre ce qu'il cachait, deux tomates qu'il arbore fièrement : « Les premières de mon jardin. Elles sont pour toi. » Je prends le cadeau et le remercie chaleureusement. Je n'ai perçu que plus tard l'importance du moment. Car la vue de ces tomates rutilantes avait cristallisé, en quelques heures, une masse informe de connaissances livresques et d'hypothèses sur la niche écologique, en un tout cohérent.

L'Institut. Qui y travaille, à part le comptable et les gardiens ? Environ trente Tanzaniens : biologistes, assistants, techniciens, pêcheurs, gestionnaires, secrétaires, un téléphoniste et une jeune fille préposée au café. Et puis, nous, les invités. Notre salaire, qui vient de l'Occident, est environ vingt fois supérieur à celui d'un biologiste autochtone. Nous pouvons gagner notre vie en exerçant notre métier de biologiste. Mais les Tanzaniens ? Ils ne peuvent pas s'en sortir avec le salaire que leur verse l'État.

La première à ruer dans les brancards fut la limnologue. Cette chercheuse avait abandonné l'espoir de voir arriver les subsides qui lui auraient permis d'acquérir un photomètre coûteux sur lequel elle avait jeté son dévolu. Et elle n'avait l'intention ni de « jouer les échassiers » avec un filet à plancton ni de se salir les mains à bord d'un chalutier. Elle n'avait pas fait cinq ans d'études en Amérique, loin de sa famille et de ses amis, pour en arriver là. Avait-elle décroché le titre de docteur pour être autorisée à recenser des larves de moustique, pour un salaire de misère, dans l'arrière-pays tanzanien ? Un matin, dans son laboratoire, elle fit voler en éclats quelques matras de verre et sortit. Pendant quelque temps, elle ne reparut plus à son travail, mais un jour on la revit, une bêche sur l'épaule. Elle défricha un morceau de terrain au pied de l'Institut. Elle y consacre maintenant ses journées à la culture des tomates.

Elle fut suivie assez vite par son assistant, qui portait le nom merveilleux de « Parti de la Révolution ». En mal de missions, celui-ci bêcha une autre parcelle de terre pierreuse. Le téléphoniste aussi vit maintenant pour et de son potager. Pendant des années, il dorlota son téléphone, le bichonna et empêcha quiconque de lui emprunter son jouet. Lorsqu'il composait un numéro, il s'approchait de l'appareil et l'effleurait avec un respect religieux. Il attendait impatiemment le moment où le son d'une voix retentirait dans l'écouteur, ce qui, en tant d'années, n'arriva pas une seule fois, à son grand regret. Le comptable, les secrétaires, le gestionnaire, la jeune fille du café et bien d'autres connurent un sort analogue. Après avoir occupé des fonctions diverses dans l'Institut, ils abandonnaient leur rôle trop étriqué et, dans l'attente de jours meilleurs, se réfugiaient tous dans la même niche : une existence consacrée à l'agriculture.

Je retourne au laboratoire, méditant sur la convergence des niches observée pendant cette période difficile. Dans le patio, deux gardiens dansent sur le *Stabat Mater* de Pergolèse qui retentit à travers les couloirs. La musique de Melle. A mon passage, les gardiens me font signe en disant : « *Safi sana*, très bien, ils chantent comme des nonnes, *kama masister*, eh ! » De temps en temps, la voix sereine du contre-ténor est couverte par le bêlement d'une chèvre, attachée au pied d'une table de travail.

– Je viens de l'échanger contre deux montres, dit Melle, lorsqu'il m'aperçoit. Je n'ai pas l'intention de me culpabiliser de cela.

– Melle, as-tu vu tous ces lopins surgir autour de l'Institut ? Les gens ont renoncé à leur fonction initiale. La différenciation des niches a disparu, dis-je.

Melle pose son scalpel et croise les bras :

– Tu as déjà roulé le long du lac en direction du Kenya ? Mon bonhomme, tu ne sais pas ce que tu vois. Là-bas, ils prennent des montagnes de perches du Nil. Ces hameaux endormis changent d'aspect à la vitesse de l'éclair. Des hordes de gens y affluent de l'extérieur. Tous y trouvent du travail grâce aux perches. Tu fouilles dans cette mare de boue opaque pour trouver quelque chose sur la différenciation des niches, mais ça se passe devant ton nez.

– Comment ça, dis-je. Un village, ce n'est tout de même pas comparable à une baie peuplée d'espèces biologiques ? La métaphore est jolie, mais…

Melle ne me laissa pas m'exprimer :

– Les Sukuma, tu le sais, sont avant tout des agriculteurs. En outre, ils élèvent du bétail et prennent de temps en temps un poisson. Mais que se passe-t-il maintenant que le nombre de perches du Nil augmente ? Les gens qui ont de l'argent se recyclent dans la pêche. Ils en font leur métier. Ils y sont bien obligés s'ils veulent rentrer dans leurs frais, tant ils investissent en filets et en bateaux. Pour la première fois, on voit des pêcheurs sukuma professionnels, et ce n'est qu'un début. Le commerce en gros des perches du Nil est en marche, mais il y a aussi de petits négociants qui achètent les poissons au panier ou à la pièce. Toute une industrie de traitement se met en place. Dans quelques années, ces villages seront méconnaissables. Nettoyer les perches du Nil, les fumer, les cuire, les faire sécher au soleil après la salaison. Il y a déjà des gens qui en vivent. Ces opérations deviennent des professions. Même le traitement des vessies natatoires et le chauffage de l'huile extraite des viscères sont des métiers. Et puis, il y a tous ceux que ce poisson attire : constructeurs de bateaux, commerçants en bois de chauffage pour le fumage, broyeurs de sel, restaurateurs, marchands d'articles de pêche, fabricants de vélos. C'est sans fin. Si tu t'intéresses à l'apparition de la différenciation des niches, je te conseille de regarder tout cela. Le mécanisme fonctionne sous tes yeux.

Melle se lève pour préparer le thé.

– La concurrence est terriblement dure. Les jeunes roublards de la ville font de gros bénéfices. Ils achètent les meilleurs poissons et les exportent à l'étranger. Le reste est vendu aux commerçants locaux, presque exclusivement des hommes. Pour les femmes, c'est très difficile. Elles sont maintenues dans une position marginale. Je pense qu'elles tirent beaucoup moins de profit de la perche parce qu'elles n'ont pas d'argent. Elles donnent de la farine de manioc aux pêcheurs en échange de poissons invendus, conclut Melle [117].

Il verse le thé dans une Thermos et dit :

– Si tu veux mon avis, tu perds ton temps.

– Comment peux-tu dire ça ? Des gens qui exercent divers métiers ne sont tout de même pas comparables à des espèces biologiques. La différenciation des niches dans un tel village n'est pas causée par la sélection naturelle. Ce bouleversement se produit en quelques années. Aucune variation de fréquence de gènes n'intervient dans le processus. Bientôt, c'en sera fini de la perche du Nil et, sans qu'on s'en rende compte, on aura de nouveau ici de paisibles villages d'agriculteurs. Ces changements n'ont rien à voir avec l'évolution génétique. Peut-être la concurrence entre les habitants d'un village est-elle comparable, dans une certaine mesure, à celle qui existe entre furus appartenant à la même espèce, mais si la concurrence entre espèces différentes a également joué un rôle important, la comparaison ne tient plus du tout.

– Peut-être l'évolution génétique a-t-elle été dirigée par l'évolution culturelle, dit Melle.

– Attends un peu, pas tout à la fois. Supposons un instant que notre petit coin du golfe de Mwanza soit comparable à un village [66]. Dans ce petit domaine, on trouve douze espèces de mangeurs de déchets, dix-sept de mangeurs de zooplancton, vingt-six de piscivores, dix de pédophages. C'est exactement la même chose qu'un village comptant douze boulangers, dix-sept épiciers, vingt-six bouchers, dix laveries automatiques et ainsi de suite. Étrange village, car comment est-il possible qu'il y ait assez d'espace économique pour autant de personnes exerçant le même métier ? Comment peuvent-ils coexister sans qu'une concurrence féroce les oppose pour gagner la clientèle, au point que, finalement, seuls quelques représentants de chaque profession aient la possibilité de subsister ? Une communauté d'agriculteurs se transformant, en quelques années, en une communauté différenciée de pêcheurs, voilà qui mérite assurément d'être suivi de près. Mais ce n'est pas cela que je cherche. Les furus se comparent mieux aux pinsons de Darwin, je pense. Ce que je voudrais savoir, c'est si ce sont des pinsons de Darwin nageurs.

Aux îles Galapagos vivent treize espèces de pinsons, chacune étant adaptée à l'ingestion d'un type déterminé de nourriture [118]. Cette diversité des régimes, tout biologiste, n'aurait-il même jamais vu un pinson de Darwin manger, aurait pu la prévoir en se fondant sur la forte variabilité de la forme et des dimensions de leur bec. Chez chacune des différentes espèces, celui-ci ressemble, en gros, à une pince : pince universelle, pince coupante, pince plate, clé à molette, etc. Les formes des becs des pinsons sont adaptées à leur tâche spécifique. Il m'est facile de le déclarer maintenant, mais il en a coûté des années de travail à un groupe de biologistes pour vérifier expérimentalement cette affirmation [5]. La forme et les dimensions de son bec déterminent le type de nourriture qu'un oiseau peut, en principe, absorber. Mais le choix effectif d'une nourriture particulière dépend surtout de la disponibilité de celle-ci, de la difficulté que l'oiseau éprouve à la traiter et de sa valeur énergétique.

Certains pinsons vivent dans les arbres et mangent principalement de petits insectes, des araignées et du nectar. Il en existe un, végétarien, qui se nourrit de fruits, de feuilles et de bourgeons. D'autres arboricoles picorent insectes et araignées dans le bois mort. Ceux qui vivent sur le sol mangent des graines qu'ils craquent au préalable. Et, tout comme chez les furus, on trouve des spécialistes qui se procurent de la nourriture d'une étrange façon ; ainsi, les pinsons des îles Darwin et Wolf ouvrent, de leur bec pointu, les veines des oiseaux marins et s'abreuvent de leur sang.

Tout comme la Tanzanie, les îles Galapagos connaissent une alternance de saisons humides et sèches. A mesure que la saison sèche s'avance, les pinsons trouvent de moins en moins de fruits et de graines et, à la fin de la période, beaucoup d'entre eux sont morts de faim.

Les régimes de trois pinsons vivant au sol (espèces *Geospiza*), comparés entre eux au commencement et à la fin de la saison sèche, présentaient le tableau suivant. Au début, quand la nourriture est encore abondante, les trois espèces mangent des fruits tendres, faciles à manipuler, des graines et des chenilles. Leurs régimes coïncident en grande partie et qui n'observerait ces oiseaux qu'à cette époque de l'année conclurait à tort que ces trois espèces occupent la même niche écologique. Plus tard, à la fin de la saison sèche, la similitude des régimes a fortement diminué, chaque espèce se limitant au type de nourriture qui correspond le mieux à la constitution de son bec. La relation entre la forme de celui-ci et le régime n'apparaît donc clairement qu'en période de pénurie alimentaire. Seul l'observateur qui examine les oiseaux en ces temps difficiles découvre la valeur adaptative des différences de forme et de dimensions du bec : on parle d'adaptations « de goulot de bouteille [5] ».

Les différentes espèces de pinsons ont chacune leur propre niche écologique. La lutte pour la nourriture a probablement joué un rôle important dans l'apparition de cette différenciation. Mais qu'en est-il chez les furus ? Les diverses espèces d'un même type trophique, comme les piscivores, occupent-elles chacune une niche particulière ? Il existe une différenciation des niches entre les piscivores, les briseurs d'escargots, les mangeurs d'algues et autres groupes trophiques, mais qu'en est-il au sein d'un même groupe ? Les individus qui le composent se côtoient-ils au hasard et jouent-ils le même rôle dans l'écosystème ? Chassent-ils ou broutent-ils de la même façon et consomment-ils la même nourriture ? Si oui, il y a quelque chose qui cloche.

En fuite devant le Sungu Sungu

Un dimanche matin, je trouve devant ma porte un garçon portant une lettre du directeur de l'Institut : *« Could you please visit me in the afternoon. Best regards, in Jesus' name, Katonda. »* L'après-midi, je descends la montagne en flânant pour rejoindre Katonda, qui habite une petite maison proche de l'Institut. Dès mon arrivée dans la cour, je suis assailli par une nuée d'enfants turbulents. Katonda m'accueille et me parle avec animation de la sécheresse, de son ambition de faire de la politique et du problème des perches du Nil. Avant d'aborder chaque nouveau sujet, il me demande si je n'ai pas oublié ma promesse de lui donner un réchaud à gaz à quatre becs avant mon départ.

– J'ai quatorze bouches à nourrir, dit Katonda en riant, tandis qu'une masse de gosses se pend à ses basques et grimpe sur lui. Il s'agit non seulement de ses propres enfants, mais aussi de neveux et nièces dont on lui a imposé la charge eu égard à ses confortables revenus.

L'un des bambins traverse la pièce en courant, une plume de poule à la main et dit : « Je vais te tuer, je vais te tuer. » Et, d'un geste menaçant du bras, il fauche l'air devant la plume.

– Pourquoi m'avez-vous fait venir ? demandé-je.

– *Right. This is an important topic*, dit Katonda d'un ton grave, puis il poursuit en swahili : As-tu déjà vu les Ougandais ? Ils sont arrivés. Mais nous n'avons pas de maison pour eux. Je me suis renseigné partout, toutes les maisons de l'Institut sont louées et, comme tu vois, cette pièce atteint tout doucement la saturation.

Katonda se penche en avant et frappe dans ses mains pour chasser une poule qui s'était installée sur la planche inférieure de la bibliothèque plutôt dégarnie.

– *You are living alone in the house on the hill. So I thought... these people are coming to do research with you. If you want to educate them, it is better that they stay with you day and night.*

– Je ne veux absolument former personne, dis-je.

Mais Katonda insiste.

– Tu connais l'histoire effrayante de ces gens. Ils ont survécu à la terreur qui règne en Ouganda. Ils comptent sur notre aide et moi sur la tienne.

– Provisoirement, alors, dis-je.

Le soir même, les Ougandais sont à ma porte. Des étudiants ? Ces hommes ont au moins dix ans de plus que moi. Pères de famille qui ont laissé en Ouganda femme et enfants pour décrocher un titre scientifique. Les Ougandais ont des prénoms anglais : Bill, Graham et Francis. Quant à leurs noms de famille, je ne les ai compris qu'à moitié. Je désigne une chambre à chacun d'eux. Ils défont leur valise et reviennent dans la pièce centrale qui, à cette minute, est devenue l'espace communautaire. Nous prenons le café et ensuite nous nous retirons. Je m'étends sur mon lit et, satisfait, je repense à cette journée : finalement, ce sont des clandestins. Mais je n'ai pas compris la remarque de Francis : *« Amin was not so bad. »* Comment une telle phrase a-t-elle pu lui venir aux lèvres ? Bill et Graham ne l'avaient pas contredit. Étais-je si mal informé ? Ou Katonda m'avait-il collé trois membres du parti d'opposition ? Pas étonnant qu'ils n'aient pas trouvé de logement. Cette nuit-là, je dormis très peu.

Le lendemain matin, je suis réveillé au lever du jour par les clandestins qui, ayant découvert une cassette de Archie Shepp, l'écoutent en ayant mis le volume à fond. Je me lève et les trouve en train de prendre le petit déjeuner dans l'espace communautaire.

Ils boivent du thé et mangent du pain qu'ils ont eux-mêmes amené. Ils m'invitent à leur table. Quand, l'air maussade, je leur explique que je ne me lève qu'à sept heures, Graham dit en riant : *« Unusual. »* J'arrête la musique et retourne dans ma chambre. Parfaitement éveillé, j'attends qu'il soit sept heures. Lorsque je réapparais, les Ougandais ont disparu. Ce matin-là, ils ne se sont pas montrés à l'Institut. Auraient-ils besoin de mon aide ? Pendant la pause de midi, je regrimpe la montagne pour voir s'ils sont là.

Quand j'arrive près de la maison, la porte est grande ouverte. Dans l'espace communautaire, je tombe sur un inconnu ventripotent. Nous nous regardons quelques instants en silence. L'homme tire sur sa moustache.

– Que faites-vous ici, dis-je en préambule.

– Je travaille ici. *Mpishi*, je suis le cuisinier, dit l'homme sur un ton amical.

– Je ne suis pas au courant. C'est ma maison ici.

– Soyez le bienvenu, dit l'homme. Prenez une chaise.

– Où sont les Ougandais ? demandé-je au cuisinier qui prend, sur la table, un tablier qu'il noue autour de sa taille.

– Les Ougandais ? répète-t-il. Prisca, il y a un étranger devant la porte. Il demande où sont les Ougandais.

Une jeune femme sort de la salle de bains en chantant. Elle porte une robe verte sans manches. Elle a les mains pleines de savon.

– *Wamekuenda mjini*, ils sont allés en ville. Tu n'as pas de chance. Ils viennent de partir.

– Vous travaillez ici aussi ?

– Hé ! dit la femme d'un air joyeux. *Nimepata kazi*, j'ai du travail.

– J'habite ici, lui dis-je, tandis que mon regard tombe sur une feuille de calendrier, représentant un alpage suisse, qui n'était pas là le matin.

– Tant mieux, dit la femme. Si tu as quelque chose à laver ?

– Où est la clé ?

– C'est le cuisinier qui l'a, dit la femme.

Je vais me rasseoir et soupire :

– Bien. A Rome comme à Rome.

– Eh oui, monsieur, dit le cuisinier, approbateur. Bienvenue à notre table.

Il me sert une assiette fumante de bananes grillées accompagnées de haricots bruns.

– En tout cas, ça sent bon, dis-je, tout en me demandant où je pourrais bien me cacher désormais.

Sur le lac, peut-être, avec Mhoja et Elimo. Ils risquent d'être appelés à tout moment par le Sungu Sungu, une milice populaire traditionnelle, pour accomplir leur service obligatoire. Depuis peu, cette garde civile est à nouveau active, parce qu'il y a longtemps que la police officielle n'arrive plus à contrôler les vols de bétail et autres délits commis dans les villages. A tout moment, Mhoja et Elimo peuvent trouver devant leur porte des dirigeants du Sungu Sungu, avec leurs couvre-chefs plats tout chargés de plumes de poules, venus les enrôler pour une période indéterminée. Ils n'en ont vraiment pas envie et ont déjà tâté le terrain pour voir s'ils ne pourraient pas se réfugier chez moi pour un temps.

Quand je présente à Mhoja et Elimo mon projet de séjour de quelques semaines sur le lac, ils n'y sont pas opposés. Il y a un seul problème. C'est le ramadan. Ils ne peuvent ni manger ni boire pendant la journée. C'est dur par cette chaleur. Ils se sentent déjà faibles, alors que la période de jeûne commence à peine.

– Et si je cuisine pour vous et veille à ce que, le soir, il y ait des cigarettes et du café ?

– *Sawa, sawa*, très bien, on part quand ?

– Dès que j'aurai établi le programme de notre expérience.

Les jours suivants, je prépare le travail à effectuer sur l'eau. Je rassemble suffisamment de nourriture et de café pour pouvoir tenir une semaine au moins. J'achète aussi un réchaud, du charbon de bois et des allumettes. Cette entreprise m'accable quelque peu. Qu'est-ce que je veux apprendre, cette fois ?

Suivons une chaîne alimentaire arbitraire. Les algues sont mangées par des écrevisses aux dimensions microscopiques. Celles-ci, qui vivent en suspension dans l'eau, sont mangées par les larves d'insectes. Les furus insectivores mangent ces larves. Le poisson insectivore est mangé à son tour par un silure. Après cinq niveaux trophiques, la chaîne se termine. Certaines sont plus courtes, par exemple celle-ci : déchets organiques, furu mangeur de déchets, silure mangeur de furus. Mais elles sont rarement plus longues ; un nombre de niveaux trophiques supérieur à cinq est exceptionnel. Dans un écosystème où vivent de multiples espèces, le nombre de celles-ci par niveau trophique est inévitablement élevé et non le nombre de ces niveaux, ce qui serait impossible d'un point de vue énergétique, comme on le verra au chapitre IX.

Mais pour combien d'espèces par niveau trophique y a-t-il place dans un écosystème stable ? La communauté des furus du golfe de Mwanza arrivera-t-elle vraiment à saturation un jour ? Récemment, au Serengeti, j'ai dû à nouveau réfléchir à ce problème.

Le jour touche à sa fin. Haut dans le ciel, un vautour plane, traçant des signes vocaliques sur le bleu intense, musical presque. Puis, zébrant l'air d'une longue éraflure, il descend en oblique et disparaît dans l'herbe. Je le suis en Jeep et retrouve l'oiseau à tête blanche à quelque distance du cadavre encore fumant d'un gnou. Des hyènes tachetées y farfouillent. Leurs têtes couvertes de sang disparaissent profondément dans le corps mort dont elles ressortent parfois pendant un bref instant. L'une d'elles regarde dans ma direction, puis vers le haut. D'autres vautours approchent. Petits et grands. Certains allongent leur cou déplumé aux teintes vertes et bleues. Il y en a plusieurs espèces : toute une bande de vautours au dos blanc, quelques vautours de Rüppel et un charognard. Pas de vautour noir cette fois. Des chacals mordorés vont et viennent en trottinant derrière les hyènes tout en bavant, sans arriver cependant à s'approcher du cadavre. Outre les vautours, trois marabouts et un corbeau attendent aussi. Ils détournent la tête comme s'ils ne voulaient rien savoir de ce festin sanglant.

Un cadavre fumant. Non, laissons le début, et intéressons-nous au moment où les hyènes et la plupart des chacals s'en vont, rassasiés. Le cadavre n'est plus qu'une carcasse, un corps presque entièrement décharné. C'est tout ce qui reste aux vautours et autres charognards. Ils devront s'en contenter. Six espèces de vautours dont les habitats répartis en Afrique se chevauchent en grande partie. Que se passe-t-il au moment où ils peuvent commencer à manger ? Se jettent-ils tous ensemble sur la carcasse ? C'est ce que je croyais, mais il n'en est rien [119]. Il y a une certaine organisation, une répartition des tâches. Les vautours au dos blanc et les vautours de Rüppel se servent les premiers. Ils tirent du cadavre de gros morceaux de chair tendre. Leur cou déplumé est idéal pour plonger profondément dans la carcasse et, de plus, leur crâne et leur bec sont particulièrement bien adaptés à l'opération de traction. Ces oiseaux ne sont pas bâtis pour faire les mouvements de rotation qui permettent d'arracher des lambeaux de chair ou de peau, comme le font le vautour noir et le vautour à tête blanche. Le vautour moine et le charognard, enfin, jouent un autre rôle écologique dans le nettoyage des cadavres. Ils prennent de petits morceaux de chair autour de celui-ci. Ici aussi, il y a une certaine répartition des activités. Les charognards dénudent surtout les os, les vautours moines picorent les morceaux tombés sur le sol, comme une poule. Souvent, ils tournent encore autour de la carcasse, alors que tous les autres ont disparu depuis longtemps.

Six espèces de vautours qui vivent de la même source de nourriture, mais sont spécialisés dans le traitement de parties différentes de la charogne. Une telle carcasse attire beaucoup d'animaux, parmi lesquels règne une grande agressivité : combats entre congénères essentiellement, mais aussi entre individus d'espèces différentes, surtout s'ils mangent la même chose. Le nombre d'espèces de vautours qui peuvent vivre des carcasses a-t-il atteint sa limite ? Ou y aurait-il encore place pour de nouvelles espèces éventuelles ? Dans ce cas-ci, c'est difficilement concevable, mais il se pourrait qu'il en soit ainsi chez les furus. Non seulement le nombre d'espèces appartenant à des types trophiques courants comme les piscivores, les mangeurs de plancton et les mangeurs de déchets est exceptionnellement élevé, mais ces petits poissons créent aussi toutes sortes de niches qu'un écologiste n'aurait jamais imaginées : pédophages qui retournent les museaux, nettoyeurs, gratteurs d'écailles. Qui a eu le premier l'idée de la laverie ? Tout aussi inventifs que lui, les furus le furent régulièrement, sans en avoir conscience évidemment. Il est rare que les écologistes puissent prévoir le nombre d'espèces que peut encore accueillir une communauté animale ; en tout cas, pour celle des furus du lac Victoria, c'est impossible. Je ne comprends toujours pas qu'il n'y ait que trois mangeurs de phytoplancton, mais plus de cent piscivores. En général, les espèces sont nettement plus nombreuses au début de la chaîne alimentaire qu'à la fin, mais, chez les furus, c'est exactement le contraire.

Il existe sans doute des règles écologiques qui déterminent, dans une certaine mesure, la structure d'une communauté de cichlides [120].

Mais il est difficile de discerner clairement ces prescrits, car beaucoup d'autres influences troublent le tableau. Leur existence est cependant révélée par la comparaison des essaims d'espèces des différents lacs. Dans chacun de ceux-ci, vivent, en gros, les mêmes groupes trophiques, comme les mangeurs d'algues, les mangeurs de zooplancton, les insectivores et les piscivores. On trouve d'étranges spécialistes comme les pédophages tant dans le lac Malawi que dans le lac Victoria. Lorsqu'il annonça, en son temps, qu'il n'y avait pas de mangeurs de zooplancton dans l'essaim d'espèces du lac Victoria, Greenwood créa la surprise. C'était un cas intéressant, celui d'un groupe trophique qu'on trouvait partout, sauf dans ce seul lac. Il s'avéra plus tard que ce dernier abritait bien des mangeurs de zooplancton, plus de vingt espèces même. Mais ces animaux vivent au large, alors que Greenwood avait fait ses observations principalement dans la zone riveraine.

C'est en premier lieu la nature de l'environnement, caractérisée par les conditions physiques, le climat et aussi la disponibilité de la nourriture, qui détermine l'endroit où l'on peut trouver une espèce. En outre, la présence d'autres animaux, concurrents potentiels et prédateurs, peut avoir une grande influence[121]. Une concurrence pour l'utilisation de l'espace et de la nourriture s'installe-t-elle lorsque le nombre d'espèces qui découvrent la même source de moyens d'existence devient trop élevé ? Si c'est le cas, je devrais trouver des indices de l'existence de mécanismes permettant d'éviter cette concurrence – surtout si certaines espèces se ressemblent tellement par l'aspect extérieur et le comportement qu'elles jouent pratiquement le même rôle dans l'écosystème. Dans les années trente, l'écologiste Gause conclut, sur la base d'expériences de laboratoire, que deux espèces qui revendiquent exactement les mêmes sources de nourriture ne peuvent coexister[122]. Du moins si ces sources sont en nombre limité. Au bout d'un certain temps, l'une des deux espèces remportera la lutte et subsistera seule : c'est le principe de l'exclusion concurrentielle. Que reste-t-il de l'hypothèse de Gause dans le golfe de Mwanza, où certains groupes trophiques sont représentés par des dizaines d'espèces ? Un chercheur est censé ne jamais rien espérer – sauf la découverte de la « vérité » –, mais je guettais en silence le moment où le principe d'exclusion concurrentielle volerait en éclats. Un contre-exemple. Une gifle à l'establishment de l'écologie qui se cramponne à quelques rares règles parmi lesquelles cette hypothèse. Quand bien même j'observerais le phénomène de concurrence ou trouverais des indices de l'existence de mécanismes permettant de le contourner, je n'aurais, hélas, rien découvert. Cela voudrait dire que les processus de structuration de la communauté des furus ne sont probablement pas différents de ce qu'ils sont ailleurs. L'essaim d'espèces du lac Victoria pourrait servir de modèle permettant d'expliquer l'apparition de la différenciation dans nombre d'essaimages précédents, plus avancés, comme ceux des marsupiaux d'Australie, des lémuriens de Madagascar ou des tatous d'Amérique du Sud.

Ces pensées se bousculaient dans ma tête tandis que je tournais dans un pot de la bouillie de maïs jusqu'à ce qu'elle prenne la consistance du mastic. Quelques légumes, un petit oignon, quelques tomates, et puis placer le chalut pour prendre un poisson. A l'aide d'un marteau, je concasse quelques grains de gros sel sur la banquette du bateau. Le réchaud à charbon de bois sur lequel je cuis les aliments se trouve sur les caillebotis. Je suis accroupi devant. Le repas doit être prêt exactement une demi-heure après le coucher du soleil.

– Qu'est-ce que vous dites de ça ? De ces Ougandais qui ont engagé, à mon insu, un cuisinier et une blanchisseuse chez moi ?

– Normal, dit Elimo d'un ton neutre.

– Sans cuisinier, on ne peut rien faire, ricane Mhoja.

Elimo radoube un filet dont nous aurons besoin plus tard dans la soirée. Mhoja est à la barre et regarde, hébété, devant lui. Lentement, nous sortons de la baie de Nyegezi. Sur la rive, des feux brillent à travers les buissons. Ce sont les endroits où l'on distille clandestinement le *moshi*, un alcool fort.

– Quel poisson voulez-vous manger ? demandé-je.

– *Sato*, tilapia du Nil, disent Mhoja et Elimo sans hésiter.

– Ce n'est pas facile. Pour cela, nous devons placer le filet contre la rive. Là peut-être, au-delà du sable, le long des rochers.

Mhoja arrange le filet et le lance.

Dans quoi me suis-je embarqué ? J'étais enfin sur le point de découvrir quelque chose et me voilà de nouveau à la tête d'un restaurant flottant. Mhoja et Elimo regardent vers l'ouest. Un ruban de lumière rouge, à la limite de l'air et de l'eau, se rétrécit de plus en plus. Les garçons gargouillent quelque chose en sukuma et allument une cigarette. Ils inspirent profondément et s'affalent. Poussant des soupirs d'aise, ils envoient dans l'air de gros nuages de fumée.

Lorsque, un peu plus tard, nous ramenons le filet à bord, Mhoja dit :

– *Mawe*, des pierres. Nous avons pris des pierres.

Il secoue le chalut et fait un bond de côté pour éviter de recevoir la prise sur les pieds. Eh ! qu'est-ce que c'est ?

Dans la lueur de ma lampe de poche qui éclaire Mhoja, quelques poissons argentés frétillent sur un sac de ciment en plastique entouré de cordes. Mhoja coupe celles-ci à l'aide d'un couteau qu'il sort de la poche de son pantalon, mais il y a également un large ruban adhésif. Mhoja perce le sac, le déchire et le secoue pour le vider. Le fond du bateau est jonché de billets de banque. Des centaines de coupures de cent shillings.

– Hé ! hé ! hé !

Nous regardons l'argent, médusés.

– Maisha, dit Elimo.

– Esther, dit Mhoja.

S'ensuit l'énumération chuchotée de noms de filles, à mi-chemin entre le répons et la prière : « Salomé, Rebecca, Thérésa. » Tandis que Nyerere, le sourire démultiplié, nous observe du fond du bateau.

Après une minute, Elimo dit, tout en farfouillant dans l'argent :

– *Haina maana*, ça ne vaut rien.

– Vieux billets, répond Mhoja. On pourrait encore les échanger ?

– Non, dis-je. On n'a pu le faire que très peu de temps. Pour éviter le blanchiment d'argent sale. Ces billets sont sans valeur.

Je nettoie quelques furus et les mets à cuire.

Mhoja et Elimo remettent les billets dans le sac tout en maugréant contre moi en swahili :

– Qui faisait la queue à la banque pour changer de l'argent pour les Indiens ? Exactement. Pour eux, on peut le faire. Par petites quantités, pour que ça ne se remarque pas.

– Il faudrait les laisser changer leur argent sale eux-mêmes. Mais ça, ils n'osent pas faire. Ils ont bien trop peur d'être pris.

– *Wabaya*, ce sont des mauvais, conclut Mhoja en secouant la tête.

– Et responsables de la chute de la république de Weimar, dis-je entre mes dents, en laissant tomber de haut la bouillie de maïs dans les assiettes Wedgwood, achetées dans le centre d'Amsterdam, le jour de l'anniversaire de la reine.

L'expérience

Pour l'expérience, j'ai choisi les mangeurs de zooplancton. Il y en a au moins quatorze espèces dans le golfe de Mwanza, un nombre qui convient très bien. La moitié d'entre elles sont faciles à prendre. Ce sont des espèces communes. En outre, elles sont de petite taille et tiennent bien dans la main. Mais la raison principale du choix de ces espèces est leur forte similitude de constitution. L'aspect extérieur de ces animaux suggère qu'ils jouent un rôle analogue, sinon identique, dans l'écosystème. Si ces espèces-là ne rivalisent pas entre elles en période de pénurie alimentaire, quelles sont donc celles qui le font ? Si, dans ce groupe-là, je ne trouvais aucun indice de l'existence d'une rivalité ou de mécanismes de prévention de celle-ci, j'aurais tendance à penser que la concurrence n'a joué et ne joue aucun rôle ni dans la formation ni dans le maintien de la structure de l'essaim de furus. Mais j'anticipe. Car y a-t-il vraiment une structure ou les individus de toutes ces espèces se côtoient-ils de manière chaotique, mélangés au hasard comme des boules de loto ?

Il devint assez vite évident que les mangeurs de zooplancton ne sont pas répartis uniformément dans le golfe de Mwanza. L'une des espèces séjourne exclusivement au-dessus des fonds sablonneux, tandis que les autres préfèrent les fonds vaseux. Mais, parmi ces dernières, il y a une certaine division horizontale. Les unes se trouvent surtout dans les baies abritées, d'autres au large du golfe où l'action du vent est plus sensible. Il est aussi un groupe qui ne séjourne que dans les eaux profondes, là où le lac peut être comparé à une haute forêt. A la différence de la savane ou de la toundra, celle-ci possède une troisième dimension, la verticale, le long de laquelle les espèces peuvent se répartir. Dans le golfe de Mwanza, les mangeurs de zooplancton font de même. Si on y place un filet vertical englobant, tel un écran, toute la colonne d'eau, de la surface jusqu'au fond, certaines espèces y nagent toujours à la même profondeur. *Haplochromis argens*, par exemple, un petit poisson argenté à queue rouge, est si fidèle aux deux mètres supérieurs de la colonne qu'on pourrait croire qu'il y est maintenu par une force d'attraction magnétique. D'autres espèces se tiennent de préférence près du fond. Il y a une nette stratification verticale qui rappelle le feuilletage d'une pâtisserie indienne. Mais, outre ces espèces casanières, il en est aussi de migrantes qui, le matin, descendent lentement vers le fond pour remonter à la surface après le coucher du soleil. En fait, elles suivent de près leurs proies qui effectuent ce même parcours. Les différents mangeurs de zooplancton sont isolés les uns des autres dans le golfe de Mwanza où ils possèdent chacun leur propre micro-habitat, à l'exception de deux espèces, *Haplochromis heusinkveldi* et *pyrrhocephalus*. Celles-ci ont à peu près la même répartition spatiale, mais sont, en revanche, très isolées écologiquement parce qu'elles n'ont pas le même régime alimentaire, qu'elles élèvent leurs petits dans des lieux différents et couvent à d'autres périodes [123]. Il existe donc bien une différenciation de niches au sein du groupe des mangeurs de zooplancton, bien qu'à première vue les variations anatomiques entre espèces soient très minimes. Chacune combine à sa manière préférence alimentaire, habitat et technique d'approvisionnement. La même différenciation s'observe au sein de chacun des autres groupes trophiques, comme les piscivores, les briseurs d'escargots, les insectivores et les mangeurs de déchets. Chaque fois que l'on compare, en détail, des espèces appartenant à un groupe trophique déterminé, on constate que chacune se retranche dans sa propre niche écologique, si exigu que soit l'espace disponible [124]. Et si l'on observe plus particulièrement l'anatomie fonctionnelle des animaux, des différences sensibles apparaissent, par exemple dans la constitution des branchies et des rétines [125].

Comment se fait-il qu'une espèce comme *Haplochromis argens*, dont l'habitat est très restreint, le quitte aussi rarement ? Pour cette seule espèce, les mètres supérieurs de la colonne d'eau constituent probablement le séjour idéal. Car ces petits poissons sont les seuls à pouvoir s'approvisionner avec autant d'efficacité, que l'offre alimentaire soit réduite ou abondante. Ce n'est pas le cas d'individus appartenant à d'autres espèces mangeuses de zooplancton qui ont été capturés dans le micro-habitat d'*Haplochromis argens*, c'est-à-dire hors de leur propre domaine, ce qui montre que ce dernier occupe une position dominante dans sa propre niche. Des espèces de furus jouissant d'une certaine supériorité dans leur propre habitat... Est-ce surprenant ? Cela ne va-t-il pas de soi ? Si, pour ceux qui pensent que la concurrence a été le moteur de la division du lac en niches. Mais je n'ai trouvé aucun indice de lutte pour la nourriture ou l'espace. J'ai passé un temps infini à chercher des modifications de la répartition verticale des mangeurs de zooplancton qui auraient pu être attribuées à une rivalité spatiale entre espèces différentes. Il serait pourtant concevable que, lorsqu'une espèce est abondante à une profondeur déterminée, une autre – concurrent potentiel – soit chassée de cet endroit. Des dizaines de fois, j'ai cuisiné pour Mhoja et Elimo à bord du petit bateau, des dizaines de fois nous avons posé nos filets verticaux et passé vingt-quatre heures sur l'eau, mais jamais ces expéditions n'ont fourni la moindre indication de l'existence d'une concurrence pour l'espace ou la nourriture. Évidemment, disent les écologistes orthodoxes, absolument convaincus que la concurrence a sévi dans le passé [126]. Si un problème est réellement important, comme la prévention de cette rivalité, il a déjà été réglé depuis longtemps. Ce serait vraiment un hasard qu'un biologiste ait pu y assister. Et qu'est-ce que cette stratification spatiale, sinon un mécanisme anticoncurrence ? La théorie orthodoxe des niches a fait l'objet de vives critiques depuis 1977 [127]. Certains biologistes ont mis en doute l'hypothèse selon laquelle la lutte pour l'espace et la nourriture a été un moteur dominant de la structuration des communautés d'êtres vivants. Ils parlent de *« the ghost of competition past »*. Ces adversaires de l'hypothèse de la concurrence pensent que les schémas actuels de répartition des animaux, par exemple celle des oiseaux de Nouvelle-Guinée et des nombreuses îles avoisinantes, ne résultent pas nécessairement de la rivalité qui se serait manifestée dans le passé. Certes, leurs modèles de répartition donnent cette impression, car certaines espèces d'oiseaux ne se trouvent jamais ensemble sur la même île. Il est des voisinages d'espèces qui semblent « interdits ». Selon le mécanisme de l'exclusion concurrentielle, certaines espèces ne se côtoieraient jamais [121]. Mais un tel schéma n'aurait-il pas pu aussi bien être dû au hasard – ce faisceau de causes non maîtrisables [127] ?

Comment pourrais-je vérifier si la stratification des mangeurs de zooplancton fut la conséquence d'interactions entre congénères ou entre individus appartenant à des espèces différentes ? Comment pourrais-je découvrir si les schémas de répartition des furus résultent de la concurrence passée ? Pourquoi me suis-je intéressé à un lac où les écologistes doivent tâtonner dans l'obscurité, alors que la plupart de ceux qui abritent des essaims de cichlides ont une eau transparente ? Pourquoi ai-je étudié des animaux qui tiennent le coup sans manger pendant six semaines, ce qui oblige à patienter longtemps avant de pouvoir observer les conséquences de la rivalité pour la nourriture ? Pourquoi la perche du Nil, ce grand poisson prédateur, a-t-elle pénétré notre terrain d'étude à l'instant précis où le travail venait de commencer ? C'était bien le plus mauvais moment que l'on puisse imaginer pour mettre la concurrence en évidence. Les mangeurs de zooplancton disposaient probablement d'espace et de nourriture en abondance depuis que les perches du Nil les dévoraient en grandes quantités.

Il est clair que l'essaim de furus possède une structure. Mais quant à la question de savoir si c'est la rivalité, d'autres mécanismes ou le hasard qui en ont été la cause, je n'aurai sans doute plus l'occasion d'y répondre. La communauté est en mutation très rapide. Puis-je éventuellement tirer parti de cette situation ? Les espèces qui composent un groupe trophique sont très isolées écologiquement. Certes, cela explique en partie la possibilité de coexistence d'un aussi grand nombre d'entre elles dans chaque groupe, mais n'y a-t-il rien d'autre ? Chacune n'est dominante, même dans son propre habitat, que dans certaines circonstances optimales qui lui sont particulières. L'environnement sera donc idéal pour l'une, à un moment donné, et pour une autre, plus tard. Le nombre d'individus représentant une espèce augmente ou diminue au gré des fluctuations des conditions du milieu. Il existe des modèles mathématiques qui prévoient que l'instabilité des conditions à court terme peut contribuer à la stabilité de la coexistence des espèces à long terme [128]. « Stabilité à long terme » signifie ici, pour une communauté d'êtres vivants, la capacité à résister aux fluctuations extrêmes de densité de l'une des espèces du système. « Instabilité à court terme » veut dire que les populations de certaines espèces diminuent à ce point qu'elles périraient si cette tendance persistait. Stabilité à long terme qui ne peut exister que grâce à l'instabilité à court terme. Cela paraît prometteur, mais je crains que, dans le golfe de Mwanza, celle qui se déroule sous mes yeux n'entraîne, elle, une instabilité à long terme. Un écosystème doit réagir comme un ressort, il doit être élastique. Mais celui-ci est au bord de la rupture. L'un après l'autre, les maillons de la chaîne alimentaire disparaissent. Le système est sous tension. Il va craquer sous peu. J'arrive trop tard.

VIII

Le champ de bataille : extinction

Golfe d'Emin Pacha, expédition de collecte d'échantillons, juillet 1985

Il fait déjà jour lorsque je m'éveille. Avant de me lever, je savoure encore quelques instants dans cette tente improvisée. Deux chaises – l'une au chevet, l'autre à mes pieds – servent de piquets. Aux deux dossiers pend une moustiquaire attachée par des ficelles au pont du bac. Je suis ankylosé par la nuit passée sur ce sol de fer gras, mais je décide de ne pas m'en plaindre. Les étrangers ont au moins un tapis de caoutchouc pour s'y allonger et une moustiquaire. Les Africains n'ont rien, tout au plus le gène de la résistance à la malaria. Ils ne peuvent compter que sur leur endurance, quasi illimitée.

Le ciel est chargé de nuages, presque aussi blancs que la moustiquaire. Un milan vole haut dans le ciel. Je tourne la tête pour le suivre le plus longtemps possible. Il sort tout juste de l'image quand apparaissent trois ombres noires qui se glissent en silence vers le pont arrière vide où elles s'immobilisent. L'une tient les bras vers le bas, croisés devant elle. Une autre se place dos à dos avec la première, tombe à genoux, les bras tendus obliquement vers le haut comme pour encercler un objet sphérique volumineux. La troisième ombre se tient les jambes écartées, le torse légèrement penché en arrière, les bras tendus latéralement comme un épouvantail. Elles restent un instant dans cette attitude, immobiles comme un groupe sculpté. Puis, dans un éclat de rire, elles se mettent en mouvement. Ce sont Mhoja, Elimo et Kabika. Ils entament la journée en dansant et se nettoyant les dents avec un bâtonnet de bois.

Si quelqu'un dormait encore, il est éveillé maintenant. Lorsque je sors la tête de sous la moustiquaire, la danse s'arrête comme par enchantement. Nous nous saluons, éclatons de rire et les Tanzaniens se remettent en mouvement. Est-ce la même chose pour les autres membres de l'expédition ? Moi, les premiers événements du matin me font une forte impression. Au cours de la journée, ma réceptivité diminue et finalement, le soir, je m'endors assommé.

On a allumé une radio dans la cabine de pilotage, c'est celle de Katololos, le plus vieux membre de l'équipage. Il est le seul à manipuler les boutons. Musique maghrébine plaintive, alternant avec des informations et des commentaires politiques en swahili. Un avion a été détourné au Liban.

Melle lève l'ancre en enroulant le câble, à la main, sur un treuil. C'est un travail pénible. Maussade, il s'adresse à elle comme à un enfant qui se serait mal conduit. Pourquoi a-t-elle grincé cette nuit ? Il n'a presque pas dormi, de crainte que le bac ne se désamarre. Dès que l'ancre dégoulinante est hissée à bord, nous filons à toute vapeur en quête du petit déjeuner. Je suis sur le gaillard d'avant et regarde droit devant moi dans une longue-vue. Nous entrons lentement dans une crique ourlée de papyrus. Une embarcation de bois abandonnée est à moitié échouée sur la terre ferme. Son poste de pilotage a été fabriqué avec la cabine d'un camion. Sur la portière vert foncé, on peut lire « IBRAHIM TRANSPORT » en capitales et, au-dessus, en caractères calligraphiés, *« sina makosa »*, sans faute. Derrière le bateau, des vaches bien charpentées broutent une bande d'herbe. Plus loin, vers l'intérieur des terres, le paysage descend en pente douce. Sur une colline, plissée comme un front soucieux, un hangar de tôle ondulée jouxte une maison de pierre recouverte de crépi blanc. Encore plus haut sur l'île, c'est la forêt. Le paysage est magnifique, inviolé. Cela existe donc encore. « Surinam », dit l'un des étrangers qui y a grandi. J'ai du mal à voir ce qui est devant moi. Plus je regarde, plus le paysage perd ses couleurs. Le tableau se change en une photo noir et blanc jaunie, issue d'un passé lointain. Sans doute les bords du lac ont-ils offert de nombreux coins aussi somptueux avant qu'on ne procède à un déboisement intensif pour faire du combustible. La forêt a été brûlée sous la bouillie de maïs. Les arbres ont disparu à un rythme effrayant, mais ces îles reculées ne sont sans doute pas surpeuplées. On ne voit pas une âme.

Le bac est arrivé au milieu de la crique. Nous ne pouvons nous approcher davantage de la rive. Le moteur vrombit à plein régime pendant quelques secondes, puis s'arrête. Deux « go-away » caquetants, qui semblent avoir des commentaires à faire sur le colosse habité, interrompent leur tapage tropical. Il n'y a pas de vent. Un moment, c'est le silence total. Puis une file de personnes sort du hangar ; on dirait un tube qui se vide sous le pincement. Des enfants se détachent de la foule en hurlant et courent vers la plage. Seul est resté près de l'entrée du hangar qui sert d'église un religieux africain en soutane. Les bras croisés, il contemple le spectacle improvisé de ses ouailles qui prennent la clé des champs. Sont-ce les ancêtres qui arrivent ? S'ils se remettent à s'échouer sur le rivage, essayez un peu de maintenir les gens dans l'église.

Jamais le bac ne s'est autant éloigné de son port d'attache. D'habitude, il fait la navette dans la baie, à Mwanza, jour après jour. Pour cette expédition au golfe d'Emin Pacha et dans ses environs, il a été loué au chercheur d'or allemand, qui ne peut plus chercher, et aménagé en laboratoire. La moitié attenante à la cabine de pilotage a été recouverte d'une toile de tente qui la protège du soleil. Il y a des chaises et de longues tables de bois sur lesquelles des microscopes ont été fixés à l'aide de tendeurs. Et aussi des réglettes graduées, du matériel de bureau et des outils d'anatomie tels que petits ciseaux, bistouris, laryngoscopes et pinces. Il y a de grands bacs de fer dans lesquels on trie le produit de la pêche et des dizaines de seaux de plastique avec couvercle prêts à recueillir les poissons morts. Dans un coin, des bocaux de formol et de gasoil côtoient les bagages personnels.

Venant de la plage, un homme en veston de smoking et pantalon court élimé pagaie vers nous. Sur son canot, on distingue encore de vagues dessins géométriques, qui y ont été faits à la peinture synthétique jaune, bleue et rouge, à une époque plus prospère. L'homme nous salue avec emphase et demande si le chalutier qui a été signalé hier nous appartient également. L'équipage acquiesce. C'est le *Sangara*, sur lequel on prend les furus qui sont ensuite examinés sur le bac. L'homme du canot note les commandes, rame à nouveau en direction du quai et revient un peu plus tard avec le petit déjeuner. Je dresse la table. Sardines à l'huile, bananes grillées, pain et café. Une nature morte du XVIIe siècle, mais en plein soleil. Ici, un *Déjeuner sur l'eau* est bercé par les flots du golfe d'Emin Pacha.

Sur la table se trouve la carte la plus récente du lac Victoria, éditée par un certain Captain Whitehouse en 1903. Nous discutons de la route à prendre et des endroits où nous allons prélever les prochains échantillons. Un peu partout, des rochers affleurent à la surface de l'eau. Les trajets dangereux sont indiqués en pointillé, ceux qui sont sûrs, en trait continu. Je crains que les Tanzaniens ne suivent naïvement les pointillés et un film catastrophe se déroule devant mes yeux. La plupart des hommes d'équipage ne savent pas nager et l'assurance n'intervient pas si on emprunte les routes dangereuses.

Quand Katololos comprend que leurs prévisions pessimistes jouent des tours aux Européens, il se met à grommeler bien fort :

– Ces routes sont parfaites. *Hamna wasi, wasi, no problem.* Ces étrangers voient tout en noir. Toujours des rabâchages de dangers. Pas étonnant qu'on rie si peu chez vous !

L'air courroucé, Katololos marche de long en large devant notre table.

– Ils n'aiment même pas les enfants, dit-il à un membre de l'équipage. Ils en ont deux ou un seul. Pour certains, c'est même encore trop. Mourir sans enfants, mais avec un bon paquet d'assurances dans l'armoire. Comme si tout ne reposait pas entre les mains de Dieu.

Katololos secoue la tête.

– Et ne viens pas me dire que ce n'est pas vrai. J'ai suivi une formation de *master fisherman* à IJmuiden. J'ai mangé vos harengs crus.

Katololos rejette la tête en arrière, ouvre la bouche au-dessus de laquelle il tient par la queue, entre pouce et index, un poisson imaginaire. Deux textes gribouillés sur les façades de maisons du centre d'Amsterdam me reviennent en mémoire. L'un d'eux disait : « Les hommes meurent et ne sont pas heureux. » L'autre, à dix minutes à vélo du premier, conseillait : « Il faut vivre, mon gars. » Katololos aurait pu les avoir écrits tous les deux.

On a encore le temps de négocier avec lui car, pour le moment, nous ne pouvons pas avancer. Il n'y a plus de glace. Elle est indispensable, car, quand on les y pose, les furus meurent calmement et rapidement en gardant leur forme et leur couleur. Ils sont alors habilités à figurer dans une collection de musée. La glace a disparu à une vitesse terrible et une nouvelle provision doit arriver. Mais il n'y a aucune machine frigorifique dans un rayon de plusieurs centaines de kilomètres. Depuis des jours, le *Sangara* sillonne le golfe d'Emin Pacha en tous sens à la recherche d'une liaison radio fonctionnant avec Mwanza : « Qui nous apportera de la glace, un mètre cube de glace ? » Pas de réponse. Rien qu'un grésillement assourdissant.

Juste à côté du bac, un balbuzard saisit dans ses serres une perche du Nil que l'équipage avait jetée par-dessus bord et qui flottait à la surface de l'eau, couchée sur le côté, la bouche grande ouverte. La différence de pression entre le fond du lac et l'atmosphère avait fait jaillir sa vessie natatoire de sa bouche. Un mort gonflant un ballon. Le balbuzard essaie d'emporter la perche dans son vol, mais n'y réussit pas tout de suite. Il traîne la lourde proie sur plusieurs mètres, sans prendre pratiquement de hauteur. Finalement, l'oiseau acquiert une certaine vitesse et réussit à s'envoler vers son gigantesque nid. Le *Sangara* avait pris cette perche du Nil en eau profonde. Quant au balbuzard, c'était peut-être la première qu'il en voyait une.

Dans le golfe d'Emin Pacha, ce poisson (une espèce du genre *Lates*) est encore rare, en tout cas dans les criques peu profondes comme celle-ci. Mais le moment où ce prédateur importé arrivera ici également ne doit plus être très éloigné. Tels les ronds créés dans l'eau par une pierre qu'on y a jetée, la perche du Nil semble se propager comme une onde à partir du point du lac, situé en Ouganda, où elle a été introduite. Ce sont des prédateurs gigantesques qui, tels d'avides aspirateurs, se frayent voracement un chemin à travers le lac. Le jour même, le *Sangara* rejoint le bac. La glace est en route et sera livrée dans un délai raisonnable. Les biologistes qui sont à bord sentent qu'il leur faut travailler dans la hâte. Un large front de millions de perches du Nil est sur nos talons et, tous, nous avons conscience que cette expédition est notre dernière chance de nous faire une idée de la faune originale du lac.

Dès l'arrivée de la glace libératrice, nous passons quelques semaines à rassembler le plus de données possible sur les schémas de répartition et les variations géographiques des caractères morphologiques et chromatiques d'espèces connues. Il en arrive aussi, sans arrêt, de nouvelles. On leur donne un nom provisoire et on les met dans le formol. Nous nous sentons l'âme de graveurs d'épitaphes : dans ce pot, repose Rouge-queue Coup-dans-la-tête, de son vivant gros mangeur de crevettes. C'est une occupation déprimante. Sachant que la plupart de ces espèces sont, de toute façon, vouées à la mort, nous capturons et tuons des animaux sérieusement menacés, sous prétexte de vouloir les sortir de l'anonymat. Nous voulons leur donner un nom, les dessiner et les photographier et décrire le plus possible de leurs caractères biologiques. Pour éviter à tout prix que la disparition massive de ces espèces passe inaperçue. Enregistrer les faits et leur donner un retentissement, c'est bien le moins que nous puissions faire.

Un homme armé d'un seau

J'ai déjà évoqué à de nombreuses reprises la perche du Nil et son insatiable voracité. J'ai dit aussi, précédemment, que ce poisson n'est pas un habitant autochtone du lac Victoria. Mais je n'ai pas encore raconté comment et quand elle y est arrivée. J'ai passé beaucoup de temps à poser la question à ceux qui seraient susceptibles de le savoir. Une vieille femme qui a habité toute sa vie au bord du lac m'a dit : « *Wazungu bwana*, des étrangers, monsieur. *The white people put the baby monsters in the lake to help us.* » Elle a éclaté de rire, s'est penchée en avant et a posé sur sa tête un panier à commissions d'où dépassait un bouquet de poules interloquées. Et, tandis qu'elle nous quittait en se dandinant, elle a ajouté, sans se retourner : « Au revoir, étranger, et merci, tu sais. »

Dans les années cinquante, quelques employés coloniaux britanniques, qui avaient été recrutés pour améliorer la pêche en Ouganda, conçurent le projet d'introduire un grand poisson prédateur dans le lac Victoria. L'idée était la suivante : ce poisson pourrait se nourrir des furus, décidément trop petits et pleins d'arêtes, qui n'avaient pas la cote auprès de la population ougandaise [129]. Poisson colossal, parfaitement propre à la consommation, la perche du Nil, qui ne se trouvait pas initialement dans le lac Victoria, fut désignée comme candidat possible. Geoffrey Fryer, écologiste et spécialiste des lacs d'Afrique orientale, s'opposa farouchement à ce projet. En 1960, il publia un article dans lequel il développait les conséquences désastreuses qu'une telle introduction pourrait entraîner[130]. La connaissance de la faune et de la flore du lac était très lacunaire. La plupart des espèces n'avaient ni nom africain ni nom scientifique et le plancton, les insectes et autres invertébrés étaient loin d'être tous répertoriés. La structure de la chaîne alimentaire était pratiquement inconnue. Dans ces conditions, perturber un équilibre écologique, chez autrui qui plus est, serait un acte tout à fait inconsidéré. Il n'est jamais souhaitable de modifier un écosystème relativement intact, mais ce l'est moins encore lorsqu'on en connaît si peu de chose. En outre, parmi les différents types de manipulation, l'introduction d'espèces étrangères est la plus risquée, car elle est irrévocable. Personne ne connaissait l'ampleur des risques de l'opération. Cette situation, qui était, pour les biologistes et les protecteurs de la nature, une raison suffisante d'y renoncer, fut, pour les techniciens de la pêche, précisément l'occasion de tenter le pari. En dépit des avertissements de Fryer, en mai 1962, des perches du Nil du lac Albert furent introduites près d'Entebbe, en Ouganda. En 1963, quelques-unes provenant du lac Turkana furent aussi amenées à Kisumu, au Kenya[131]. L'un des arguments avancés pour justifier le lâcher de perches dans le lac était merveilleux : de toute façon, elles y étaient déjà ! On en avait trouvé une population en pleine incubation. Comment y étaient-elles arrivées ? S'étaient-elles échappées d'un vivier ou quelqu'un les y avait-il balancées de sa propre initiative ? Chaque fois que j'y pense, je suis stupéfait de constater que, pour que soit totalement déséquilibré le plus grand lac tropical au monde, il n'ait fallu qu'un homme armé d'un seau.

Dans l'ouvrage de Bruce Kinloch, *The Shamba Raiders, Memories of a Game Warden*, datant de 1972, on trouve le passage suivant sur l'introduction de la perche du Nil dans le lac ougandais de Kyoga, proche du lac Victoria :

> En septembre et octobre 1955, J. S. prit dans une seine plusieurs centaines de petites perches du Nil de la baie de Butabia, sur le lac Albert, et les transporta avec succès en Ouganda (...) pour les relâcher dans le haut Nil, sous les chutes d'Owen et (...) le lac Kyoga, qui n'est rien de plus qu'une vallée peu encaissée arrosée par le

> Nil. D'autres empoissonnements eurent lieu en 1956 et 1957, auxquels D. R., A. A. et H. S. de la Fisheries Division of the Game and Fisheries Department prirent aussi part [j'ai remplacé les noms par leurs initiales – T. G.]. Les résultats de ces opérations furent, pour le moins, spectaculaires ! (...) en quatorze ans, grâce surtout à l'introduction de la perche du Nil, la production commerciale de poisson du lac Kyoga augmenta de 4500 tonnes à près de 49000 tonnes – un accroissement prodigieux de plus de 1000 %, dû au fait que plus de 56 % du volume total qui était pêché avant ces empoissonnements – du « menu fretin » comme disent les américains (c'est-à-dire des poissons plus petits et moins savoureux qui constituent l'essentiel de la nourriture de la perche du Nil) – étaient désormais ingérés par celle-ci et se retrouvaient donc sous la forme d'un produit facile à pêcher et à commercialiser [132].

Ce passage et d'autres articles [134, 135] sur l'introduction de la perche du Nil dans le petit lac Kyoga montrent que nombreux étaient, à l'époque, ceux qui envisageaient ces transplantations. L'enthousiasme suscité par l'augmentation sensible de la production de poissons d'un pays pauvre comme l'Ouganda est très compréhensible. Mais l'idée que cette prospérité puisse éventuellement être de courte durée n'avait manifestement pas encore cours dans ces milieux.

En juillet 1986, le journal kenyan *The Standard* publia, dans la rubrique du courrier des lecteurs, une lettre signée J. Ofula Amaras, un ancien *fisheries officer* du Kenya, qui déclarait avoir introduit, de ses propres mains, des perches du Nil dans le lac Victoria :

> J'ai suivi avec un vif intérêt l'argument avancé par les experts à propos de la présence de la perche du Nil dans le lac Victoria. Ce que j'ai observé, c'est que la plupart des experts ne savent pas en quelle année ce poisson y avait été introduit ni d'où il avait été transféré ni non plus dans quel but.
> (...) C'est moi qui ai amené la perche du Nil de ce qui était alors le lac Albert (Ouganda), en août 1954, après en avoir reçu l'autorisation de l'ancien *senior fisheries officer* du gouvernement ougandais, M. A. A. [j'ai remplacé les noms par leurs initiales – T. G.].
> Par conséquent, il faudrait noter que la perche a été amenée au lac Victoria en 1954 et non dans les années 1960.

Amaras justifie ainsi son action :

> Quant à savoir si la perche du Nil cause des dommages à d'autres espèces de poissons du lac Victoria, c'est aux experts de le prouver. Ce que je peux leur démontrer, c'est que la perche du Nil n'a jamais causé le moindre dommage à d'autres espèces dans les lac Albert, en Ouganda, et Turkana.

Le fait que les poissons autochtones des lacs Albert et Turkana puissent vivre avec la perche du Nil ne signifie pas qu'il en serait de même dans le lac Victoria. Les poissons encore présents actuellement dans les deux lacs susmentionnés disposent peut-être de systèmes d'adaptation leur permettant de tenir tête aux tentatives de prédation des perches du Nil, ou bien ils occupent des endroits que ces dernières ne fréquentent pas. Les espèces vivant dans le même habitat que la perche du Nil ont eu le temps, au sens de l'évolution, de trouver une réponse à la présence de ces prédateurs, temps qui n'a pas été accordé à la plupart des espèces de furus du lac Victoria. Mais, avant de décrire le déclin d'un grand nombre de ces espèces, je vais laisser le lac prendre un peu de repos.

La revue *Extinction*

L'extinction des espèces n'a rien d'exceptionnel. On estime que, depuis que la vie est apparue sur terre, il y a environ 3,5 milliards d'années, plus de quatre-vingt-dix-neuf pour cent des espèces qui y ont vu le jour ont disparu. Au cours de mes recherches sur les théories de l'extinction, j'ai été surpris de constater qu'il existe bien peu d'articles consacrés à cette question, par rapport à d'autres sujets de biologie de l'évolution. Certaines bibliothèques regorgent d'ouvrages sur l'apparition des espèces, alors qu'un seul rayon suffit largement aux travaux abordant le sujet de leur disparition. J'ai cherché en vain la revue *Extinction* : elle n'existe pas. Les biologistes repousseraient-ils ce sujet déprimant ? Le fait est, en tout cas, assez étrange, car si près de cent pour cent des espèces ayant un jour existé ont disparu, l'extinction est un phénomène normal, presque aussi fréquent que l'apparition d'espèces[120]. Raup, un paléontologue de l'université de Chicago, a comparé le biologiste qui néglige le sujet de l'extinction au démographe qui, étudiant la croissance d'une population, porte toute son attention aux naissances et ignore les décès [136].

De tous temps, des paléontologues se sont intéressés à l'extinction des plantes et des animaux, mais ils ne s'occupaient guère des causes de cette disparition. C'est compréhensible, car les raisons de l'extinction des espèces, des genres, des familles et des groupes taxinomiques supérieurs appartenant au passé géologique peuvent rarement être établies avec certitude. Même si on dispose de nombreux fossiles en bon état. Pour certains de ceux-ci, on peut déterminer à quelle ère géologique ils apparaissent dans les sédiments et quand ils disparaissent. On peut préciser le nombre des formes sous lesquelles l'espèce se présente et rechercher ensuite si celles-ci sont liées aux modifications de l'environnement. Une hypothèse sur les raisons de la disparition d'une espèce gagne en crédibilité si elle est étayée par un faisceau de corrélations convergentes, mais il est impossible de prouver expérimentalement qu'il s'agit là d'un lien causal et non d'un concours aléatoire de circonstances.

A la différence de la plupart des paléontologues, les écologistes se sont toujours intéressés aux mécanismes qui déterminent la dynamique des populations, mais ils se tournent surtout vers les organismes actuels. Comment les espèces vivantes d'aujourd'hui réussissent-elles à se maintenir dans un écosystème ? Telle est la question à l'ordre du jour. Actuellement, la réponse est de plus en plus souvent : mal. Les espèces disparaissent à un rythme effrayant [137]. Parfois, l'une d'elles meurt d'une mort taxinomique en laissant une descendance. Je ne parle pas ici de cette forme de pseudo-extinction dans laquelle, à un moment donné de son évolution, les caractères de l'espèce se sont transformés de manière si profonde que les taxinomistes tranchent le nœud et attribuent à la forme modifiée le statut d'espèce nouvelle. Non, actuellement, elles sont de plus en plus nombreuses à disparaître réellement, c'est-à-dire sans laisser de descendance, comme une branche caduque.

Les biologistes ne cèdent pas volontiers à la tentation de prononcer la mort d'une espèce. On est rarement certain que le dernier couple potentiel a disparu. Il subsiste aussi toujours un espoir que, dans un coin discret, quelques animaux soient encore bien vivants [120].

La mort de tous les individus d'une espèce est définitive, mais la disparition de celle-ci dans une grande partie de son domaine de dissémination peut aussi représenter une perte sensible. Lorsque des populations entières sont éliminées, elles emportent avec elles une partie importante de la variabilité génétique sur laquelle repose précisément la dynamique de l'évolution. Le manque de diversité fragilise les espèces, qui courent un risque accru d'extinction, parce qu'elles ne comportent plus d'individus génétiquement équipés pour survivre aux modifications des circonstances. Les protecteurs de la nature se posent la question du nombre minimum d'individus qu'il faut sauvegarder pour garantir la survivance d'une espèce. Les animaux doivent pouvoir trouver un partenaire, leur variabilité génétique doit être suffisamment grande pour leur permettre de répondre aux modifications lentes de l'environnement, ils doivent être capables d'intégrer un contretemps imprévisible, et ainsi de suite. Dans la version la plus connue de la légende de l'arche de Noé, un seul couple de chaque espèce prend place dans l'embarcation. Cette base est, en général, trop étroite pour assurer la viabilité d'une population. Mais l'étude des textes bibliques originaux montre que l'arche a emmené sept couples de chaque espèce. Selon Foose, un spécialiste de la question, ce nombre est suffisant pour représenter une partie considérable de la variabilité génétique d'une population. Du moins, si les animaux ne sont pas apparentés [138]. Considérant ce sujet de préoccupation des protecteurs de la nature, MacArthur et Wilson ont introduit la notion de « population viable minimale ». Si le nombre de ses membres est supérieur à cette valeur critique, la population ne court aucun danger direct d'extinction. La « population viable minimale » compte de quelques dizaines à quelques centaines d'individus, selon leur capacité de reproduction.

L'extinction d'un genre, d'une famille ou d'un ordre entiers est d'une tout autre importance que celle d'une espèce. Et, parfois, ce sont plusieurs familles, ordres ou groupes taxinomiques supérieurs qui disparaissent massivement en un temps relativement court.

La question cruciale qui se pose lorsqu'on recherche les causes d'une extinction est de savoir si les victimes tombent de manière arbitraire. Les groupes animaux meurent-ils par malchance ou parce que leur matériel génétique est de moins bonne qualité que celui des autres occupants du même habitat ? Les causes d'extinction reconnues depuis longtemps sont les modifications du climat, les fluctuations du niveau de la mer, la prédation, les épidémies et la concurrence avec d'autres espèces. Raup a noté avec raison que cette énumération n'est pas exempte d'un certain anthropocentrisme. Car tels sont précisément les facteurs qui menacent l'homme dans son existence quotidienne et qui lui sont donc familiers. Actuellement, on s'intéresse également aux causes d'extinction qui étaient autrefois moins courantes, mais le sont hélas devenues : pollution des océans, modifications de la composition chimique de l'atmosphère et rayonnement cosmique[136]. Autre sujet qui suscite un grand intérêt : l'influence que des impacts de météorites pourraient avoir eue sur la disparition d'organismes.

Les périodes ou les événements au cours desquels la majorité (plus de la moitié) des espèces vivant sur la terre disparaît sont extrêmement rares. Leur probabilité est estimée à une fois en cent millions d'années. En comparaison, l'extinction d'une espèce, dont la durée moyenne d'existence ne dépasse pas un million d'années, est un phénomène très courant.

Les paléontologues n'ont répertorié, dans les archives fossiles, que cinq périodes au cours desquelles la diversité biologique a fortement diminué en un temps relativement court[136]. La période la mieux documentée est la transition du crétacé au tertiaire, qui se produisit il y a environ 65 millions d'années. De nombreux travaux ont été publiés sur cette extinction massive ; aussi me limiterai-je à les résumer pour illustrer la manière dont on conduit une recherche paléontologique des causes d'extinction[139]. Cette approche est nécessairement très différente de l'étude de cas actuels de disparition, tel notre propre travail sur les furus.

La fin du crétacé marqua le déclin de l'âge d'or des reptiles, qui s'étendit sur plus de cent millions d'années au cours desquelles de nombreuses formes de dinosaures dominèrent la vie sur terre. Ces animaux auraient disparu au cours d'une période, relativement courte, de quelques centaines de milliers à quelques millions d'années. Ces derniers temps, des indices de plus en plus nombreux tendent à montrer que le phénomène a peut-être été beaucoup plus rapide. A la charnière du crétacé et du tertiaire, disparurent non seulement les dinosaures, mais aussi toutes sortes d'espèces animales aquatiques ainsi que le phytoplancton. Un grand nombre se sont éteintes en une dizaine à une centaine d'années. Il semble incroyable qu'une période aussi reculée puisse être délimitée avec une telle précision, mais des paléontologues de plus en plus nombreux adhèrent à cette hypothèse. En 1980, Alvarez et ses collaborateurs ont suggéré qu'au cours du passage du crétacé au tertiaire la terre a été atteinte par une météorite d'environ dix kilomètres de section. La quantité d'énergie libérée lors d'un tel impact est gigantesque. A la suite de ce phénomène, la terre aurait été entourée, pendant quelques années, d'un nuage de poussière arrêtant les rayons du soleil et donc aussi la photosynthèse des plantes terrestres et aquatiques. Les végétariens périrent les premiers, suivis de près par les carnivores dont ils constituaient la principale source de nourriture.

Pour étayer cette hypothèse, on a émis l'idée qu'au moment de la transition du crétacé au tertiaire, une mince couche d'iridium s'était déposée sur toute la surface de la terre. Or, ce métal, rare dans l'écorce terrestre, se trouve en grande quantité dans les météorites. Les détracteurs de l'hypothèse de l'impact firent valoir que l'iridium pourrait aussi provenir du manteau de la terre. Les arguments avancés jusqu'alors ne permettaient pas de se prononcer, de manière univoque, pour une cause terrestre ou extraterrestre du phénomène d'extinction. Mais les choses n'en restèrent pas là. Les défenseurs de l'hypothèse de l'impact prédirent l'existence d'un énorme cratère, qui a été découvert récemment. Il est situé dans la péninsule du Yucatan, au Mexique, son diamètre est de 210 kilomètres et son âge correspond à peu près à la période en question. On a donc la confirmation de la chute d'une grande météorite. On ne peut cependant exclure – même si l'impact s'est produit au moment « exact » – le rôle d'autres facteurs dans l'extinction massive de ces divers groupes d'organismes, car le passage du crétacé au tertiaire est précisément connu comme une époque de glissements et d'effondrements importants de l'écorce terrestre.

Raup et Sepkoski publièrent, à partir de 1984, une série d'articles qui firent sensation [140, 141]. Ils y analysaient un grand nombre de données fournies par la littérature consacrée aux organismes marins fossiles. La dernière mention d'une famille taxinomique dans les archives fossiles a été adoptée comme date de son extinction. Il s'avéra que la disparition de ces organismes ne se produisit pas à des moments arbitraires, mais de manière cyclique. Raup et Sepkoski ont repéré douze périodes dans les 250 derniers millions d'années au cours desquelles un nombre impressionnant de familles disparurent. Neuf de ces douze périodes sont séparées par des intervalles de 26 millions d'années. A l'hypothèse de l'impact d'un météorite, qui aurait entraîné le dépôt d'iridium, s'ajoutait celle de la périodicité de l'extinction des organismes marins. Une fois tous les vingt-six millions d'années, des météorites ou des pluies de météorites se seraient abattues sur la terre. L'idée a un aspect séduisant. Les interactions entre les communautés d'êtres vivants sont si complexes que les écologistes doutent parfois qu'on arrive un jour à y comprendre quelque chose. Un gigantesque bouleversement se produisant à date fixe fournirait un point d'ancrage, car, si l'évolution est brusquement interrompue, à intervalles de 26 millions d'années, par l'impact de météorites, les mécanismes écologiques ne jouent plus qu'un rôle secondaire dans l'explication des schémas d'évolution. Différents chercheurs se sont immédiatement attaqués à l'hypothèse de la périodicité. Ils ont émis des critiques sur les analyses statistiques et sur les effets de l'échelle de temps choisie pour déterminer la périodicité et ont lancé de nouvelles hypothèses susceptibles d'expliquer la formation d'une couche d'iridium sans intervention extraterrestre[142]. Toute recherche de l'existence de cycles dans l'apparition et la disparition des organismes est vouée à l'échec si les unités taxinomiques sont inexactes. Et c'est précisément sur ce point que les travaux de Raup et Sepkoski présentent des failles. L'hypothèse de la périodicité s'en trouve donc fragilisée.

Les recherches paléontologiques sur l'extinction des animaux présentent inévitablement un caractère spéculatif. On peut remédier à cet inconvénient en étudiant la dynamique d'espèces toujours vivantes mais menacées de disparition. Hélas, cette approche présente d'autres désavantages, car, pour la plupart des espèces actuellement en voie d'extinction, le danger est d'origine humaine. Et qui peut garantir que les causes des extinctions anthropiques sont les mêmes que celles des cataclysmes antérieurs à l'apparition de l'homme ?

Vulnérable furu

Entre 1977 et 1983, les biologistes de Leyde prenaient parfois une grande perche du Nil dans le golfe de Mwanza, mais aucun de nous n'y a vu le moindre signal d'alarme. L'article écrit par Fryer en 1960 était oublié depuis longtemps et nous n'avions appris que par ouï-dire que le nombre de furus du golfe kenyan de Winam diminuait sensiblement.

Je ne pense pas qu'alors l'idée m'ait jamais effleuré que la perche du Nil puisse constituer une menace pour l'essaim de furus, même si elle se retrouvait de plus en plus souvent dans nos assiettes. Jusqu'à ce jour d'avril 1985 où j'ai commencé à y voir clair. Mhoja, Elimo et moi voguions dans la petite embarcation de bois au milieu de la station G du golfe de Mwanza. Le pauvre bateau était rongé jusqu'à l'os... une vraie passoire ! Elimo n'arrêtait pas d'écoper. Mhoja bouchait les trous du fond avec du coton. Mais leurs efforts restaient vains. Lentement, très lentement, nous coulions. Et que fit le biologiste de terrain ? Il mit le nez dans un seau nauséabond. Une prise d'une maigreur inhabituelle. Un assemblage d'espèces insolite. Certaines manquaient qui n'avaient jamais fait défaut auparavant, tout au long de ces années. Il y avait, en revanche, de petits poissons d'eaux plus profondes qu'il n'avait jamais rencontrés ici en aussi grand nombre. Il se sentait abasourdi, désorienté. Soupçonnant vaguement que la perche du Nil devait y être pour quelque chose. Tableau d'une armée de ces prédateurs provoquant un carnage parmi la faune autochtone.

Braqué sur le problème du mode d'apparition et d'existence des espèces de furus, j'ai mis un temps étonnamment long, si j'y repense, à m'apercevoir que les espèces disparaissaient aussi. Et lorsque, enfin, elle m'apparut clairement, je trouvai cette situation triste, certes, mais parfaitement dénuée d'intérêt. J'échafaudais des modèles pour expliquer la formation des espèces, je cherchais, à l'échelle microscopique, des traces de l'effet de la sélection naturelle et de la sélection sexuelle. Je voulais comprendre comment cet essaim d'espèces s'était structuré. J'essayais de trouver des indices de l'existence d'une concurrence dans la recherche d'espace et de nourriture. Mais la disparition d'espèces ne me préoccupait pas. C'est seulement lorsque je ne pus plus trouver mes petits poissons que dans les estomacs de perches du Nil que je décidai que le moment était venu d'inclure ce prédateur dans mon programme de recherche. Ces estomacs étaient bourrés de furus qui, souvent encore intacts et l'œil étonné, s'acidifiaient lentement. Jusqu'il y a peu, les biologistes n'étaient pas préparés à être un jour les témoins de l'extinction des espèces. Mais cette situation s'est modifiée très rapidement. Aujourd'hui, les jeunes chercheurs font des communications, dans les congrès, sur l'empoisonnement, la pollution et la disparition massive d'espèces, sans le moindre état d'âme. Comme s'il n'en avait jamais été autrement. L'extinction est devenue la règle et l'anéantissement des écosystèmes, la norme. Le public profane a été bombardé de désastres écologiques, avec la conséquence que, après avoir retenu son attention pendant quelques années, la disparition de la vie sur terre est à nouveau passée de mode depuis longtemps.

En supposant que les furus ne soient connus que par d'abondantes archives fossiles, on pourrait grouper les plus de 300 espèces en cinquante formes distinctes tout au plus sur la base d'éléments fossilisés. Car précisément les principaux critères de différenciation des espèces – les couleurs des mâles en période d'activité sexuelle – ne se fossilisent pas. L'avantage que ma position présentait, de ce point de vue, sur celle des paléontologues ne me traversa l'esprit que plus tard. Pour l'heure, il n'était pas question pour moi d'admettre que des espèces disparaissaient à un rythme de plus en plus rapide, encore moins de me réjouir de pouvoir suivre de près la dynamique de cette extinction. Ma métamorphose obligée d'écologiste en paléontologue spécialiste des fossiles les plus récents au monde fut difficile. Pendant ce temps, la perche du Nil continuait à manger et à produire un nombre incroyable de descendants.

On avait déjà observé, en 1978-1979, une augmentation explosive du nombre de perches du Nil dans le golfe kenyan de Winam [143]. (Ces données n'ont été publiées que plusieurs années après, en 1983.) En même temps, les furus avaient déserté les filets de pêche. Dans le golfe de Mwanza, les premières grosses prises de perches du Nil n'eurent lieu que quelques années plus tard, au cours des derniers mois de 1983. Ici aussi, le nombre des furus diminuait rapidement. Comme je l'ai déjà dit, à cette époque il n'y avait presque plus de perches du Nil dans la partie occidentale du lac.

Pêches faites à bord de chalutiers dans le golfe de Mwanza. Avant l'augmentation explosive (à gauche) du nombre de perches du Nil et après l'arrivée de celles-ci (à droite).

Mais, moins de trois ans plus tard, le tableau avait complètement changé. Les prises, jusque-là composées essentiellement de furus, n'en comportaient plus désormais qu'une poignée, écrasée sous une montagne de perches du Nil.

De nombreuses revues scientifiques ainsi que des quotidiens et des hebdomadaires publièrent souvent des informations contradictoires sur l'influence de la perche du Nil. Certains biologistes pensaient qu'on ne pouvait lui imputer que partiellement la responsabilité de la disparition des furus. La forte pression exercée par la pêche en serait une cause plus importante.

Il est vrai que cette activité a entraîné une diminution du nombre des furus du golfe de Mwanza avant l'arrivée de la perche du Nil, dont elle a, d'ailleurs, peut-être accéléré l'action. Mais on ne connaît aucun endroit du lac où les communautés de furus aient disparu uniquement à cause de l'intensité excessive de la pêche. Des régions peu peuplées, qui avaient été infestées de mouches tsé-tsé, pouvaient

Prise effectuée pendant la phase de transition de la période du furu à la période de la perche du Nil.

servir de test, car cette activité y était pratiquement inexistante. Mais les furus y disparurent également à un rythme rapide dès l'arrivée du prédateur.

Il était aussi des profanes, voire des biologistes, pour soutenir qu'il ne se passait rien d'anormal, qu'il était toujours possible de prendre tous les furus qu'on voulait. Mais aucun de ces articles ne faisait état de données relatives au nombre d'espèces présentes avant l'arrivée de la perche du Nil, ni ne démontrait que les nombres d'individus n'avaient pas diminué.

On n'avait de détails que sur le golfe de Mwanza et ses environs immédiats. De 1979 à 1990, notre groupe a prélevé des échantillons dans une série de stations réparties dans ce golfe. Ici et près des îles rocheuses voisines, nous avons trouvé au total 123 espèces, dont la plupart n'avaient pas été décrites. Les caves du Musée national d'histoire naturelle de Leyde sont pleines de furus du lac Victoria qui attendent les biologistes dévoués, sans ambition, disposés à consacrer leur vie à la description minutieuse d'animaux disparus depuis longtemps. Car l'image qui s'est imposée après que toutes les données eurent été traitées peut être représentée par un seul mot : carnage. Depuis que nous avions commencé à observer le système, le nombre des espèces avait constamment diminué, et il en est de même pour les représentants de celles qui n'ont pas encore totalement disparu.

Un grand nombre d'espèces de furus du lac Victoria étaient extrêmement vulnérables. Leur dissémination était limitée non seulement au lac, mais à une petite partie de celui-ci. Certaines ne se trouvaient que dans une seule baie du golfe de Mwanza. Les animaux dont le territoire est si fortement limité courent a priori plus de risques de disparaître que ceux qui sont disséminés dans une région étendue.

Raup, qui a soulevé la question de l'importance du rôle de la sélectivité dans l'extinction des espèces, distingue, en gros, trois modèles [136] :

1. L'extinction des espèces est arbitraire, ce qui signifie que les variations de « condition physique » entre individus d'espèces différentes ne jouent aucun rôle. Raup a utilisé l'image suivante : tous les individus naissent dans un champ de bataille où les balles volent dans tous les sens. La disparition ou la survivance d'une espèce est une question de hasard.

2. La disparition est le résultat d'un « jeu honnête ». Elle se produit de manière sélective, au sens darwinien du terme. Les individus de certaines espèces sont mieux adaptés que ceux qui appartiennent à d'autres. Ces derniers disparaissent.

3. La disparition a lieu de manière incontrôlée, mais répond néanmoins à une certaine sélectivité. Celle-ci ne résulte cependant pas d'une « condition physique » relativement plus faible qui caractériserait les individus faisant partie des groupes disparus. Les espèces survivantes ne sont pas mieux adaptées que celles qui se sont éteintes. Raup a donné l'exemple suivant pour illustrer ses propos : les insectes sont beaucoup plus résistants que les mammifères à une forte dose de rayonnement radioactif, comme celui qui pourrait être libéré lors d'une guerre nucléaire. Celle-ci devrait entraîner l'extinction de beaucoup plus de mammifères que d'insectes.

Exemple d'extinction sélective. Mais les chances de survie plus grandes des insectes ne sont pas la conséquence d'une sélection naturelle qui favoriserait les animaux résistants au rayonnement. Leur immunité n'est donc pas une adaptation, mais un sous-produit de l'évolution.

Je vais tenter d'interpréter la disparition des espèces de furus à l'aide du fil conducteur donné par Raup. Mais venons-en d'abord aux faits[144]. Il est frappant de constater que, loin des rives, les piscivores ont disparu les premiers. Ensuite seulement, les autres groupes, tels que mangeurs d'escargots, insectivores et happeurs de vase se sont éteints. Les derniers à subsister furent les mangeurs de zooplancton, bien qu'ils fussent gravement touchés eux aussi. En 1987-1988, à la station G, celle qui a fourni le plus d'échantillons, on a encore pris trois furus, tous trois mangeurs de zooplancton. Avant l'arrivée de la perche du Nil, ces pêches auraient rapporté au moins 9 000 de ces poissons. Au large, toutes les espèces ont disparu, sauf trois (quatre-vingt-treize pour cent). Aux endroits moins profonds, la proportion d'espèces survivantes était plus élevée (trente pour cent), bien qu'en nombre absolu elles aient subi une forte diminution. Ce sont surtout les mangeurs d'escargots, les insectivores et les mangeurs d'algues épiphytes de la zone riveraine qui furent épargnés. Initialement, trente et une espèces au moins vivaient le long de la côte rocheuse et dans les îles proches de la région d'échantillonnage. Onze d'entre elles séjournaient en permanence sur les rochers, qui, pour huit autres, constituaient un habitat important, mais non exclusif. Enfin, quelques espèces visitaient de temps en temps l'habitat rupestre.

En 1990, on ne retrouva plus aucune espèce de ces passants occasionnels. La moitié de celles qui séjournaient régulièrement dans les rochers avait également disparu, ainsi que certaines espèces exclusivement rupestres même. Au total, dans la région d'échantillonnage et les habitats rocheux environnants, plus de quatre-vingts des 123 espèces (soixante-dix pour cent environ) s'éteignirent.

Une interprétation

Les espèces qui ont disparu dans la région d'échantillonnage se sont-elles réellement éteintes ? Ce territoire n'est qu'une petite partie du golfe de Mwanza, qui ne représente, à son tour, qu'une petite partie de l'eau du lac. Mais, hélas, le tableau s'est confirmé en chacun des nombreux endroits du golfe où des échantillons ont été recueillis. En outre, les prélèvements effectués hors du golfe ont confirmé notre hypothèse de la légitimité de l'extrapolation des données. Cela voudrait dire que 200 des plus de 300 espèces sont menacées d'extinction ou se sont déjà éteintes. Jamais auparavant au cours de l'histoire, la disparition massive de vertébrés ne s'est produite à une telle échelle et sur une période aussi courte.

La survivance et l'extinction des furus ont-elles été sélectives ou arbitraires ? Et, dans le cas d'une survivance sélective, les espèces concernées étaient-elles mieux adaptées à la confrontation avec la perche du Nil ?

Bien que nous fussions encore si proches du phénomène et disposions de données bien plus détaillées que les paléontologues, l'interprétation n'en reste pas moins parfois difficile. Il est certain que la métaphore du champ de bataille où les balles volent en tous sens n'est pas adéquate. Les perches du Nil ne se sont pas réparties arbitrairement dans le lac. Elles séjournent surtout dans les couches inférieures du centre du lac, et se trouvent beaucoup moins souvent dans la zone riveraine et près des rochers. Ce qui explique que, dans ces endroits, le nombre des espèces qui ont disparu est moins élevé. Le même raisonnement s'applique à celles qui vivent au large. Là, les seuls survivants étaient les mangeurs de zooplancton. L'habitat de ces espèces pélagiques ne recouvre qu'en partie celui des perches du Nil. Il est remarquable que les mangeurs d'escargots et les insectivores des zones riveraine et rupestre, qui ne quittent jamais leur habitat, aient survécu. En revanche, toutes les espèces qui, à un moment de leur cycle vital, ont délaissé la zone riveraine pour le large ont été éliminées.

Que les espèces survivantes soient celles qui avaient élu domicile dans la zone riveraine, dans les rochers ou dans les couches d'eau supérieures n'a rien à voir avec la perche du Nil. Cette situa-

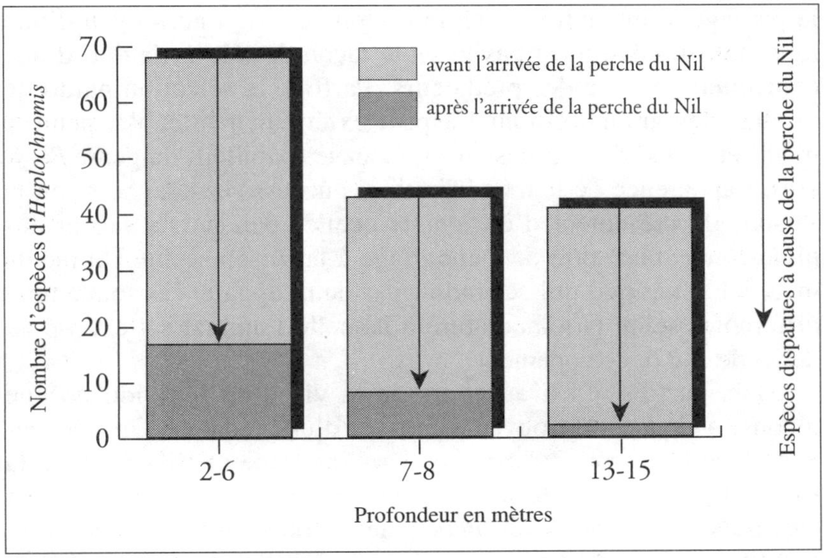

Diminution du nombre d'espèces de furus dans le golfe de Mwanza.

tion préexistait à l'entrée du premier de ces prédateurs dans le golfe de Mwanza. En d'autres termes, la puissante pression de sélection que représente la perche du Nil ne peut être tenue pour responsable de la répartition spatiale actuelle des espèces survivantes. Celles-ci ont résisté au prédateur non parce qu'elles se sont mieux sorties de la confrontation avec lui (le modèle du jeu honnête), mais sous l'action de facteurs, indépendants de la perche, qui ont joué auparavant un rôle déterminant dans le choix de leur habitat. Le troisième modèle cité ci-dessus – disparition non contrôlée mais sélective – est probablement celui qui s'applique le mieux aux furus.

Les espèces vivant au large ont disparu en quelques années, c'est-à-dire en quelques générations de furus au maximum. A supposer que l'énergie d'évolution nécessaire ait été présente, pour de nombreuses espèces, cette période a été trop courte pour échafauder une stratégie qui leur aurait permis de coexister avec les perches du Nil. Le développement de mécanismes de défense ou d'esquive ou le passage à une autre stratégie de reproduction au moyen d'une réponse évolutive n'est pas la seule façon de relever le défi d'une confrontation avec des prédateurs. Parfois, la sélection naturelle produit des animaux dont l'aspect extérieur, malléable, peut se modifier au gré des circonstances. Chez les papillons du genre *Bicyclus*, l'apparence de leurs générations successives change selon la saison. Ils présentent d'effrayants ocelles pendant la saison des pluies, mais une sorte de camouflage à la saison sèche. Un même matériel génétique qui se traduit par deux apparences totalement différentes selon la température à laquelle l'animal est exposé au début de son développement.

Mais parfois, c'est au cours de la vie d'un individu qu'une réponse adéquate est trouvée à l'arrivée d'un prédateur. On a découvert chez des carpes *(Carassius carassius)* une modification de la forme de leur corps qui les protège contre le brochet[145]. Dans les lacs où vit celui-ci *(Esox lucius)*, les populations de carpes sont constituées d'un petit nombre d'individus relativement grands ; en l'absence de prédateurs, le brochet par exemple, elles se composent d'un grand nombre d'individus de petite taille. Afin d'étudier systématiquement ce phénomène, on a réparti des carpes dans plusieurs viviers ; dans la moitié de ceux-ci, on a lâché des brochets. Après douze semaines, une différence de forme corporelle était apparue entre les carpes des viviers à brochets et celles des autres viviers. La distance entre le dos et le ventre des carpes du premier groupe avait augmenté, leur corps s'était donc épaissi. Cette situation aurait pu résulter d'une prédation sélective, les brochets mangeant de préférence les carpes d'épaisseur relativement faible, de sorte que celles dont le corps était plus gros subsistaient. Il s'avéra qu'il n'en était rien. La forme des carpes vivant dans les viviers avec brochets avait réellement changé : c'était une réponse phénotypique à la présence de ces prédateurs. Ceux-ci ne réussissent que difficilement, quand ils y arrivent, à ingurgiter les grosses carpes et choisissent de préférence celles dont l'épaisseur est inférieure à la valeur maximale qu'ils puissent gérer. Les carpes vivant en présence des brochets étaient devenues juste assez épaisses pour cesser de représenter une proie potentielle pour eux. Si les carpes relativement grosses courent moins de risques d'être attrapées, pourquoi en est-il encore qui sont minces ? Probablement parce qu'une grande épaisseur corporelle n'est pas avantageuse en toutes circonstances. L'eau oppose une résistance plus grande aux grosses carpes, dont les mouvements natatoires exigent dès lors beaucoup d'énergie. En l'absence de prédateurs, il n'y a pas de raison de consentir à cette dépense et, en cas de forte concurrence pour la nourriture, sa minimisation peut même présenter un intérêt vital. Il est vraisemblable qu'en certains endroits (ou pendant certaines années) il y ait plus de brochets qu'en d'autres. Ce qui est moins clair, c'est la façon dont la modification de forme est amorcée. Certains cyprinidés réagissent à des signaux d'alarme, substances que sécrètent leurs congénères après avoir été attrapés par un prédateur. Le déclencheur pourrait donc être de nature chimique.

Après l'augmentation explosive du nombre des perches du Nil, certaines espèces de furus ont également changé de forme, tout comme les carpes. Mais nous ne savons pas si ces modifications étaient phénotypiques ou génétiques. A la différence des carpes, certaines espèces de furus sont devenues non pas plus épaisses, mais plus minces. Peut-être leur vitesse en a-t-elle été augmentée, et donc leurs chances d'échapper à l'ennemi améliorées.

Pour la plupart des espèces de furus du large, la pression de sélection que représentait la perche du Nil était trop forte pour qu'ils puissent y opposer une réaction évolutive. Cependant, quelques-unes de ces espèces ont survécu dans l'habitat du prédateur. Dans quelques années, nous saurons probablement dans quelle mesure la confrontation avec les perches modifie leur dissémination et leur cycle vital.

Lorsque des espèces s'éteignent et que la variabilité biologique s'en trouve diminuée, un espace écologique et géographique s'ouvre au renouveau. C'est là le rôle principal joué par l'extinction dans l'évolution. Un véritable renouvellement morphologique n'est souvent possible qu'après l'anéantissement de formes antérieures. L'étude des archives fossiles montre, en effet, que des formes nouvelles très variées apparaissent après l'extinction des espèces anciennes. L'essaimage des mammifères qui se produisit de manière accélérée après l'extinction des dinosaures en est l'exemple le plus connu [136].

Peut-être la disparition de la plupart des espèces de furus va-t-elle créer, dans le lac Victoria, un espace pour des essaimages secondaires des espèces survivantes ou aussi, éventuellement, d'organismes très différents, plus résistants à la perche du Nil. Le temps que cela prendra est impossible à prévoir.

En ce qui concerne les animaux vivant sur les récifs coralliens, on sait qu'il faut parfois des millions d'années pour qu'une nouvelle communauté se forme après l'extinction massive de l'ancienne. Mais, par rapport à la plupart des vertébrés, les communautés de poissons dans lesquelles les furus sont prédominants se développent extrêmement vite. Les furus survivants se modifient même à un rythme tel qu'un biologiste a l'occasion de faire sur eux certaines observations au cours de sa carrière.

L'aspect le plus déprimant de l'extinction massive de l'essaim de furus est, bien sûr, qu'il s'agit d'un phénomène général de notre époque. Wilson a évalué le nombre d'espèces qui disparaissent définitivement, chaque année, des forêts tropicales. Son estimation la plus optimiste s'élevait à 27 000, ce qui représente soixante-quatorze par jour, ou trois par heure.

S'il est vrai qu'avant l'intervention de l'homme toute espèce avait une espérance de vie d'environ un million d'années, il faut en conclure qu'une seule environ sur un million disparaît annuellement[120]. Wilson dit, à ce propos, que l'activité humaine a multiplié par un facteur compris entre 1 000 et 10 000 le risque de disparition des espèces de la forêt tropicale. Il en conclut : *« Clearly we are in the midst of one of the great extinction spasms of geological history. »*

Que pouvons-nous encore faire à présent ? Des biologistes, des limnologues et des anthropologues de plus en plus nombreux se consacrent à la conservation du lac Victoria et de sa diversité biologique. Ils sont réunis au sein de la Lake Victoria Research and Conservation Team, dont notre groupe fait également partie. D'autre part, les furus ont été repris dans le livre des espèces animales menacées de l'International Union for the Conservation of Nature (IUCN). Un programme (Captive Breeding Program) a aussi été lancé. Quarante espèces environ ont été envoyées en Europe et en Amérique. Chaque poisson a été placé dans un sac de plastique contenant de l'eau et une bulle d'oxygène. A l'aide d'un petit avion de mission, qui ne véhicule habituellement que des malades, du fromage et du genièvre, il a été possible de transporter les poissons à

Dar es-Salaam et de les envoyer de là, par ligne régulière, en Europe. Les animaux sont actuellement hébergés dans plusieurs jardins zoologiques d'Europe et d'Amérique, où leur élevage se poursuit [146]. Certains biologistes espèrent que quelques-unes de ces espèces pourront, un jour, être lâchées à nouveau dans le lac Victoria ou dans les lacs plus petits des environs. En tout cas, tant que ces animaux sont en captivité, on a la possibilité de poursuivre l'examen de leur comportement. Il existe aussi des projets d'installation de réserves où une partie des espèces de furus pourraient être mises à l'abri des perches du Nil. Mais maintenant que l'écosystème est soumis à des tensions permanentes, le plus urgent est de suivre de près les modifications qui se produisent dans le lac.

IX

Le sauveur : un écosystème sous tension

Retour à Mwanza, 1989

Levocatus vient me chercher chez moi, à Mwanza. Il semble n'avoir pris aucune ride pendant les trois années qui se sont écoulées depuis mon départ. Nous nous serrons joyeusement la main. Lorsque, en Européen que je suis, je veux retirer la mienne, je me rappelle juste à temps qu'on ne lâche la main tendue qu'après s'être mutuellement saisi et pincé le pouce. Je voudrais aussi dire à Levocatus qu'il m'a manqué et je cherche le mot « manquer » en swahili. Peine perdue. « Je n'étais pas heureux de ne pas te voir et maintenant je suis heureux de te revoir », bredouillé-je, agacé. Nous marchons vers la ville et passons devant la petite gare de l'époque coloniale, à demi cachée par un bouquet d'arbres. Quelque chose a changé, mais il me faut un petit temps avant de comprendre quoi. Ses murs de plâtre ont été peints et son toit de tuiles pointu réparé. Elle semble moins lasse.

L'économie qui ne cessait de péricliter au début des années quatre-vingt s'est quelque peu redressée. Nyerere a poursuivi contre vents et marées sa politique socialiste rigide, orientée vers la *selfreliance*. Dans les dernières années de son règne surtout, les Tanzaniens eurent à subir l'intégrisme implacable du président qui refusait même de paraître faire la moindre concession à l'Occident. L'importation de produits étrangers – qui engendre la dépendance – fut limitée au strict nécessaire. En conséquence, les biens de consommation se raréfièrent, car le pays lui-même ne produit presque rien. Mais Mwinyi, le nouveau président, est un socialiste moins rigide. Il n'est pas radicalement opposé aux investisseurs étrangers et à l'importation. Et donc, eh oui, voilà qu'arrivent les pots de peinture et les tuiles. Les initiatives privées se voient offrir une nouvelle chance et le commerce n'est plus entravé : on trouve à nouveau des produits de première nécessité comme le savon, l'huile pour lampes, les allumettes et les médicaments et on peut même acheter réfrigérateurs, magnétoscopes, vélos et moteurs.

– Regarde un peu les Indiens, dit Levocatus, s'arrêtant et me saisissant par l'épaule. Ils ont tout dans leurs magasins, absolument tout. *Mpaka gari*, jusqu'à des voitures.

Et il ajoute, après une pause :

– Pour ceux qui peuvent se le permettre.

Le ton résigné de sa voix m'indique qu'il n'en est pas.

Un haut-parleur débite une musique joyeuse. Je comprends quelques bribes des paroles chantées en swahili : « Tu aimerais bien manger… ah ! chérie, si je pouvais obtenir le remède qu'on appelle l'argent… assassiner quelqu'un. Ça va trop loin… Dieu… interdiction… tralala. »

La place devant la gare est pleine de perches du Nil, emballées dans de jolis ballots faits de branches recourbées et d'herbe. Ils ont un aspect familier comme si on les fabriquait ainsi depuis des millénaires. Pourtant, c'est la première fois que je les vois. Je suis surpris de constater que toute une industrie a pu naître en si peu de temps. Des usines se sont développées où les perches sont débitées en filets et fumées et aussi, depuis peu, mises en boîtes. Elles sont exportées massivement, par le Kenya, vers Israël et l'Europe. Melle avait vu juste en son temps. Dans un restaurant indonésien d'Amsterdam, on m'a proposé récemment un plat de poisson des Célèbes. J'ai accepté volontiers de le goûter. Savourant le mets avec un plaisir d'enfant, je me suis cru en Asie. Jusqu'à ce qu'un vague goût de vase supplante l'arôme de la coriandre et me ramène brusquement dans le bac qui naviguait en direction du golfe d'Emin Pacha. Je nous ai revus, soumis pendant des semaines au régime de la perche du Nil accompagnée de riz et de petits cailloux, tenter de contenir l'armée de ces poissons dans l'espoir de trouver des coins encore inexplorés. On m'avait manifestement servi une perche du Nil masquée par un assaisonnement asiatique épicé.

Dans une galerie couverte abritant des bureaux et une consigne, une foule assise à même le sol attend le train pour Dar es-Salaam. Il y a de fortes chances pour que ce *treni* se décide à partir le soir même, et, une fois qu'il sera en route, on ne pourra plus l'arrêter. Ceux qui n'ont pas réservé de billet des semaines à l'avance viennent tôt dans l'espoir d'obtenir une place non revendiquée. Ceux qui attendent possèdent le temps. Entassés sous l'auvent de l'étroite galerie, on a l'impression de pouvoir presque le palper. Je me surprends à avoir envie d'en emporter un peu. Mais ne devrais-je pas plutôt essayer de me plonger réellement dans ce pays et de me débarrasser de la notion occidentale du temps ? Si, du moins, il existe une chance de faire machine arrière pour l'Européen qui se laisse entraîner sur un étroit sentier d'agendas chargés, tout droit vers une fin irrévocable ?

Il est tôt, la troisième heure du jour n'est pas encore passée, mais il fait déjà très chaud. Une brise agréable nous caresse. « *Mvua*, pluie », dit Levocatus en montrant le ciel. Devant nous, une averse compacte en suspension fait une tache sur le ciel d'un bleu intense. Dernière convulsion de la saison des pluies. Les gouttes n'arrivent plus au sol, l'eau recule, sous forme de vapeur, devant la terre.

Marchant sur la voie, de Mwanza vers Nyegezi, nous longeons des terrains industriels, un chantier naval et des scieries. Sur les murs de hangars à l'abandon, des dessins crus de rapports sexuels m'inspirent la gratitude de ne pas être une femme tanzanienne.

Des jeunes gens sont assis sous un arbre, à côté d'une station-service, au milieu de monceaux de pneus. Des leviers à déjanter, une petite pompe à air actionnée au pied et une boîte d'outils de collage constituent les piliers de leur activité. Un garçon affligé des séquelles de la poliomyélite traverse la route en rampant aussi vite qu'il le peut et s'installe contre l'arbre des colleurs de pneus. Ses genoux sont écorchés à vif. Pourquoi ne les protège-t-il pas avec un morceau de pneu ?

Levocatus suit mon regard et dit : « Sa famille lui donne à manger. » Ensuite, il m'interroge sur la mienne. « Comment vont tes parents ? Et ta femme ? Elle t'a donné une descendance ? » En apprenant que je n'avais toujours pas d'enfants, il secoue la tête et dit : « Et tu n'avais rien payé pour l'avoir, si je me souviens bien ? »

Des sacs de jute contenant du charbon de bois s'entassent en hautes piles le long de la route. En attendant les clients, leurs propriétaires jouent au *bao* sur le seuil de leur petite maison de pierre.

Un garçon assis sur un tabouret de l'autre côté de la route appelle

Levocatus. Debout derrière lui, se tient le coiffeur, occupé à lui raser la tête à la tondeuse. Levocatus les rejoint tandis que j'attends. Trois guêpiers se posent sur une ligne électrique qui longe la voie. De couleur jaune d'œuf, verts, noirs, blancs ? Je distingue mal leurs teintes dans la lumière aveuglante. Soudain, je sens une main qui m'entraîne.

En chemin, Levocatus rencontre de nombreuses connaissances. Il ne s'adresse pas à ses congénères de la même façon qu'à moi. Dès qu'un Sukuma approche, il se coule immédiatement dans le rôle du notable local. Levocatus est, en effet, *mganga*, le guérisseur traditionnel de Nyegezi, un personnage important. Il est rompu, comme nul autre, à la résolution des problèmes de conception, bien qu'il n'en tire jamais vanité. Les gènes se passent de commentaires. Il accueille les jeunes femmes, surtout, la tête haute et la taille cambrée. Elles, en retour, font une profonde génuflexion, saluant timidement, les yeux clos. Elles gardent cependant bien droits la nuque et le cou à cause des paniers chargés de riz, de farine de maïs, de haricots et de fruits qu'elles portent sur la tête. Celle d'une perche du Nil géante sort d'un cageot. Une bouche, une joue et un œil glaçant, aux aguets, dépassent du châle bigarré qui enveloppe le poisson.

Comment vont Levocatus, ses trois épouses et ses plus de trente enfants légitimes ? L'une de ses femmes, Thérésa, a souffert de la malaria cérébrale, dit-il. Elle n'a plus toute sa tête et fait régulièrement des fugues. Levocatus ne la comprend pas bien. « C'est difficile de vivre avec des épouses qui habitent aussi loin l'une de l'autre », dit-il. Pour elles aussi, me dis-je. Autrefois, elles auraient peut-être habité la même ferme et se seraient soutenues mutuellement. Actuellement, les épouses d'hommes comme Levocatus vivent dans des lieux différents, un geste de bonne volonté à l'égard de l'Église catholique. J'aimerais entendre l'opinion de ces femmes sur cette diaspora offerte sur l'autel de la monogamie, mais je n'en ai jamais eu l'occasion. Pour ces campagnardes, l'homme est d'une autre espèce qu'elles, à plus forte raison s'il est blanc. « Tu cuisines toujours pour les pères ? » demandé-je. Levocatus acquiesce. C'est en cumulant divers métiers et occupations qu'il arrive à entretenir son énorme famille. Il travaille comme cuisinier de la mission, gardien, psychologue, guérisseur traditionnel, bouilleur, cultivateur de cannabis et il négocie tout ce qui peut rapporter quelque gain.

Le long de la route gît la carcasse toute rouillée d'un autobus dont la peinture a disparu. Trois mots, tracés en élégantes lettres rouges à l'arrière, sont difficiles à déchiffrer. *Shauri a Mungu*, tout à fait vrai. A l'intérieur, des plantes de maïs desséchées oscillent de droite et de gauche. Dans l'encadrement de la porte avant, on aperçoit une chèvre blanche comme neige. Elle regarde à gauche, à droite, puis descend d'un pas routinier, suivie de trois compagnes. L'accotement est leur destination.

Huile antimoustiques

Nous approchons de Mkuyuni, une petite ville de marché située à mi-chemin entre Mwanza et Nyegezi, et décidons de faire une halte. Sur le mur d'une baraque vermoulue où l'on vend de la limonade, on peut lire, tracés d'une écriture malhabile, les mots : Miami Beach Hotel. Je suis hors d'haleine et peux à peine boire. Contre le mur et sur le toit d'une échoppe voisine s'est faufilée une plante de la passion dont les fleurs bleues au cœur blanc se détachent nettement sur la tôle ondulée. La marchande, une matrone qui peut à peine tenir dans la petite échoppe, me fait signe. Elle désigne fièrement sa provision de boîtes de margarine à demi cachées par une guirlande de slips de dentelle. Sur la planche inférieure, sont rangés des pots de vaseline et des macarons.

– Formidable, dis-je en levant le pouce vers le haut.

Mais je ne m'en tirerai pas à si bon compte. La marchande me propose, un à un, tous ses produits. Dès qu'elle comprend que je n'ai pas l'intention d'acheter quoi que ce soit, son visage se rembrunit. Tu ne veux pas de margarine, pas de slip, pas de vaseline, pas de biscuits ? Qu'est-ce que je dois faire de toi ? Maussade, elle disparaît sous le comptoir. Lorsqu'elle reparaît, elle me tend un flacon gluant d'huile antimoustiques, fermé par un bouchon retaillé, en disant :

– Prends, étranger, tu en auras besoin.

– Il y a plus de moustiques qu'autrefois ? demandé-je.

– Il y en a beaucoup, c'est incroyable. Nous ne fermons pas l'œil.

– Mais il y en a plus qu'avant ?

La femme éclate de rire et demande à Levocatus ce que, bon Dieu ! je peux bien vouloir dire. Je regrette aussitôt ma question, mais il est trop tard pour reculer.

– La plupart des poissons qui se nourrissent de larves de moustiques ont disparu du lac. Comme il y a moins de larves mangées, le nombre de ces insectes pourrait donc avoir augmenté considérablement, dis-je en guise d'explication.

Je m'aperçois maintenant seulement qu'elle ne sait pas que les moustiques ont des larves et encore moins que celles-ci vivent dans l'eau.

– *I seeee*, dit la marchande, renonçant à moi pour de bon.

Elle me prend le flacon d'huile antimoustiques des mains et le donne à Levocatus :

– Vénérable vieil homme, prends cette huile pour ton ami. Elle lui fera du bien.

Je n'écoute qu'à moitié Levocatus et la marchande. Mon attention est détournée par deux femmes qui bavardent à l'ombre d'une halle couverte. Elles viennent de chez le boucher. Elles portent toutes deux, sur la tête, un plateau d'aluminium sur lequel gît la tête tranchée d'un bœuf, la langue pendante. Elles parlent avec animation, rient, se saisissent mutuellement les épaules. Elles tournent l'une autour de l'autre, s'agenouillent. Cela ressemble tout à fait à une danse. Seuls leurs cous sont tenus bien droits. Les têtes de bœufs, là-haut, voudraient se lécher l'une l'autre, mais elles n'arrivent pas à se rapprocher.

– *Njoo*, viens, dit Levocatus.

Sur les éventaires, les dagaas séchés ont été comptés et posés en petites portions égales. Il y a aussi des tilapias du Nil à la tête rétrécie et un jeune silure aux petits yeux perçants et aux longues barbilles, qui proteste en s'agitant contre sa mort prématurée. Lorsqu'il y est finalement prêt, il bénéficie d'un report d'exécution sous la forme d'un jet d'eau dont le marchand l'asperge et qui le replace à la case départ. A côté de lui, sur une table, gisent des monceaux de perches du Nil. Des lucilies volent tout autour, trempant leurs pattes dans le sang qui nappe les tranches de poisson. Après de longues recherches, je découvre un furu roussi, un mangeur d'escargots des eaux peu profondes. L'animal a été fumé.

Un groupe de petits garçons interrompent leur mastication de canne à sucre dès qu'ils m'aperçoivent. « Un Blanc, un Blanc ! », crient-ils. Tour à tour, ils s'approchent de moi avec circonspection, me touchent et disent en riant « TX », puis filent, les bras écartés, en poussant de petits cris. TX sont les deux lettres qui précèdent les numéros de plaques minéralogiques des voitures des expatriés.

Nous retournons sur le sentier. Il y a peu de circulation sur ce chemin sablonneux plein de nids-de-poule. L'atmosphère est plus calme, plus champêtre. Autrefois, il y avait ici une route asphaltée. De lourds camions qui ne pouvaient traverser l'Ouganda pendant le règne d'Amin et les quelques années qui suivirent étaient obligés de l'emprunter. La charge était trop lourde. Des trous se formèrent dans l'asphalte et le sable sous-jacent disparut. Même les incomparables chauffeurs du Fantastic Express Bus Service local ne parvenaient plus à slalomer entre les creux profonds de plusieurs mètres. Actuellement, le trafic des camions passe à nouveau par l'Ouganda pour se rendre au Rwanda, au Burundi et au Zaïre et nous marchons sur un chemin sablonneux. Bien plus facile à entretenir qu'une autoroute certes, mais non promis à une très longue existence. Dès qu'un président ou un pape décidera de l'emprunter, on y déroulera un tapis d'asphalte.

– La *sangara*, la perche du Nil, rapporte gros, si j'ai bien compris. Mais j'ai lu que ces bénéfices profitaient surtout à un petit groupe de gens fortunés, dis-je.

– Eh ! acquiesce Levocatus. Ils ont des bateaux et des filets.

– Mais que représente la perche du Nil pour les gens comme toi ?

– La *sangara* tombait bien. Qu'est-ce qu'on aurait pu manger s'il n'y avait pas eu la perche du Nil ? La *sangara* nous a sauvés, *mkombozi*, dit Levocatus.

– *Mkombozi* ?

Levocatus ne connaît pas la traduction du mot en anglais. J'avise quelques passants pour la leur demander.

– *Mkombozi*, dit un homme ventripotent à la tête charnue, *mkombozi* signifie le sauveur… eh !

Rayonnant de joie, il ajoute cette remarque superflue :

– *So that now you know the meaning of this word. Are you from Japan ? Ah ! from Europe. I am sorry. Unfortunately, you look like a Japanese.*

Il éclate de rire et tourne la paume de sa main droite vers le haut. J'y plaque la mienne et le remercie chaleureusement.

– *Karibu Tanzania*, bienvenue en Tanzanie, dit-il en guise de conclusion.

Après quelques minutes, j'entends encore Levocatus marmonner :

– Sauveur, sauveur.

Belles chaussures

Des blocs de rochers gisent dans le paysage tels de bizarres amoncellements de pains. Des hirondelles volent tout autour à grande vitesse. Non loin se dressent des euphorbes de plusieurs mètres de haut, pareilles à de gigantesques chandeliers. Irai-je voir les peintures rupestres ? C'est tout près d'ici. A l'époque où je cherchais le léopard et le lynx, je découvris par hasard ces œuvres symboliques sous un surplomb rocheux. Aucune figure animale ou humaine, mais des signes abstraits. Je n'ai pas la moindre idée de leur signification ni de leur âge, mais j'ai envie de faire une offrande avant d'aller sur le lac. Un corossol, une mangue, des limons et, tout autour, une couronne de fleurs. A côté, sur une feuille de bananier, une tranche du *mkombozi*. Et puis marmonner une prière pour que le sauveur reparte avant que l'écosystème ne craque et que le lac ne devienne une étendue désertique que toute vie a abandonnée. « Hé ! le rêveur », dit Levocatus, en m'entraînant par la main.

Sur la plus grande partie du trajet, le golfe de Mwanza est caché par des collines, mais je flaire le lac que l'on aperçoit de temps en temps. En entendant le cri des balbuzards, je n'y tiens plus. Je veux aller sur l'eau.

Près de la sortie qui mène à Nyegezi, nous sommes dépassés par une voiture tirant une remorque bourrée de passagers. Rires, signes, l'auto s'arrête. Levocatus et moi n'y voyons plus rien à cause du sable qui vole. Nous fermons les yeux et les protégeons de nos bras. Quelques instants plus tard, des visages hilares surgissent du nuage de poussière. Ce sont des collaborateurs de l'Institut : Kabika, Bahati, Kitabwa, Jane, Kurwa et Maembe. On se salue cordialement et je suis assailli de questions. « Comment va ta femme ? As-tu les plaques d'embrayage ? Combien d'enfants ? »

Le chauffeur, plus fasciné par mes chaussures que par la médiocrité de ma capacité de reproduction, dit :

– *Viatu vizuri*, jolies chaussures, extraordinaires même.

– « A travers la brousse », c'est le nom de ces chaussures, dis-je.

– *Very good*, répond le chauffeur. Je dois traverser la brousse. *Maybe we can cooperate.*

Levocatus et moi déclinons leur proposition de nous emmener et continuons notre route à pied. Stupéfait du nombre de personnes qui sont sorties de cette seule voiture, je me demande avec inquiétude si j'ai amené assez de *zawadi*, cadeaux, pour donner à tous le sentiment que j'ai pensé à eux.

On aperçoit maintenant le mont Luguru dans le lointain, mais je n'arrive pas à distinguer les bâtiments de la retraite. Seul un vague trait, le pilier qui supportait autrefois la cloche de la chapelle, est visible d'ici.

La marche est pénible dans le sable meuble. L'allure juvénile du pas de Levocatus m'étonne. Il doit avoir la soixantaine, mais il est toujours dynamique, basané et musclé. Je le suis en traînant péniblement les pieds. « *Labda utapata mtoto sasa,* peut-être aurastu finalement un enfant », dit-il. Je m'étonne de l'ardeur des Tanzaniens à assurer le succès de leur fonction de reproduction. J'avais oublié cela.

Un martin-pêcheur bigarré passe, volant très bas. Il tient dans son bec un petit poisson argenté, un dagaa. Nous nous asseyons face à un amas de déblais abrupt dont on dirait qu'il a subi des tirs de canon. La paroi semble criblée d'impacts de boulets. A y regarder de plus près, on constate que les trous ne sont pas répartis au hasard, mais placés de façon régulière. Un système se cache derrière cette disposition. Ce sont les entrées des refuges des martins-pêcheurs. Dans un arbre qui jouxte les déblais, ils jacassent par dizaines, des mâles essentiellement. On les reconnaît à l'étroite bande de plumes noires qui, tel un collier, orne leur cou.

A l'éclosion des œufs, les deux sexes sont représentés en nombres quasi égaux, mais, chez les martins-pêcheurs adultes, les mâles sont nettement en majorité. Tandis qu'ils partent à la recherche de nourriture, les femelles passent plus de temps à couver et périssent donc en plus grand nombre. Les mambas noirs, les cobras, les varans du Nil et les mangoustes rayées constituent une menace permanente pour elles-mêmes et pour leurs œufs. Quelques mâles s'engouffrent, l'un après l'autre, en rang serré, dans l'un des refuges, un petit poisson dans le bec. Un couple en période d'incubation reçoit l'aide d'un troisième oiseau pour la recherche de la nourriture de ses jeunes. Ces assistants sont tantôt des fils ou des filles du couple, tantôt des frères ou des sœurs sans partenaire. L'aide des premiers est toujours bien acceptée, à la différence de celle des seconds. Plus les parents ont de difficultés à nourrir leurs jeunes, plus ils ont tendance à ne pas refuser l'aide d'un tiers. Un système d'assistance souple. Les aides apparentés font de nécessité vertu. En s'investissant pour leurs neveux et nièces, ils travaillent à la propagation de leurs propres gènes. C'est moins efficace que de couver soi-même, parce que le degré de parenté entre neveux et nièces est deux fois plus faible que celui qui lie parents et enfants, mais, pour un oiseau non adulte ou un célibataire, cela vaut mieux que rien et l'expérience est très probablement enrichissante[147]. Lorsqu'un autre martin-pêcheur arrive du lac portant également un dagaa dans son bec, je décide de poursuivre mes observations. « *Sawa, sawa*, c'est bien, répond Levocatus, qui se lève et ôte la terre rouge de son pantalon. A tout à l'heure sur la montagne. » Les quatre martins-pêcheurs suivants apportent aussi un dagaa, mais pas un seul furu. Avant l'arrivée de la perche du Nil, cette situation ne se présentait que rarement, sinon jamais. Rien qu'au comportement alimentaire de ces oiseaux, on peut voir que l'écosystème s'est modifié.

L'Institut

Des dizaines de jeunes filles travaillent au *jembe*, à la bêche, la terre du champ de l'école. Elles portent des jupes plissées vertes et par-dessus de petits chemisiers blancs immaculés. « *Habari za kazi*, comment va le travail ? » demandé-je à l'une d'elles qui, appuyée sur son *jembe*, me regarde fixement. Elle est plutôt grande et bien bâtie : bassin puissant et cuisses fermes. Je sursaute. C'est exactement l'endroit où se trouvait cette Jeep. C'était l'après-midi. Tout comme maintenant, les jeunes filles effectuaient ce travail obligatoire dans le champ de l'école. Dans la voiture, se trouvaient trois hommes âgés, fonctionnaires du gouvernement, et une femme, la directrice de l'école. Parmi la meute des filles penchées sur la terre, les hommes en choisissaient une pour la nuit. Si elle refusait, elle était renvoyée de l'école. Si elle était enceinte, elle subissait le même sort. Le risque d'infection par le virus du sida ne jouait aucun rôle dans l'histoire. C'était en 1984 et personne, dans cette contrée, n'avait conscience de la propagation d'une épidémie.

Je continue lentement mon chemin vers l'Institut. Machota, l'un des gardiens, ouvre la grille de fer. Il me regarde comme s'il voyait apparaître un esprit et prononce plusieurs fois mon nom d'une voix étouffée. Ce n'est pas un Sukuma, mais un Kuria du nord de la Tanzanie, reconnaissable à ses lobes d'oreilles ajourés comme la tête d'une clé. Un deuxième *askari* sort de la loge. Il s'étire et prend sa massue.

L'Institut donne une impression de désolation. Il est encore tôt, mais la plupart des collaborateurs sont déjà repartis après avoir fourni, sous la forme d'une signature, la preuve irréfutable de leur présence. En ville, ils vont tenter de décrocher leurs salaires impayés, un long processus qui exige une grande ténacité.

En marchant dans le préau, je perturbe le groupe des animaux à sang froid. Des dizaines de lézards et d'agames se précipitent sous les filets de pêche qui sèchent sur le sol. Je comprends rapidement de quoi vivent ces reptiles. Sous l'une des veilleuses, on peut voir une montagne de cadavres ailés de moustiques non piquants. Il y en a plus que jamais. Le lac a une fuite, telle est la première idée qui me vient à l'esprit. L'énergie s'en échappe. Dans l'ancien écosystème, la majorité de ces moustiques auraient fini dans un poisson. Le monceau d'insectes confirme mes prévisions : le nombre de moustiques va augmenter, maintenant que les prédateurs de leurs larves ont été en grande partie exterminés.

Une image fantomatique est suspendue au-dessus du lac. Des colonnes aux contours flous, hautes de quelques centaines de mètres. Ce sont des essaims de moustiques, pour être ainsi emportés par le vent. Jamais auparavant je n'en avais vu ici des nuées d'une telle ampleur. J'en ai observé, en revanche, au lac Malawi où on les récolte. La population en fait des boulettes qu'elle consomme.

Une grande partie des insectes appartient au genre *Chaoborus*. Leurs larves passent la journée sur le fond vaseux, mais, après le coucher du soleil, elles migrent dans la colonne d'eau où elles se nourrissent de zooplancton. A ce moment-là, en effet, le risque est relativement plus faible de se faire attraper par les prédateurs qui chassent à vue. Le cycle vital des espèces *Chaoborus*, qui est de deux mois environ, est adapté à l'intensité de la lumière lunaire. Aux environs de la nouvelle lune, lorsque l'éclairement du ciel est minimal, les larves passent au stade vulnérable de pupes et quittent l'eau sous forme de moustiques. Ceux-ci s'accouplent, les femelles pondent des œufs qui tombent dans l'eau, et le cycle se répète. Dans le système perturbé, les moustiques ne constituent plus un stade intermédiaire, mais le maillon terminal. Lentement se dessinent dans mon esprit quelques chaînes alimentaires de l'écosystème modifié, mais je ne comprends pas encore très bien leurs relations mutuelles.

Mhoja, James et Elimo font des signes et lancent des appels depuis le *Sangara*, distant de quelques dizaines de mètres de la rive. J'ai de la chance. On pêche aujourd'hui et on m'invite à bord. L'équipage prépare le *Sangara* au départ. On m'y conduit en canot et l'interminable rituel des salutations se déroule une fois de plus.

– *Bwana Tesi*. As-tu reçu ma lettre ? demande Mhoja.

– Oui, bien sûr, dis-je.

Il parle sans doute de la liste de commissions.

– Tes petits poissons sont partis, dit Elimo en riant.

– Je l'ai entendu dire, réponds-je, tandis que j'ai du mal à garder l'équilibre en embarquant dans le canot.

Tout s'est passé très vite. En 1985, j'ai pris conscience, pour la première fois, des dégâts occasionnés par la perche du Nil dans le golfe de Mwanza. Les espèces de furus que j'avais prises, semaine après semaine, des années durant, dans la partie septentrionale du golfe disparaissaient à un rythme accéléré et y étaient remplacées par certaines autres venues des eaux plus profondes. En 1986, je partis pour les Pays-Bas, mais d'autres chercheurs poursuivirent le travail. En 1988, tous les furus vivant loin des rives du golfe avaient disparu, à l'exception de quelques mangeurs de zooplancton. A quoi ressemblerait le système une année plus tard [148] ?

– Où veux-tu pêcher ? Tu peux choisir, parce que tu ne nous as pas oubliés, dit Mhoja.

Je demande à l'équipage de poser le filet à la station G. L'ancre est levée. Les martins-pêcheurs perchés sur le bord de la cabine de pilotage regagnent la rive en gazouillant et le bateau sort en crachotant de la baie de Nyegezi. En route vers mon vieux coin favori.

Le vent se lève. Les nuages de moustiques qui surmontaient le lac ont disparu. Des traits blancs parallèles rident la surface de l'eau dans la direction du vent. Un groupe de pélicans d'un blanc sale se pose derrière le bateau et flotte, attendant patiemment quelque poisson.

La pêche à la traîne terminée, les câbles du chalut sont enroulés sur le winch et, quelques instants plus tard, le filet apparaît au-dessus de l'eau. Dégoulinant, il oscille de droite et de gauche, suspendu à la potence. Avant la période des perches du Nil, le piège mortel rempli avait la forme d'un grand bol. Il contenait généralement des centaines de milliers de furus, quelques dagaas, des dipneustes, des silures et des tilapias du Nil. Et il s'y ajoutait souvent un poisson à museau d'éléphant, une anguille épineuse ou une autre espèce moins connue. Cette fois, le filet a une forme biscornue. Les poissons sont grands, mais beaucoup moins nombreux. Mhoja détache d'un coup sec la corde qui ferme le chalut et fait un bond de côté. Tandis que les poissons se répandent sur le pont, il exécute un petit pas de danse. « *Mbuzi, mbuzi*, une chèvre, une chèvre », crie-t-il rayonnant. La prise comporte une perche du Nil de plus de quarante kilos. J'ai tellement de plaisir à observer Mhoja que j'en oublie le dégoût que m'inspire, en général, la vue de ce tas d'animaux morts.

La composition de la pêche est méconnaissable. Si, aux Pays-Bas, on m'avait mis sous les yeux une photo de cette prise, je n'aurais pas cru qu'elle provenait du lac Victoria. Des perches du Nil de toutes les tailles reposent sur un lit épais et douillet de petites crevettes brunes. Ici et là, brille un dagaa argenté, et quelques tilapias du Nil complètent le tableau. C'est tout. Pas de dipneustes, pas de silures, pas de poisson à museau d'éléphant et pas un seul furu. Un affreux appauvrissement de l'écosystème. La communauté différenciée qui s'était constituée pendant au moins 14 000 ans, voire des centaines de milliers d'années, de changements évolutifs concomitants était devenue, en une décennie, un misérable amas de ruines. Mais il y a quelque chose qui cloche. Comment est-il possible qu'on prenne encore autant de perches du Nil alors que leur principale source de nourriture, le furu, a disparu depuis des années ?

Une crevette se développe

Dans un article publié en 1985 et cosigné par notre groupe, les auteurs prévoyaient que l'introduction de la perche du Nil aurait des conséquences désastreuses [149]. L'apport de ce prédateur était considéré, du point de vue éthique, scientifique, voire technologique, comme une grossière erreur. Dans le passé, on avait pratiqué la pêche intensive des furus, dont la grande majorité se nourrissait de phytoplancton ou de déchets organiques. De la lumière solaire, via le phytoplancton et les déchets organiques, au poisson. Il n'est pas de chaîne alimentaire plus courte et donc plus efficace que celle-là. Quelle prétention pousse les hommes à trafiquer un système qui, après une si longue période de modifications évolutives concomitantes, a plus ou moins atteint un état d'équilibre ? Telle était l'orientation de cet article.

Au milieu des années quatre-vingt, la biomasse des poissons du golfe de Nyanza, au Kenya, était constituée, à plus de quatre-vingts pour cent, de perches du Nil : *« An atypical and clearly unsustainable role for a predator at the top of the food chain. »* Pourquoi est-il inquiétant qu'un prédateur du sommet de la chaîne alimentaire représente la majeure partie de la biomasse ? Parce que la pyramide alimentaire est posée sur la tête. Il est un seul cas où cette situation n'est pas catastrophique, c'est celui où la durée d'une génération des proies est extrêmement courte par rapport à celle de leurs prédateurs, mais ce n'était absolument pas le cas ici. Tout écologiste serait pris de panique si, dans le Serengeti, de vastes troupeaux de lions poursuivaient la dernière antilope. C'est précisément la situation qui menaçait de se présenter au lac Victoria. La population de perches du Nil risquait de s'effondrer. Même aux points de vue économique et technologique, l'anéantissement de la faune autochtone aurait été insensé. Le comble de l'aberration.

Voilà ce que nous avons redouté pendant quelques années, mais les choses se passèrent différemment. Aussitôt avions-nous fait une prévision que l'écosystème nous faisait la surprise d'un événement inattendu. L'un de ceux-ci fut l'importance vitale que prit soudainement, dans le système, un flux d'énergie considéré jusque-là comme accessoire. Il concernait le développement d'une crevette.

Les organismes vivant dans un écosystème peuvent être répartis comme suit. Il y a, tout d'abord, les plantes, les producteurs primaires qui ne génèrent pas d'énergie au sens strict, mais la transforment seulement au cours de la photosynthèse. Sous l'action de la lumière solaire, le dioxyde de carbone et l'eau sont convertis en composés carbonés énergétiques qui sont stockés sous cette forme dans la plante. Ce processus libère de l'oxygène. Les composés carbonés, comme les sucres et l'amidon, peuvent être utilisés par les consommateurs primaires. Ceux-ci, organismes de deuxième niveau, mangent les producteurs primaires et servent, à leur tour, de nourriture aux organismes de troisième niveau, les consommateurs secondaires. Et ainsi de suite jusqu'au niveau trophique le plus élevé, celui des prédateurs du sommet. Il est frappant de constater que le nombre de maillons d'une chaîne alimentaire est généralement inférieur à cinq, quelle que soit la quantité d'espèces que compte l'écosystème. Le numéro d'un niveau trophique indique le nombre de maillons de la chaîne alimentaire qui le séparent du niveau de l'énergie solaire [150].

En 1942 l'écologiste Lindeman a proposé une méthode de calcul du contenu énergétique des organismes situés à un niveau trophique donné. Il a introduit la notion d'« efficacité écologique ». C'est une mesure de la relation qui existe entre la production d'énergie potentielle chimique à un certain niveau trophique et la dépense inévitable d'énergie que consent tout organisme pour maintenir sa structure, croître et se reproduire. Les prédateurs provoquent, en outre, une perte d'énergie au niveau trophique de leurs proies [150].

L'approche de Lindeman permet la comparaison objective de tous les écosystèmes. Aquatiques ou terrestres, jeunes ou anciens, tropicaux ou non. Pour ceux qui sont à l'équilibre, à chaque étape de l'échelle trophique, la perte d'énergie est, en moyenne, de quatre-vingt-dix pour cent. Si on choisit la valeur de cent pour cent pour la production d'énergie au premier niveau, il en reste dix pour cent au deuxième et seulement un pour cent au troisième. Le flux d'énergie rapidement décroissant qui traverse un écosystème peut être représenté graphiquement par une pyramide, dont la base est constituée des producteurs primaires et le sommet des prédateurs du niveau trophique le plus élevé. Ceux-ci, généralement rares et de grande taille, ne sont pas chassés par d'autres animaux.

Tout comme le flux d'énergie qui traverse un écosystème, il est possible de calculer la biomasse totale représentée par des niveaux trophiques successifs. En général, les producteurs primaires en constituent de loin la plus grande partie, suivis par les mangeurs de déchets, qui soutirent la dernière parcelle d'énergie des tissus végétaux et animaux morts. La biomasse la plus réduite est représentée par les prédateurs du sommet. La pyramide renversée du flux d'énergie et de la biomasse explique la crainte suscitée par la domination de la perche du Nil sur la communauté piscicole du lac Victoria. L'hypothèse selon laquelle l'âge d'or de ce prédateur ne pouvait se prolonger après l'épuisement de la réserve de poissons autochtones semblait fondée.

Les perches du Nil vivant loin des côtes continuèrent à manger des furus jusqu'à ce que ceux-ci aient presque totalement disparu [151]. Mais alors où étaient les milliers de perches du Nil affamées dérivant, à l'agonie, à la surface de l'eau ? Comment se faisait-il que le nombre de ces poissons vivant dans le lac ne diminuât pas rapidement ? Pourquoi l'effondrement prévu de la population des perches du Nil ne se produisait-il pas ?

Parce qu'une crevette, *Caridina nilotica*, se multipliait de façon explosive. L'équipage en remplissait des bacs sans désemparer. D'où venaient ces incroyables quantités ? Dans l'ancien écosystème, je m'étais parfois trouvé face à face avec une crevette, mais il n'y en avait qu'une seule presque à chaque fois. Si, un jour, quelqu'un en pêchait plus de trois, c'était un scoop qu'on se passait de bouche à oreille. Je les rencontrais surtout dans les estomacs de furus spécialisés dans la traque de ces animaux. Et maintenant, il y en avait des millions, exposées à tous les regards, sur ce pont.

J'ouvris une perche du Nil morte et examinai le contenu de son estomac. Des crevettes. Tel était le menu de son dernier repas. Voilà qui expliquait pourquoi la population des perches ne s'était pas effondrée. Depuis la disparition des furus, les crevettes étaient leur principale proie.

L'apparition de grandes quantités de ces petits crustacés dans les eaux libres est aussi une conséquence, indirecte, de l'introduction de la perche du Nil. Le groupe nombreux de furus qui se nourrissait essentiellement de déchets organiques sur le fond du lac, mais n'aurait pas laissé passer une jeune crevette, a été éliminé par la

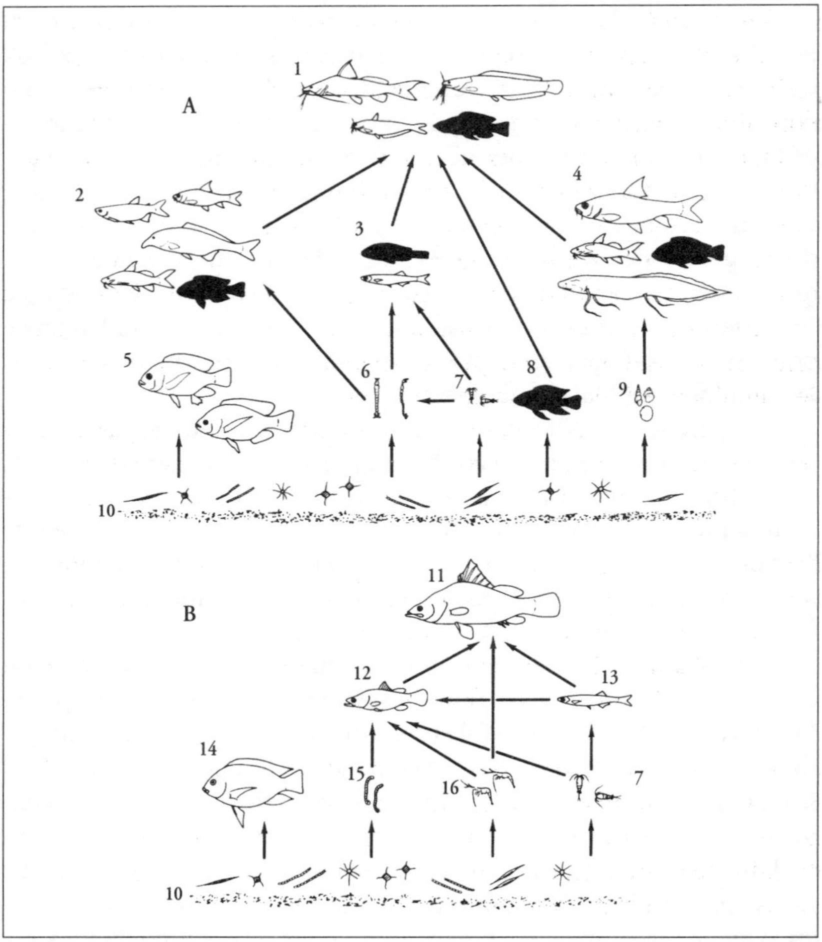

Schéma simplifié de la chaîne alimentaire du golfe de Mwanza avant et après l'augmentation explosive de la perche du Nil (A. dans les années soixante-dix, B. en 1989).

Seuls sont représentés les organismes figurant dans le régime des espèces de poissons les plus fréquentes. Les furus sont en noir. Les numéros correspondent aux groupes suivants : 1. Piscivores (silures et furu). 2. Insectivores. 3. Mangeurs de zooplancton (dagaa, la petite sardine et furu). 4. Mangeurs d'escargots (dont le dipneuste et le furu). 5. Mangeurs d'algues (tilapias autochtones). 6. Larves de moustiques. 7. Zooplancton. 8. Happeurs de vase (déchets organiques et furu mangeur de phytoplancton). 9. Escargots et coquillages. 10. Déchets organiques et phytoplancton. 11. Perche du Nil. 12. Jeune perche du Nil. 13. Dagaa, la petite sardine. 14. Tilapia du Nil. 15. Larves de moustiques. 16. Crevette.

perche du Nil. En outre, les espèces de furus spécialisées dans l'ingestion de crevettes adultes ont été éliminées. La prédation des petits crustacés diminuant fortement, il s'ensuivit une croissance explosive de leur population[152].

Outre les crevettes, les perches du Nil mangent des dagaas et pratiquent aussi le cannibalisme à grande échelle[153]. Elles s'attaquent régulièrement à des congénères plus jeunes. Même celles qui ont de six à dix centimètres de long se nourrissent abondamment de petites qui n'en ont que deux ou trois. Cette information se répandit rapidement parmi les Tanzaniens, dont bon nombre en furent horrifiés. Ils refusèrent de manger des perches de peur que l'ingestion de cannibales ne leur laisse des séquelles.

Le même soir, je découvris que, à part la crevette, le dagaa, une petite sardine, s'était aussi fortement multiplié. Le golfe de Mwanza ressemblait à une ville la nuit, une mer de points lumineux. Les dagaas sont irrésistiblement séduits par une source de lumière ponctuelle, caractéristique que les pêcheurs mettent à profit, à la nouvelle lune, pour les attirer avec des lampes et les capturer ensuite.

L'accroissement de la population des sardines résulte également de l'introduction de la perche du Nil. Les furus mangeurs de zooplancton ont été pratiquement éliminés et les sardines se sont multipliées[154]. J'ignore comment cela s'est passé. Il se pourrait que la quantité de ce plancton ait augmenté, puisque les furus qui s'en nourrissent ont disparu. Mais rien ne dit que cette explication est la bonne. Les sardines ont une stratégie de reproduction différente de celle des furus. Elles ne prennent pas soin, comme ces derniers, du frai et des jeunes. Elles produisent un grand nombre d'œufs par ponte, qu'elles négligent dès qu'ils ont été fécondés. Dans un milieu imprévisible comme l'écosystème perturbé du lac Victoria, cette stratégie pourrait être plus avantageuse que celle qui consiste à dépenser énergie et temps à faire naître un nombre limité de jeunes, voués à une mort quasi certaine avant d'être capables de se reproduire eux-mêmes.

Outre la perche, la petite sardine et la crevette, la prise comportait quelques tilapias du Nil. Ceux-ci ont été introduits, comme les perches, dans les années cinquante. Ils ont chassé les espèces de tilapias autochtones[144].

Perche du Nil, petite sardine, crevette, tilapia du Nil, tels sont les principaux piliers du système appauvri. Je comprends de mieux en mieux comment la chaîne alimentaire originale s'est démantelée. Voici les principales interversions de rôles qui eurent lieu [155] :

1) Les perches du Nil occupent, dans l'écosystème, la position des furus piscivores et des silures qui mangeaient les furus (*Bagrus dokmac* et *Clarias gariepinus*). *Nota bene* : un seul poisson prédateur a remplacé plus de cent espèces.

2) La crevette *(Caridina nilotica)* a remplacé la masse des furus mangeurs de déchets (au moins treize espèces).

3) Le dagaa, la petite sardine *(Rastrineobola argentea)*, a remplacé les plus de vingt espèces de furus mangeurs de zooplancton.

4) Le tilapia du Nil *(Oreochromis niloticus)* a remplacé les tilapias autochtones *(Oreochromis esculentus et variabilis)*.

Une importante modification de l'écosystème, qui n'a pas encore été citée, est la disparition des poissons mangeurs d'algues.

Le rôle des furus mangeurs de déchets a été repris en grande partie, mais non totalement, par la crevette. Ces furus quittaient le fond du lac pendant la nuit et mangeaient le phytoplancton. La crevette, elle, ne se nourrit pas de phytoplancton vivant.

Il y avait, en outre, un groupe important de mangeurs d'algues pélagiques, trois espèces qui formaient ensemble dix-huit pour cent de la biomasse des furus. Tout comme les mangeurs d'algues, ceux qui se nourrissent de phytoplancton disparurent, ce qui priva le système de son principal groupe de consommateurs primaires. L'écosystème modifié manque de vertébrés qui pâturent, mais il y a des écrevisses planctoniques qui mangent le phytoplancton.

Le rôle du furu insectivore n'a pratiquement été repris par aucun autre animal, ce qui pourrait expliquer l'augmentation du nombre de moustiques. Il se produit probablement un phénomène analogue pour les escargots et les bivalves. Leurs prédateurs ayant été exterminés, on pêche d'énormes quantités de ces mollusques du large, ces dernières années.

Les effets de l'introduction de la perche du Nil résonnent comme une cataracte le long de la chaîne alimentaire et sont visibles jusque dans les zones les plus élevées de la pyramide [152]. Comme on l'a dit, les martins-pêcheurs *(Ceryle rudis)* ont changé de régime, mais c'est aussi le cas de diverses espèces de cormorans et de la loutre

(Lutra maculicollis), qui, autrefois, mangeait essentiellement des furus et se nourrit à présent de tilapias du Nil.

En commençant par les algues et les déchets organiques du fond du lac, les principales chaînes alimentaires se déroulent comme suit[155] :

– via les algues et les furus mangeurs de déchets vers les silures et furus piscivores ;
– via le zooplancton et les larves d'insectes vers le furu et la petite sardine ;
– via les larves d'insectes vers différentes espèces de poissons ;
– via les mollusques vers différentes espèces de poissons ;
– directement des algues et des déchets vers des espèces de tilapias.

Dans le nouveau réseau alimentaire, les principales chaînes sont :

– via la crevette vers la perche du Nil ;
– via la crevette vers la jeune perche du Nil et, par une voie cannibale, vers une perche plus grande ;
– via des larves d'insectes vers la jeune perche et prolongement vers une perche plus grande ;
– via le zooplancton vers la petite sardine et la jeune perche et prolongement vers une perche plus grande ;
– directement des algues et des déchets vers le tilapia importé *(Oreochromis niloticus)*.

Il s'est produit un glissement important par rapport au système original : d'une communauté piscicole composée essentiellement de consommateurs primaires (algues et furus mangeurs de déchets) vers une communauté où prédomine la perche du Nil, un prédateur du sommet de la chaîne. Celle-ci joue principalement le rôle de consommateur secondaire et tertiaire.

On sait depuis longtemps que l'introduction d'espèces exotiques – et aussi la pêche – peuvent avoir des conséquences graves pour les chaînes alimentaires des écosystèmes[156]. Dans les grands lacs d'Amérique du Nord, comme le lac Michigan, ceux-ci ont subi, au cours du siècle écoulé, des modifications qui rappellent fortement celles qui ont affecté récemment le lac Victoria. La pêche excessive et l'introduction de poissons ont totalement déréglé l'écosystème du lac Michigan. Le dommage le plus important a été provoqué par la lamproie marine *(Petromyzon marinus)*. Le lac abritait des espèces de lamproies endémiques qui restaient petites même à l'état adulte. La lamproie marine, qui atteint une taille beaucoup plus grande, eut une influence dévastatrice sur la population de l'omble *(Salvelinus namac)*, qui subissait déjà la pression de l'exploitation commerciale.

Tout comme dans le lac Victoria, l'introduction d'un piscivore exotique eut des conséquences énormes sur la structure du réseau alimentaire. La pêche s'effondra. Il fallut manipuler l'écosystème pour réprimer l'influence de la lamproie marine et amorcer un nouveau type de pêche. On maintint artificiellement la population de ces poissons à un niveau assez bas, ce qui donna aux piscivores autochtones la possibilité de se reconstituer.

Actuellement, le réseau alimentaire du lac Michigan est entièrement dominé par des espèces importées. Il est nécessaire de corriger constamment l'écosystème pour lui conserver un état d'équilibre productif. Les pays limitrophes du lac Victoria ne possèdent pas l'infrastructure adéquate pour une telle manipulation active de l'écosystème. Il est tout à fait exclu désormais d'écarter du lac la perche du Nil. L'activité de la pêche n'a pas encore périclité, mais le danger menace bel et bien. L'écosystème est loin d'être stable. Ceux qui ont été fortement simplifiés par l'intervention de l'homme ne restent souvent productifs que pendant une courte période. Si cela se passe aussi dans le lac Victoria, l'introduction de la perche du Nil sera un exemple de plus de politique à courte vue. Face à une perspective économique à court terme, les arguments éthiques ou esthétiques en faveur de la conservation d'une faune n'ont aucun poids. En tout cas dans les pays africains pauvres dont la population arrive à peine à survivre. Les protecteurs de la nature sont contraints d'exprimer la valeur d'une région en termes d'argent et, s'ils ne le veulent ou ne le peuvent, cette région est condamnée à mort.

X

L'oracle

Jinja, Ouganda, 1992

A nouveau ce voyage. Battre le pavé en attendant la correspondance. Dans une salle d'attente glaciale de l'aéroport de Nairobi, quelques Africains font la fête. Sur le linoléum gris, un énorme appareil radio-lecteur de cassettes fonctionne à tue-tête. La voix de M'Bilia Bel. Aiguë et éraillée. Deux jeunes hommes et une femme portant un enfant dans les bras dansent avec entrain. La lumière, d'un jaune d'enfer, zèbre de traits flamboyants l'ample chemise colorée de l'un des danseurs. Parfois, l'homme prend feu un bref instant.

Un flot de voyageurs entre dans la salle d'attente. Ils marchent en rangs serrés. D'un pas martelé, ils passent devant les danseurs et sortent de l'autre côté de la salle pour reprendre leurs bagages.

Le vol pour Entebbe ne partira certainement pas avant une heure. Je sors de mon sac quelques articles sur le lac Victoria et commence à lire. Au cours de la décennie écoulée, la quantité d'algues bleues a fortement augmenté [157]. Le déversement de sels nutritifs consécutif au déboisement et peut-être aussi les pluies acides ont enrichi le lac en ressources alimentaires exploitées par ces plantes. Des champs infinis d'algues bleues recouvrent la surface de l'eau. Certaines, mourantes, coulent vers le fond et sont broyées par des bactéries aérobies. Actuellement, cinquante à soixante-dix pour cent de l'eau du lac sont dépourvus d'oxygène tout au long de l'année [158]. Autrefois, une couche d'eau ne contenant qu'une petite quantité de ce gaz se formait en profondeur lorsque le vent était faible pendant une longue période, mais cette hétérogénéité disparaissait dès que l'eau était remuée [159]. La question de savoir si la prolifération des algues bleues résulte aussi de la disparition des poissons qui s'en nourrissent est un sujet de discussion. Il s'agirait là d'une conséquence indirecte de l'introduction de la perche du Nil qui a exterminé les mangeurs d'algues. Car l'eutrophisation du lac aurait pu se passer exactement de la même façon en l'absence de la perche du Nil. Mais il faut que je veille à ne pas rater mon vol. La plupart des voyageurs sont déjà en route vers l'avion.

D'Entebbe, un bus conduit à Jinja. Un long trajet sur des routes empoussiérées. La savane, de petites maisons au toit de tôle ondulée, des vaches au milieu de la route. La silhouette d'un aigle dans la lumière vive. Descente à l'hôtel Nijlzicht, une bâtisse aux murs recouverts de stuc rose, datant de l'époque coloniale. Il est perché au haut d'une colline. Je suis accueilli par quelques biologistes ougandais. Je remets mes bagages et entre dans le jardin à la végétation luxuriante. Des dizaines de nuances de vert, des dizaines de formes de feuilles. Des paradisiers à la tête si rouge qu'on dirait qu'elle vient d'être trempée dans un pot de peinture. De petits coups secs rythmés et un râle pudique dans une haie. Un gloussement isolé au haut d'un arbre et un sifflement intense dans un buisson, suivi d'un duo libérateur. Cris d'oiseaux, incontestablement tropicaux.

Je suis suspendu, les mains en l'air, au treillis de la clôture haute de plusieurs mètres qui entoure le jardin. Au fond coule le Nil blanc, issu de sa source toute proche, le lac Victoria. Speke a-t-il vu ce dernier pour la première fois en 1857 ou en 1858 ? Son compagnon de voyage Burton était resté à Kazeh, l'actuelle Tabora, un centre de commerce d'esclaves, comme le rappellent les vieux manguiers bordant les routes qui y mènent, issus des graines que ces malheureux laissaient sur leur passage. Burton s'était montré sceptique quand Speke lui annonça qu'il avait vu la source du Nil. Une énorme flaque d'eau, c'était sûrement ça. Trop peu de preuves, avait pensé Burton, car Speke n'avait pas trouvé l'endroit où le fleuve sortait du lac. Pas étonnant, car il se trouvait du mauvais côté, aux environs de Mwanza.

Y avait-il déjà dix-sept ans que Barel et Anker, ces pantouflards, avaient maugréé à quelques kilomètres d'ici ? Répétant sans cesse qu'ils n'avaient rien à faire en Afrique, sinon trouver ces furus menacés, à la tête irrésistible. Il y a plus de dix ans, je me rendais moi-même à Mwanza avec l'espoir qu'il serait enrichissant de passer quelque temps dans un écosystème tropical intact. Depuis lors, celui-ci s'était rapidement modifié et de nouvelles lois régissaient le lac et ses environs.

De l'autre côté du large fleuve, se dressent des collines aux pentes douces, non bâties. A travers le treillis, j'enfonce le nez aussi profondément que possible dans l'Afrique. Derrière moi, c'est le brouhaha des congressistes, protecteurs de la nature, écologistes, limnologues et économes, réunis pour parler de l'avenir du lac.

Comment convaincre les politiciens de l'intérêt de la protection de la nature s'il n'y a pas de bénéfice à la clé ? La pêche commerciale est florissante. De grosses sommes sont gagnées, en partie en devises étrangères, dont les pays entourant le lac manquent cruellement. Aussi longtemps que cette situation se prolongera, l'introduction de la perche du Nil aura au moins eu l'effet escompté par les technologues, même si c'est au détriment de la faune autochtone. Mais les bénéfices sont-ils encore aussi élevés ?

Que peut-on encore sauver de la faune originale [160] ? Beaucoup d'animaux, sans aucun doute. Dans les viviers d'élevage qui entourent le lac, tilapias, poissons à museau d'éléphant, silures et autres espèces autochtones attendent le moment où elles pourront y revenir. Mais que faut-il pour cela ? Doit-on créer des réserves où les animaux seraient protégés contre la perche du Nil et la pêche ? Qu'est-ce qui est le moins vulnérable, une grande réserve ou plusieurs petites [161] ? Est-il vraiment sensé d'élever des furus en captivité en Occident ? Combien d'espèces et dans quel but ? Pour les conserver en tant que fossiles vivants dans des jardins zoologiques, jusqu'à la fin des temps ? Quelles sont réellement les chances de pouvoir les relâcher, un jour, dans le lac Victoria ou les petits lacs qui l'entourent ? Qui accueillons-nous dans l'arche et qui laissons-nous mourir ? Quel métier [162] !

Je n'ai pas le temps de m'adapter à l'Afrique. Bien avant que je prenne conscience de l'endroit où je suis, la réunion sera terminée et je serai à nouveau dans les airs. Il est à remarquer qu'on n'a même pas prévu une demi-journée pour aller examiner l'état du lac. Des baies encombrées de nénuphars et de jacinthes d'eau, peuplées de hérons, de jaçanas, de varans du Nil et de pythons. Je ne connais ces faux paradis que par ouï-dire, mais on n'a pas le temps d'aller les voir. Parler et écrire des rapports. Telle est notre mission. Constater les dégâts, vite et à peu de frais.

Je tremble sur mes jambes après ce voyage de trente-six heures, hésitant à me jeter dans la foule. Le *zwangloses Treffen**, moment incontournable de toute réunion scientifique, bat son plein. Si je pouvais d'abord dormir ne fût-ce que quelques heures. On me tape sur l'épaule.

– Ce que tu as dit sur ces mangeurs d'algues. Cet article... *I could not get much out of it... Oh ! I am sorry.*

L'homme qui m'a abordé me tend la main.

– *Do you remember me ?... The Bujumbura meeting. Hi...*

Je me penche en avant pour renouer mon lacet et regarde le badge épinglé au veston de ce collègue si spontané : Nizar Nyaskebo.

– Nizar ! Je ne t'avais pas reconnu.

Le cirque a commencé. Ne sont-ce pas les clandestins là, de l'autre côté du jardin ? Melle serait-il déjà là ? Je ne l'ai pas revu depuis des années.

– Même si, à chacune de ses rencontres avec un mangeur d'algues, la perche du Nil avait passé son chemin en s'inclinant avec respect, radote Nizar, la population des algues aurait quand même fortement augmenté.

L'eutrophisation du lac était déjà en cours avant le début de la période de la perche du Nil. A cause du déversement de nitrates et de phosphates. A cause des pluies acides et peut-être aussi du changement de climat. C'est pourquoi des champs d'algues bleues sont apparus à la surface de l'eau [163].

Une jeune femme sans badge se faufile à travers la foule. Elle porte une robe jaune sombre brillante qui lui tombe jusqu'aux chevilles et se dirige avec élégance vers un barbecue où s'affaire un cuisinier. Elle voit que je la regarde et, quelques instants plus tard, vient vers moi. « *I stay in room 17*, chuchote-t-elle en me tapotant sur l'épaule, je ferai de mon mieux. A tout à l'heure. » Tout en se dandinant, elle disparaît de mon champ de vision, engloutie dans une mer de vestons bleus.

Nizar se penche vers moi et dit :

– *This lady is prepared to do anything that is allowed between man and woman.*

---

* Réunion informelle.

Il éclate de rire et appuie son index sur mon sternum.

– *A man needs a woman, it is as simple as that.* Ne sois pas si angoissé. *Unaogopa,* aurais-tu peur ? *Sometimes I just think that sex is more integrated in our society than in Britain.*

Nizar se retourne et dit :

– En voilà encore une qui est jolie, mais peut-être le sauvetage du dernier poisson rouge est-il plus dans tes cordes ?

Kishamawe et Maembe cheminent vers nous. Jacinthes d'eau et oxygène. Tels sont les sujets de leurs travaux. Je les ai rencontrés à d'autres réunions. Ils ont un verre dans une main, une bouteille de bière dans l'autre.

– Le lac est un souvenir, dit Maembe.

– Kishamawe, dit Nizar, quand la première jacinthe d'eau est-elle apparue à la surface du lac Victoria ?

– En 1990, par la rivière Kagera. Elles se sont répandues très rapidement le long des rives. Elles asphyxient les baies [164].

Je n'écoute qu'à moitié et regarde si je vois Melle dans un groupe de congressistes qui entrent dans le jardin.

– Dans un siècle, le lac sera un marais nauséabond. Comme à ses débuts.

– Peut-être en ira-t-il tout autrement, proposé-je.

– Ah ! oui ? dit Maembe. As-tu déjà senti l'odeur du lac quand des poissons y meurent en masse ? Quand des milliers de perches du Nil pourrissantes dérivent à la surface de l'eau ? Ça s'est vu très souvent ces dernières années [165]. Asphyxiées, surprises par une gigantesque bulle d'eau sans oxygène remontée des profondeurs vers la surface.

– Ça se passait peut-être aussi, parfois, dans le système non perturbé ?

Mais Maembe ne m'entend pas.

– Si une telle bulle d'eau éclate un jour dans la zone riveraine, les cent dernières espèces de furus y périront aussi. D'un seul coup.

J'ai la tête qui tourne. Le goût amer des cachets de quinine. Je prie de m'excuser, pince les lèvres et disparais aux toilettes. Il y a dix ans, j'étais arrivé en Afrique en gerbant et maintenant, à peine atterri, je recommence à vomir. Épuisé, je gagne ma chambre et m'affale sur le lit : « Tout ce qui est permis entre un homme et une femme. » Une seule phrase me permet de tenir le coup.

Lorsque je me réveille le lendemain matin, la quatrième heure du jour a déjà commencé. La salle à manger est vide, le petit déjeuner terminé depuis longtemps. Heureusement, le ministre a déjà prononcé son discours d'ouverture. C'est au tour de l'un des organisateurs de donner sa conférence. Sur l'écran, on projette un tableau : des centaines de chiffres à peine lisibles. Melle est assis au fond de la salle, dans la pénombre. Je vais vers lui et pose ma main dans son dos.

– Tu viens d'arriver, chuchoté-je.

– Hier soir.

Je me glisse à côté de lui.

Melle désigne l'orateur qui se tient derrière la chaire de bois et dit :

– Il vient de dire, juste avant ton arrivée, que la disparition de l'essaim de furus est la première extinction massive qui ait été consciemment observée, ressentie et enregistrée par les hommes.

Melle écrit les mots « observée », « ressentie » et « enregistrée » sur un feuillet, les entoure d'un cercle et glisse le papier dans ma direction[146].

Le contenu du message ne m'atteint pas. Je me suis assigné pour mission de dessiner aussi clairement que possible un nombre illisible. De temps en temps, je note quelques mots pour me rappeler la conférence : 1 planète, 1 expérience (avec remerciements à E.O. Wilson) / a… zo… te / l'oracle a parlé.

L'oracle ? A douze heures précises, le président prononce un nom incompréhensible pour introduire l'orateur suivant. Un petit homme maigre aux cheveux gris s'avance. Il tente en vain de projeter une diapositive. Le projecteur cliquette, la diapositive reste bloquée. Trop épaisse. S'inclinant vers la salle en prononçant des excuses, il disparaît complètement derrière la chaire. On l'entend farfouiller.

– Il fait partie de ce groupe de Japonais ?

– Je ne sais pas. Je ne le vois pas ici, dit Melle en désignant la liste des participants.

Le président pose un lecteur de cassettes sur la chaire. Le petit homme est toujours invisible, puis une main à l'index tendu apparaît au-dessus de l'appareil. Silence de mort dans la salle. Le doigt descend. Clic. Tchak. Ronflement du moteur. Grésillement qui se prolonge pendant quelques instants, puis quelqu'un commence à parler. Une voix de femme, grave. Elle commence lentement, puis, progressivement, elle argumente de manière plus dynamique dans une langue qui m'est inconnue. De temps en temps, la voix fait une pause, respire profondément au milieu d'un océan de grésillements, puis repart avec entrain. Elle ne lit plus, elle envoûte. Le moteur gémit et ronfle comme s'il pouvait lâcher à tout moment. Le voltage serait-il trop bas ? Le Japonais a-t-il enregistré un texte en anglais ? Le président va vers l'appareil et augmente le volume du son. Rien n'y fait. Il remet le volume au niveau précédent. Après onze minutes, le président pose une fleur blanche sur l'enregistreur. La voix féminine en extase continue à parler, toujours aussi incompréhensible. Trois minutes plus tard, le président pose une autre fleur sur l'enregistreur. Cette fois, la voix s'en va, le grésillement n'est plus couvert. La main apparaît au-dessus de l'enregistreur, l'index se lève puis redescend. Clic. Tchak. L'homme reparaît de derrière la chaire et s'incline profondément devant la salle. Puis il prononce trois mots, séparés par de longues pauses : « *No... questions... please* », s'incline une fois encore et disparaît dans la pénombre.

Le lendemain soir, assommé par des dizaines de conférences, je me traîne dans les couloirs de l'hôtel. Je voudrais sortir. Mais Jinja ne semble pas très sûr la nuit et, de plus, il n'y a rien à y faire. Des congressistes, assis au bar, continuent à bavarder comme si une catastrophe devait arriver s'ils s'arrêtaient. Aux tables de la salle à manger, on parle aussi. Dans les couloirs, des groupes discutent. Je ne veux plus entendre ni prononcer un seul mot. Je suis mûr pour la chambre 17, une seule chose suscitant encore ma curiosité. Je bois un café au bar, puis je monte l'escalier et traverse la galerie vers la chambre 17. Introuvable. Il y a bien 17A, 17B et 17C, mais pas de chambre 17. Au bout du couloir, je fais demi-tour et parcours le même chemin en sens inverse. Je vais dans le jardin. D'ici, on peut voir le haut des portes des chambres. Dans la poche gauche de mon pantalon, je recense trois anges gardiens emballés sous vide. Allons-y. Je retourne et frappe à la chambre 17A. La porte non verrouillée s'ouvre.

– Oh ! Non. Désolé. Je me suis trompé, dis-je.

Dans l'encadrement de la porte, se tient le petit homme de la voix féminine prophétique. Il ricane et s'incline. Il me propose d'entrer. Il n'y a aucune lumière dans sa chambre. Une diapositive est projetée sur un mur blanc. Le petit homme la désigne et dit : « Furu. » Il ferme la porte de la chambre.

Je m'assieds à contrecœur sur le sol, le dos appuyé contre le bord du lit et essaie de me concentrer. C'est incontestablement un furu, il a raison. Un furu du lac Victoria. Mais je ne connais pas cette espèce. Étrange. Vu mille fois et pourtant nouveau. Une forte sensation de familiarité et de surprise à la fois. Est-ce que je rêve ?

– Jamais vu, dis-je, en haussant les épaules.

L'homme ricane et passe la diapositive suivante. A nouveau cette impression de reconnaître sans pouvoir donner un nom.

A chaque nouvelle diapositive, le petit homme fait un signe de tête en direction de l'image et, dès que je dis n'avoir jamais vu cette espèce de furu auparavant, il se met à ricaner. Aurais-je bel et bien connu ces animaux pour les oublier ensuite ? Je plonge dans le désarroi.

Diapositive suivante :

– Mais ça vient… du golfe de Mwanza !

Je me redresse d'un bond et désigne avec un enthousiasme excessif l'image qui est sur le mur.

Le petit homme prend un morceau de papier et écrit :

– *I catch these furu in Mwanza Gulf.*

– C'est cela que vous vouliez nous faire comprendre hier matin ? demandé-je.

L'homme acquiesce avec de grands signes de tête. Il chuinte, glousse et émet des bruits de gargarisme. Il reste silencieux un instant comme s'il rassemblait ses forces, puis il dit :

– *Furu come back.*

Post-scriptum

Les espèces de furus qui n'ont jamais été observées auparavant dans le golfe de Mwanza auraient pu y arriver à partir du large, mais ce n'est pas très vraisemblable. Sinon, nous les aurions rencontrées au cours de l'une de nos nombreuses expéditions hors du golfe. Ce ne sont pas non plus des poissons fluviatiles. A l'heure actuelle, l'explication la plus probable est que des individus d'espèces différentes se sont croisés [148]. Ils ont pu avoir des descendants féconds étant donné leur degré très élevé de parenté génétique [57]. De cette façon, de nouvelles espèces peuvent aussi apparaître, en principe, pour autant que les descendants hybrides ne se croisent pas à nouveau avec les espèces parentales [57]. Personne ne sait encore quelles solutions les formes inconnues ont trouvées pour échapper à la perche du Nil. On ne peut prévoir non plus l'avenir de l'écosystème, mais il n'est pas exclu qu'à long terme un nouvel essaim de furus apparaisse. Un nouvel éventail de formes résistantes à la perche du Nil.

Épilogue

Longtemps avant d'envisager d'écrire ce livre, je m'étais demandé pourquoi il n'avait pas encore paru. J'avais une vue très claire d'un ouvrage sur la faune du lac Victoria et imaginais mal qu'il n'y eût aucun écrivain de non-fiction en train de l'écrire. Quelques années plus tard, il n'était toujours pas là, mais mon désir de le lire n'avait pas disparu. Alors je m'y suis mis moi-même. Je voulais faire alterner des parties scientifiques et des passages narratifs. Les biologistes qui ont travaillé avec moi en Tanzanie pourraient se demander pourquoi, dans le cas des parties scientifiques, j'ai visé l'exactitude des faits, sans m'y sentir tenu pour les parties narratives. La réponse est que je n'avais aucune envie de faire une relation chronologique d'autres faits que scientifiques. Quant aux noms des personnes et des instituts, j'en ai changé certains et gardé d'autres.

De nombreux collègues et amis ont contribué à cet ouvrage. Je tiens à les remercier tous chaleureusement. Je ne peux nommer ici que quelques-uns d'entre eux : Arthur van Leeuwen et Marieke van Oostrom ont lu le manuscrit à plusieurs stades de son élaboration, avec un indéfectible enthousiasme. Leurs suggestions et corrections furent très précieuses. Maarten Helle a corrigé un grand nombre de versions du manuscrit et apporté des commentaires judicieux. Je lui en suis très reconnaissant. Ma gratitude va aussi à : Frans Witte, Cees Barel, Kevin Makonda, Jaap de Visser, Monica Soeting, Anne-Mieke Eggenkamp, Kate Simms, Michiel van der Klis, Finette van der Heide, C. J. M. van Herwaarden, Ole Seehausen, Theo Bakker, Piet Sevenster, Irvin Kornfield, Jacques van Alphen, P. Dullemeijer, K. Bakker, Leslie Kaufman, G. Fryer, R. Ogutu-Owhayo, Jan Wanink et Kees Goudswaard. Sans l'aide enthousiaste des pêcheurs tanzaniens et des biologistes du TAFIRI, le Tanzanian Fisheries and

Research Institute (Institut tanzanien des pêcheries et de la recherche) de Nyegezi, je ne serais jamais resté aussi longtemps en Afrique orientale. Il va de soi que je porte seul la responsabilité du contenu de ce livre.

Pour la sixième édition

Depuis la parution de cet ouvrage, à l'automne de 1994, le tableau de l'évolution des furus dont nous disposons s'est complété. L'hypothèse d'un processus étonnamment rapide a été confirmée par la découverte de l'assèchement subi par le lac Victoria il y a 12 500 ans. Des échantillons du sol prélevés aux endroits les plus profonds du lac sont chargés de sédiments, datant de cette époque, qui contiennent du pollen et des graines de plantes terrestres. Ceci signifie que ces centaines d'espèces – selon les dernières estimations, il y en aurait eu plus de 500 – sont peut-être apparues en moins de 12 500 ans. La fréquence à laquelle ces petits poissons forment de nouvelles espèces serait donc la plus élevée jamais observée chez les vertébrés.

On a aussi trouvé certains indices qui portent à croire qu'au cours de cette période les dimensions du lac se seraient modifiées, le bassin restant néanmoins d'un seul tenant. Si cette conclusion, qui n'est pas sans soulever quelques objections, est vraie, l'explosion du nombre des espèces s'est produite en l'absence de barrières géographiques infranchissables pour tous les poissons*. Il ne se serait donc pas agi d'un processus conforme au modèle classique de la spécification allopatrique, selon lequel des espèces nouvelles apparaissent dans de petits lacs marginaux, puis émigrent vers le grand lac à la faveur d'une montée du niveau de l'eau, mais bien d'une formation d'espèces se déroulant dans un seul et même bassin.

En 1984, Wallace Dominey a émis l'hypothèse du rôle crucial joué dans l'apparition de nouvelles espèces de cichlides par la sélection sexuelle des mâles par les femelles [73]. J'ai toujours eu le senti-

* Cf. p. 382, Fryer, G., 2001 ; Seehausen, O., 2002.

ment qu'il avait raison. La formation d'espèces par la sélection sexuelle peut être très rapide lorsque les mâles d'une espèce déterminée se présentent sous plusieurs formes colorées. Les femelles pourraient développer une préférence pour l'une de ces variétés. Il pourrait en résulter, à la longue, l'apparition de plusieurs catégories de femelles, dont chacune se caractériserait par sa préférence pour les mâles d'une forme colorée déterminée. Si cette préférence est absolue, les mâles de chaque variété et les femelles qui les élisent constituent une nouvelle espèce.

Mes prédécesseurs et moi-même n'avons trouvé, à l'époque, que peu de cas de multiplicité des formes colorées, aussi je m'accroche de manière obsessionnelle à l'hypothèse des taches ovoïdes qui pourrait expliquer, elle aussi, cette explosion d'espèces. En période d'activité sexuelle, tous les mâles de ces petits poissons incubateurs buccaux portent des motifs en forme d'œufs sur la nageoire anale. Ces dessins doivent provenir de la sélection, effectuée par les femelles et perpétuée de génération en génération, de mâles dont les taches ovoïdes ressemblent à leurs propres œufs. Ainsi, l'exigence des femelles est à l'origine de l'apparition d'œufs factices en deux dimensions sur la nageoire anale des mâles. Les femelles d'une espèce pondent parfois de petits œufs dans une baie et de gros œufs dans une autre. Je pensais que les taches ovoïdes des mâles casaniers des différentes baies se conformeraient à la taille des œufs des femelles. Du moins si celles-ci sélectionnent toujours des mâles dont les taches ressemblent le plus aux œufs véritables. Chez certaines espèces, ce mimétisme atteint un degré élevé de perfection : la forme, la taille, voire la couleur des œufs sont reproduites avec une précision incroyable sur la nageoire anale des mâles. Dans ces cas, les variations locales des caractères des taches pourraient servir de déclencheur de la formation d'espèces. Après cette différenciation, d'autres particularités, comme leur motif des taches colorées ou leur comportement sexuel, pourraient également diverger.

Le processus de formation d'espèces aurait pu, en effet, se dérouler selon cette voie, mais il ne s'agit probablement pas de la majorité des cas. Car alors j'aurais dû trouver, en comparant de nombreuses espèces, un lien direct entre la taille des œufs et celle des taches ovoïdes. Ce que je découvris est tout autre : les taches des espèces vivant dans les eaux troubles étaient bien plus grandes que les œufs des femelles, tandis que celles des espèces des eaux claires étaient plus petites que ceux-ci. Tout se passait comme si cette taille devait assurer aux mâles à la fois l'attirance de leurs congénères femelles et la discrétion nécessaire pour échapper au regard des oiseaux et des loutres piscivores [81]. L'hypothèse de la formation explosive d'espèces due à la divergence de l'aspect des taches ne se vérifiait pas dans tous les cas, même si ce processus a pu jouer parfois. Je décidai que rien ne vaut une vérité poétique et abandonnai la science. Ce que ne fit point Seehausen, l'un de mes successeurs. Il chercha un mécanisme susceptible d'expliquer l'abondance des espèces de furus rupestres et peut-être même de poissons d'autres habitats.

Les poissons rupestres, qu'il fut le premier à étudier de façon intensive, se trouvent près des rochers de la côte ou de l'une des nombreuses îles du lac. Les femelles de ces poissons reconnaissent les mâles de leur espèce à leur motif coloré spécifique. Près des rochers, on trouve des espèces jumelles vivant de manière sympatrique, dont les mâles se caractérisent par des couleurs situées aux deux extrémités du spectre. On a découvert à plusieurs reprises des espèces jumelles dont la couleur dominante était le bleu ou le rouge. La même dichotomie se présente chez les poissons rupestres au sein d'une seule et même espèce. Pour l'un de ceux-ci, *Haplochromis nyererei*, on a démontré expérimentalement que les femelles manifestent une préférence pour les mâles de l'une des deux couleurs. En principe, de nouvelles espèces peuvent se former rapidement et de manière répétitive selon cette voie.

J'ai écrit (p. 169) : « Si les femelles de deux populations d'une espèce n'ont pas la même préférence pour les caractères sexuels secondaires de leurs partenaires, les mâles pourraient, à la longue, prendre une apparence différente dans chacune des deux populations. Violets au départ, ils pourraient devenir bleus dans l'un des habitats et rouges dans l'autre. Cette divergence de la parure pourrait conduire les deux populations à l'isolement reproductif. (...) Le choix des femelles pourrait donc jouer un rôle très important dans l'apparition de nouvelles espèces, probablement aussi chez les furus. »

Cette dernière affirmation est encore plus vraisemblable actuellement et ni le « départ violet » ni, surtout, la condition de l'existence de deux populations ne sont nécessaires. Des formes colorées vivant de manière sympatrique au sein d'une espèce peuvent évoluer, à la longue, en espèces nouvelles, ce qui n'implique pas que ce mécanisme de formation ait été le seul actif au cours des 12 500 ans qui viennent de s'écouler.

Depuis les années vingt, les eaux du lac Victoria se sont fortement troublées. Ce phénomène exerce une grande influence sur la visibilité des couleurs des mâles et donc aussi sur les possibilités de choix des femelles. Plus l'eau est transparente et plus nombreuses sont les couleurs visibles dans les lieux de parade nuptiale, plus on trouve d'espèces étroitement apparentées dans un habitat rocheux. De plus, dans ces endroits clairs, on trouve, plus souvent qu'en eau trouble, des espèces comptant plus d'une forme colorée. Dans ce livre, on a expliqué comment des centaines d'espèces de furus périrent sous l'action de la perche du Nil. L'inventaire des espèces rupestres effectué récemment est encourageant : elles sont encore au moins 200. Cette fois, le danger ne réside plus dans la perche du Nil, mais dans la turbidité de l'eau. Celle-ci diminue ou supprime la capacité des femelles à distinguer les teintes des mâles et ainsi les différences de couleurs engendrées et perpétuées par la sélection sexuelle tendent à disparaître. Il en résulte que des individus non congénères s'accouplent. Ce croisement peut, dans des circonstances bien déterminées, provoquer l'apparition de nouvelles espèces de furus, mais il est plus probable que, près des rochers, ce soit exactement le contraire qui se passe. Si l'obscurité empêche les femelles de reconnaître leurs mâles, des espèces de plus en plus nombreuses disparaîtront. Mais il est permis d'espérer que de nouvelles apparaîtront le jour où l'eau redeviendra claire.

– T. C. Johnson *et al.*, 1996, *Science* 273, 1091-1093.

– Seehausen, O., van Alphen, J. J. M. and Witte, F., 1997, *« Cichlid fish diversity threatened by eutrophication that curbs natural selection », Science* 277, 1808-1811.

– Fryer, G., 2001, *« On the age and origin of the species flock of haplochromine cichlid fishes of Lake Victoria », Proc. R. Soc. Lond. B* (2001) 268, 1147-1152.

Pour la sixième édition

– Seehausen, O., 2002, « *Patterns in fish radiation are compatible with Pleistocene desiccation of Lake Victoria and 14 600 years history for its cichlid species flock* », *Proc. R. Soc. Lond. B* 269, 491-497.

Lexique

acide aminé : constituant des protéines. Il existe vingt acides aminés naturels.

adaptabilité inclusive : si l'adaptabilité d'un individu est sa capacité à se maintenir et à se reproduire, l'« adaptabilité inclusive » est cette même capacité étendue à tous ceux qui lui sont génétiquement apparentés.

adaptation : modification de la forme, de la physiologie ou du comportement, apparue au cours de l'évolution par sélection naturelle, qui rend l'organisme plus efficace pour la propagation de ses gènes. La forme ou la caractéristique physiologique ou comportementale modifiée est aussi appelée adaptation.

adénine : base purique, élément de l'acide nucléique adénosine et l'une des quatre bases constitutives de l'ADN.

ADN : acide désoxyribonucléique, composant des chromosomes qui assure la transmission des caractères héréditaires. Il est constitué de nucléotides.

ADNmt, ADN mitochondrial : ADN qui se trouve à l'extérieur du noyau cellulaire, sous la forme d'organites cellulaires allongés, les mitochondries (importantes pour l'approvisionnement en énergie et le métabolisme de la cellule).

allopatrie : apparition d'animaux ou de plantes dans des territoires séparés géographiquement (s'oppose à sympatrie : apparition dans le même territoire).

anémie : déficit en pigment rouge du sang (hémoglobine, voir ce mot).

anémie falciforme : forme particulière d'anémie. Chez les patients qui en souffrent, si la pression d'oxygène est basse, les globules rouges du sang prennent la forme typique d'un croissant ; il en résulte qu'ils sont bloqués plus rapidement dans les petits vaisseaux et meurent plus tôt que les globules rouges normaux.

automimétisme : littéralement, imitation de soi-même. Les œufs factices de la nageoire anale des furus mâles en sont un exemple.

barrières de reproduction : barrières écologiques, éthologiques et/ou anatomiques qui entravent ou rendent impossible l'hybridation des espèces.

cellule falciforme : globule rouge qui a la forme d'un croissant de lune. Apparaît chez les patients atteints d'anémie falciforme.

chaîne alimentaire : classification linéaire des proies et de leurs prédateurs, partant d'un niveau trophique bas, proche de l'énergie solaire et s'élevant dans l'échelle. Exemple : algue, petite écrevisse mangeuse d'algues, poisson mangeur d'écrevisses, poisson piscivore.

chromosomes : porteurs des caractères héréditaires. Corpuscules filiformes du noyau cellulaire, susceptibles de se colorer. Ils sont constitués essentiellement d'ADN.

cichlides : poissons percidés (famille des *Cichlidae*), dont fait partie aussi le genre *Haplochromis* qui comprend de nombreuses espèces.

code génétique : lien entre la séquence des nucléotides de l'ADN et la séquence des acides aminés des protéines. Important dans la conversion (« traduction ») des triplets de nucléotides (ADN) en acides aminés (protéines).

comportement de copie : fait d'imiter le choix d'un autre animal au lieu d'opérer un choix indépendant. Joue vraisemblablement un rôle dans le choix d'un partenaire.

concept d'isolement : notion de l'espèce biologique centrée sur le verrouillage génétique des espèces par un mécanisme d'isolement.

crypsis : apparition d'un aspect extérieur de camouflage.

cytosine : base pyrimidique, élément de l'acide nucléique cytidine et l'une des quatre bases constitutives de l'ADN.

dérive génétique : glissement de la composition génétique d'une population due à des processus aléatoires. Le phénomène joue surtout un rôle dans les populations restreintes, comme celles des petites îles.

écologie : étude scientifique des relations existant entre les plantes et les animaux, d'une part, et leur environnement physique, d'autre part, ainsi que des relations entre les organismes eux-mêmes.

écosystème : ensemble constitué par les plantes et animaux qui occupent un milieu donné (lac, forêt, désert) et par l'environnement physique auquel ils sont exposés.

efficacité écologique : efficacité du transfert de l'énergie d'un niveau de la chaîne alimentaire au niveau suivant.

endémique : qui n'apparaît qu'à l'intérieur d'un territoire strictement délimité. Par exemple : les espèces de furus du lac Victoria n'apparaissent nulle part ailleurs que dans ce lac.

enzymes : substances activatrices ou inhibitrices (en majorité, des protéines) produites par des organismes vivants. Elles influencent, entre autres, toutes sortes de processus métaboliques.

espèce : voir espèce biologique.

espèce biologique : population ou groupe de populations d'individus qui se croisent entre eux. Par définition, ces individus ne se croisent pas avec ceux d'autres espèces.

espèce génétique de la population réelle : ensemble des organismes qui représentent l'espèce dans la nature, groupe concret d'organismes pouvant se croiser. S'oppose à l'espèce taxinomique.

espèce taxinomique : espèce définie par un taxinomiste à partir de considérations pratiques. S'oppose à l'espèce génétique de la population réelle, qui se définit elle-même.

essaim d'espèces : groupe d'espèces issues d'une seule espèce ancêtre qui sont apparues à l'intérieur d'un territoire délimité.

éthologie : étude scientifique du comportement animal.

évolution : développement de la vie sur la terre.

évolution convergente ou convergence : apparition, par sélection naturelle, d'une ressemblance (anatomique, physiologique, des caractéristiques comportementales) entre plusieurs espèces non apparentées. Exemple le plus connu : les baleines et les poissons.

évolution divergente ou divergence : ramification d'une espèce par sélection naturelle. Par exemple, deux populations d'une espèce qui, exposées à des circonstances différentes, se développent dans des directions distinctes.

« exemple » ou modèle : animal vénéneux dont l'aspect extérieur est imité par un animal comestible.

formation d'espèces : apparition d'espèces nouvelles.

formation d'espèces allopatrique : l'apparition d'espèces nouvelles qui suit la séparation d'une espèce en plusieurs populations isolées géographiquement.

formation d'espèces explosive : apparition d'espèces nouvelles à un rythme exceptionnellement rapide. Les espèces de furus du lac Victoria et les espèces de Mbuna du lac Malawi en sont des exemples.

formation d'espèces sympatrique : apparition de deux espèces nouvelles sans la séparation préalable d'une espèce en populations isolées géographiquement.

gène : unité héréditaire d'un chromosome. Il se compose d'une série de paires de bases. Dans la plupart des cas, un gène contient l'information relative à la composition en acides aminés d'une protéine ou d'une partie d'une protéine.
génome : patrimoine génétique d'un individu. Ensemble des chromosomes portant les gènes.
génotype : forme sous laquelle apparaît une espèce végétale ou animale, déterminée par le patrimoine génétique.
genres monotypiques : genres qui ne comportent qu'une seule espèce.
groupe monophylétique : groupe d'espèces ayant un ancêtre commun. S'oppose au groupe polyphylétique.
groupe polyphylétique : groupe d'espèces issues de différentes lignées d'évolution. S'oppose au groupe monophylétique.
guanine : base purique, élément de l'acide nucléique guanosine et l'une des quatre bases constitutives de l'ADN.

habitat : domaine où vit un animal ou une plante.
hémoglobine : protéine qui assure le transport de l'oxygène dans le sang.
hémoglobine A ou S : deux formes de l'hémoglobine. L'hémoglobine A est la forme normale, l'hémoglobine S est la forme déviante qui apparaît en cas d'anémie falciforme. Elle diffère de l'hémoglobine A par un seul acide aminé.
hétérozygote : deux gènes appartenant à une paire de gènes et qui ont été hérités sous des formes différentes. En d'autres termes, le gène que le descendant reçoit de la mère diffère du gène fourni par le père.
homozygote : deux gènes appartenant à une paire de gènes et qui ont été hérités sous la même forme. En d'autres termes, le gène que le descendant reçoit de la mère et celui qui vient du père sont les mêmes.
hybrides : bâtards issus du croisement d'individus d'espèces différentes.
hybridation : croisement d'individus d'espèces différentes.

imitateur : organisme qui imite l'aspect extérieur d'un autre organisme. Exemple : des papillons comestibles qui présentent une ressemblance extérieure avec des papillons vénéneux, se protégeant ainsi contre les prédateurs qui évitent ces papillons vénéneux.
isolement écologique : isolement d'espèces les unes par rapport aux autres dû à leur installation dans des niches écologiques différentes.

lettres génétiques : désignent les quatre nucléotides qui constituent l'ADN. Chaque nucléotide possède l'une des bases suivantes comme élément caractéristique : adénine, guanine, cytosine et thymine.

mécanisme d'isolement : mécanisme qui empêche le croisement d'individus d'espèces différentes.

micro-habitat : territoire strictement délimité où vit une plante ou un animal. L'*Haplochromis argens*, une espèce de furus qui apparaît exclusivement à une profondeur de deux mètres maximum, en donne un exemple.

mimétisme : imitation.

mkombozi : mot swahili qui signifie « sauveur ». Ce nom a été donné à la perche du Nil *(Lates Sp.)*, au milieu des années quatre-vingt, en Tanzanie.

morphologie : étude scientifique de la forme et de la structure organiques.

mutation : modification soudaine et arbitraire de l'ADN.

niche écologique : rôle joué par une plante ou un animal dans l'écosystème.

noyau cellulaire : élément d'une cellule végétale ou animale. Les chromosomes (constitués essentiellement d'ADN) se trouvent dans le noyau.

nucléotides : constituants de l'ADN. Quatre bases (adénine, guanine, cytosine et thymine) sont les éléments caractéristiques des quatre nucléotides différents dont l'ADN est constitué.

pélagique : qui vit au large, loin de la zone riveraine (le « littoral »).

phénotype : ensemble des caractéristiques externes d'un individu. Il se constitue sous l'influence de l'interaction entre milieu et génotype.

plancton : micro-organismes flottant passivement. Le phytoplancton est formé d'algues, le zooplancton, d'écrevisses microscopiques.

polymérase : enzymes qui joignent bout à bout de petites molécules pour en former de plus grosses. Dans le cas de l'ADN-polymérase, des milliers de nucléotides (bases) sont reliés entre eux pour former de longs cordons. Ils constituent les chromosomes.

polymorphisme : apparition simultanée de diverses variétés d'une espèce.

population : groupe de congénères qui apparaissent dans un territoire délimité et diffèrent génétiquement de leurs congénères vivant dans d'autres territoires.

pression de sélection : facteur responsable de la survivance de certaines variétés d'une population et de la disparition des autres.

primer : petit morceau d'ADN (d'une longueur équivalente à quelques dizaines de nucléotides) ayant une séquence spécifique de nucléotides, destiné à fixer la polymérase en une position déterminée sur le cordon d'ADN. Sans ce *primer*, la polymérase ne peut entamer son action.

protéines : substances organiques macromoléculaires très répandues dans la nature. Indispensables aux processus vitaux des plantes et des animaux. Constituées d'acides aminés.

rayonnement : voir rayonnement adaptatif.
rayonnement adaptatif : rayonnement et ramification d'une forme organique dans de nombreuses directions de spécialisation adaptatives, au départ d'une forme souche unique. D'anciens rayonnements connus sont ceux des marsupiaux d'Australie et des lémuriens de Madagascar. Parmi les récents, citons, par exemple, les essaims de cichlides des lacs d'Afrique orientale, les pinsons de Darwin, les passereaux butineurs d'Hawaï et les crustacés du lac Baïkal. Ce sont précisément ces rayonnements récents qui intéressent les évolutionnistes, parce que, souvent, les relations de parenté et donc aussi l'évolution de la forme, de la physiologie et du comportement peuvent souvent encore être reconstruites.
réaction en chaîne de la polymérase : technique de multiplication artificielle d'une quantité minime d'ADN (trop petite, jusqu'il y a peu, pour être étudiée) destinée à produire une quantité utilisable.
réseau alimentaire : ensemble des chaînes alimentaires d'un écosystème. La reproduction graphique du réseau alimentaire donne une idée de la direction des flux d'énergie (et des sels alimentaires) qui traversent un écosystème.
ribosomes : petites usines de production de protéines situées dans la cellule. Organites elliptiques de la cellule, dans lesquels les acides aminés sont couplés les uns aux autres pour former des protéines complètes.

sélection naturelle : processus grâce auquel les variétés dotées d'un patrimoine génétique relativement adapté au sein d'une population se maintiennent, tandis que les variétés moins aptes à la survie et à la reproduction disparaissent. Mécanisme de l'évolution imaginé par Darwin.
sélection sexuelle : forme particulière de sélection naturelle, qui résulte habituellement de la concurrence entre mâles pour s'approprier les femelles ou de la sélectivité des femelles dans le choix d'un mâle.
sociobiologie : étude scientifique des racines biologiques des comportements sociaux.
stratégie stable d'évolution : stratégie immunisée contre l'infiltration par une autre stratégie.

taxinomie : science de la classification des organismes. Son objectif est d'arriver à une classification qui soit le reflet de l'histoire de l'évolution, la phylogénie.

taxinomiste : personne qui pratique la taxinomie. Biologiste qui s'occupe de la classification des plantes et des animaux.

thymine : base pyrimidique, élément de l'acide nucléique thymidine et l'une des quatre bases constitutives de l'ADN.

types trophiques : groupes d'organismes spécialisés dans divers modes de prise de nourriture

zooplancton : plancton animal.

Bibliographie

Abréviations utilisées

Acta Biotheor. : *Acta Biotheoretica*
Afr. J. Ecol. : *African Journal of Ecology*
Am. Nat. : *The American Naturalist*
Am. Zool. : *American Zoologist*
Anim. Behav. : *Animal Behaviour*
Annls Mus. R. Afr. Cent. Sci. Zoo. : Musée royal de l'Afrique centrale, *Annales Sciences zoologiques*
Behav. Ecol. Sociobiol. : *Behavioral Ecology and Sociobiology*
Bull. Br. Mus. Nat. Hist. (Zool) : *Bulletin of the British Museum of Natural History (Zoology)*
E. Afr. For. J. : *East African Forestry Journal*
E. Afr. J. Agr. : *East African Journal of Agriculture*
Ecol. Entomol. : *Ecological Entomology*
Environ. Biol. Fish. : *Environmental Biology of Fishes*
Int. Rev. Gesamt. Hydrobiol. : *Internationale Revue der gesamten Hydrobiologie*
J. Exp. Biol. : *Journal of Experimental Biology*
J. Fish Biol. : *Journal of Fish Biology*
J. Theor. Biol. : *Journal of Theoretical Biology*
J. Zool. : *Journal of Zoology*
Mitt. Int. Verein. Limnol. : *Mitteilungen Internationale Vereinigung für theoretische und angewandte Limnologie*
Neth. J. Zool. : *Netherlands Journal of Zoology*
Occas. Pap. Fish. Dept. Uganda : *Occasional Papers of the Fisheries Department Uganda*
Proc. Nat. Ac. Sci. (USA) : *Proceedings of the National Academy of Sciences (USA)*
Proc. R. Soc. Lond. : *Proceedings of the Royal Society of London*

SIL Mitteilungen : Societas Internationalis Limnologiae Mitteilungen
Trends Ecol. Evol. : Trends in Ecology and Evolution
Verh. Internat. Verein. Limnol. : Verhandlungen Internationale Vereinigung für theoretische und angewandte Limnologie
Water Qual. Bull. : Water Quality Bulletin
Z. Tierpsychol. : Zeitschrift für Tierpsychologie
Zool. Verh. Leiden : Zoölogische Verhandelingen van het Nationaal Natuurhistorisch Museum te Leiden

1. P. H. Greenwood (1981), *The Haplochromine Fishes of the East African Lakes*, Munich, Kraus Int.

2. C. Lévi-Strauss (1962), *La Pensée sauvage*, Paris, Plon, p. 16-17.

3. C. D. N. Barel, W. Ligtvoet, T. Goldschmidt, F. Witte, P. C. Goudswaard (1991), *« The Haplochromine cichlids in Lake Victoria : an assessment of biological and fisheries interests »*, *in* M. H. A. Keenleyside (ed.), *Cichlid Fishes, Behaviour, Ecology and Evolution*, Londres, Chapman and Hall, p. 258-279.

4. T. Goldschmidt, F. Witte (1992), *« Explosive speciation and adaptive radiation of haplochromine cichlids from Lake Victoria : an illustration of the scientific value of a lost species flock »*, *Mitt. Int. Verein. Limonol.*, 23, p. 101-107.

5. P. R. Grant (1986), *Ecology and Evolution of Darwin's Finches*, Princeton, N. J., Princeton Univ. Press.

6. L. C. Beadle (1981), *The Inland Waters of Tropical Africa*, Londres, Longman.

7. M. H. A. Keenleyside (1991), *Cichlid Fishes, Behaviour, Ecology and Evolution*, *op. cit.*

8. G. Fryer, T. D. Iles (1972), *The Cichlid Fishes of the Great Lakes of Africa : Their Biology and Evolution*, Édimbourg, Oliver and Boyd.

9. D. J. Futuyma (1986), *Evolutionary Biology*, Sunderland, Mass., Sinauer Ass.

10. (1977) *Het epos van Heraklios*, Amsterdam, Meulenhoff (traduction néerlandaise J. Knappert).

11. F. Witte (1981), *« Initial results of the ecological survey of the haplochromine cichlid fishes from the Mwanza Gulf of Lake Victoria (Tanzania) : breeding patterns, trophic and species distribution, with recommendations for commercial trawl-fisheries »*, *Neth. J. Zool.* 31, p. 175-202.

12. T. R. Malthus (1798), *An Essay on the Principle of Population as it Affects the Future Improvement of Society*, Londres, John Murray.

13. P. H. Greenwood (1974), « *The Cichlid Fishes of Lake Victoria, East Africa : the Biology and Evolution of a Species Flock* », *Bull. Br. Mus. Nat. Hist. (Zool.)*, Supp. 6, p. 1-134.

14. P. Valéry, *Œuvres, I*, Paris, Gallimard, coll. « La Pléiade », 1957, p. 892-893.

15. E. O. Wilson (1988), *Biodiversity*, Washington, D. C., National Academy Press.

16. C. D. N. Barel, M. J. P van Oijen, F. Witte, E. L. M. Witte-Maas (1977), « *An introduction to the taxonomy and morphology of the haplochromine Cichlidæ from Lake Victoria* », *Neth. J. zool.* 27, p. 333-389.

17. C. D. N. Barel (1985), « *A Matter of Space. Constructional Morphology of Cichlid Fishes* », thèse, Leyde, Rijksuniversiteit.

18. R. J. C. Hoogerhoud (1984), « *A taxonomic reconsideration of the haplochromine genera Gaurochromis Greenwood, 1980 and Labrochromis Regan, 1920 (Pisces, Cichlidæ)* », *Neth. J Zool* 34, p. 539-565.

19. M. J. P. van Oijen (1991), « *A revision of the piscivorous haplochromine cichlids of Lake Victoria, Part. I* », *Zool. Verh. Leiden* 261, p. 1-95.

20. F. Witte, M. J. P. van Oijen (1990), « *Taxonomy, ecology and fishery of Lake Victoria haplochromine trophic groups* », *Zool. Verh. Leiden*, 262, p. 1-47.

21. K. Yamaoka (1991), « *Feeding relationships* », *in* M. H. A. Keenleyside (ed.), *Cichlid Fishes, Behaviour, Ecology and Evolution*, *op. cit.*, p. 151-172.

22. W. Wilhelm (1980), « *The disputed feeding behaviour of a paedophagous haplochromine cichlid (Pisces) observed and discussed* », *Behaviour* 74, p. 310-323.

23. E. L. M. Witte-Maas (1981), « *Egg snatching : an observation on the feeding behaviour of Haplochromis barbarae Greenwood, 1967 (Pisces, Cichlidæ)* », *Neth. J. Zool.* 31, p. 786-789.

24. F. Witte, E. L. M. Witte-Maas (1981), « *Haplochromine cleaner fishes : a taxonomic and eco-morphological description of two new species. Revision of the haplochromine species (Teleostei, Cichlidae) from Lake Victoria* », *Neth. J. Zool.* 31, p. 203-231.

25. M. Nishidi (1991), « *Lake Tanganyika as an evolutionary reservoir of old lineages of East African cichlid fishes : Inferences from allozyme data* », *Experientia* 47, p. 974-979.

26. M. L. J. Stiassny (1991), « *Phylogenetic intrarelationships of the family Cichlidæ : an overview* », *in* M. H. A. Keenleyside (ed.), *Cichlid Fishes, Behaviour, Ecology and Evolution*, *op. cit.*, p. 1-35.

27. M. L. J. Stiassny (1981), « *The phyletic status of the family*

Cichlidae (Pisces, Perciformis) : a comparative anatomical investigation », *Neth. J. Zool.* 31, p. 275-314.

28. I. Kornfield (1991), « Genetics », *in* M. H. A. Keenleyside (ed.), *Cichlid Fishes, Behaviour, Ecology and Evolution*, *op. cit.*, p. 103-128.

29. A. Meyer, T. Kocher, P. Basasibwaki, A. C. Wilson (1990), *« Monophyletic origin of Lake Victoria cichlid fishes suggested by mitochondrial DNA sequences »*, *Nature* 347, p. 550-553.

30. W. Zolg (1993), *« De polymerase-kettingreactie »*, *in* H. Schellekens (ed.), *De DNA-makers. Architekten van het leven. Natuur & Techniek*, Maastricht, p. 23-41.

31. C. Darwin (1859), *On The Origin of Species by Means of Natural Selection, or the Preservation of Favored Races in the Struggle for Life*, Londres, John Murray. Traduction (E. Barbier et D. Becquemont, 1992) : *L'Origine des espèces*, Paris, Flammarion, p. 256.

31a. *Ibid*. Traduction française du passage cité : M. Goche.

32. G. C. Williams (1992), *Natural Selection : Domains, Levels and Challenges*, Oxford, Oxford Univ. Press.

33. J. A. Endler (1986), *Natural Selection in the Wild*, Princeton, N. J., Princeton Univ. Press.

34. J. Fontijn (1994), *« Biologisch utopisme. Het Darwinisme van Frederik van Eeden »*, *De negentiende eeuw* 17, p. 33-45.

35. F. Galis, P. W. de Jong (1988), *« Optimal foraging and ontogeny ; food selection by Haplochromis piceatus »*, *Oecologia* 75, p. 175-184.

36. M. Hori (1993), *« Frequency-dependent natural selection in the handedness of scale-eating cichlid fish »*, *Science* 260, p. 216-219.

37. L. Stryer (1981), *Biochemistry*, San Francisco, W. H. Freeman and Company.

38. N. Eldredge (1985), *Time Frames. The Rethinking of Darwinian Evolution and the Theory of Punctuated Equilibria*, New York, Simon & Schuster.

39. M. Rothschild (1972), *« Colour and poison in insect protection »*, *New Scientist* 54, p. 318-320.

40. L. P. Brower (1988), *Mimicry and the Evolutionary Process*, Chicago, Univ. of Chicago Press.

41. D. J. Futuyma, M. Slatkin (1983), *Coevolution*, Sunderland, Mass., Sinauer Ass. Inc.

42. C. van Bruggen (1925), *Hedendaags fetisjisme*, Amsterdam, Querido.

43. J. E. Huheey (1988), *« Mathematical models of mimicry »*, *in* L. P. Brower (ed.), *Mimicry and the Evolutionary Process*, Chicago, Univ. of Chicago Press, p. 22-41.

44. L. P. Brower (1988), « *Avian predation on the monarch butterfly and its implications for mimicry theory* », *in* L. P. Brower (ed.), *Mimicry and the Evolutionary Process*, *op. cit.*, p. 4-7.

45. W. Wickler (1968), *Mimicry in Plants and Animals*, New York, Mc Graw-Hill.

46. T. Guilford (1988), « *The evolution of conspicuous coloration* », *in* L. P. Brower (ed.), *Mimicry and the Evolutionary Process*, *op. cit.*, p. 7-21.

47. P. M. Brakefield, N. Reitsma (1991), « *Phenotypic plasticity, seasonal climate and the population biology of Bicyclus butterflies (Satyridae) in Malawi* », *Ecol. Entomol.* 16, p. 291-303.

48. W. Mrowka (1987), « *Egg-stealing in a mouth brooding cichlid* (Pseudocrenilabrus multicolor) », *Anim. Behav.* 35, p. 922-923.

49. W. Wickler (1962), « *Zur Stammesgeschichte funktionell korrelierter Organ- und Verhaltensmerkmale : Ei-Attrappen und Maulbrüten bei Afrikanischen Cichliden* », *Z. Tierpsychol*, 19, p. 129-164.

50. W. Mrowka (1987), « *Oral fertilization in a mouthbrooding cichlid fish* », *Ethology* 74, p. 293-296.

51. E. Hert (1989), « *The function of the egg-spots in an African mouthbrooding cichlid fish* », *Anim. Behav.* 37, p. 726-732.

52. K. R. Mc Kaye (1991), « *Sexual selection and the evolution of the cichlid fishes of Lake Malawi, Africa* », *in* M. H. A. Keenleyside (ed.), *Cichlid Fishes, Behaviour, Ecology and Evolution*, *op. cit.*, p. 241-257.

53. T. Goldschmidt, J. de Visser (1990), « *On the possible role of egg mimics in speciation* », *Acta Biotheor.* 34, p. 125-134.

54. A. Cohen, M. Johnson (1987), « *Speciation in brooding and poorly dispersing lacustrine organisms* », *Palaios* 2, p. 426-435.

55. H. E. H. Paterson (1985), « *The recognition concept of species* », *in* E. S. Vrba (ed.), *Species and Speciation*, Pretoria, RSA, Transvaal Museum, p. 21-29.

56. E. Mayr (1963), *Animal Species and Evolution*, Cambridge, Mass., Harvard Univ. Press.

57. M. D. Crapon de Caprona, B. Fritzsch (1984), « *Interspecific fertile hybrids of haplochromine Cichlidæ (Teleostei) and their possible importance for speciation* », *Neth. J. Zool.* 34, p. 503-538.

58. J. Goodall (1986), *The Chimpansees of Gombe*, Cambridge, Harvard Univ. Press.

59. R. J. C. Hoogerhoud, F. Witte, C. D. N. Barel (1983), « *The ecological differentiation of two closely resembling Haplochromis species from Lake Victoria (H. iris and H hiatus ; Pisces, Cichlidæ)* », *Neth. J. Zool.* 32, p. 283-305.

60. A. J. Ribbink (1994), « *Alternative perspectives on some controversial aspects of cichlid fish speciation* », *in* K. Martens, G. Coulter and B. Goodesis (eds.), *Conference Volume on Speciation in Ancient Lakes* (sous presse).

61. M. J. D. White (1978), *Modes of Speciation*, San Francisco, W. H. Freeman and Company.

62. U. K. Schliewen, D. Tautz, S. Paabo (1994), « *Sympatric speciation suggested by monophyly of crater lake cichlids* », *Nature* 368, p. 629-632.

63. E. K. Balon (1985), *Early Life Histories of Fishes. New Developmental, Ecological and Evolutionary Perspectives*, Dordrecht, Dr W. Junk Publishers.

64. R. B. Owen, R. Crossley, T. C. Johnson, D. Tweddle, I. Kornfield, S. Davison, D. H. Eccles, D. E. Engstrom (1990), « *Major low levels of Lake Malawi and their implications for speciation rates in cichlid fishes* », *Proc. R. Soc. Lond.* 240, p. 519-553.

65. V. Grant (1985), *The Evolutionary Process. A Critical Review of Evolutionary Theory*, Columbia, Columbia Univ. Press.

66. D. Hillenius (1976), *De vreemde eilandbewoner*, Amsterdam, Arbeiderspers.

67. T. Goldschmidt, F. Witte (1990), « *Reproductive strategies of zooplanktivorous haplochromine cichlids (Pisces) from Lake Victoria before the Nil perch boom* », *Oikos* 58, p. 356-368.

68. K. F. Liem, J. W. M. Osse (1975), « *Biological versatility, evolution and food resource exploitation in African cichlid fishes* », *Am. Zool.* 15, p. 427-454.

69. P. Dullemeijer (1974), *Concepts and Approaches in Animal Morphology*, Assen, Van Gorcum.

70. K. F. Liem, L. S. Kaufman (1984), « *Intraspecific macroevolution : functional biology of the polymorphic cichlid species Cichlasoma minckleyi* », *in* A. A. Echelle, I. Kornfield (eds.), *Evolution of Fish Species Flocks*, Orono, Maine, Univ. of Maine at Orono Press, p. 203-215.

71. C. Darwin (1871), *The Descent of Man and Selection in Relation to Sex*, Londres, John Murray.

71a. Traduction du passage cité : M. Goche.

72. R. A. Fisher (1930), *The Genetical Theory of Natural Selection*, New York, Dover.

73. W. J. Dominey (1984), « *Effects of sexual selection and life history on speciation : species flocks in African cichlids and Hawaiian Drosophila* », *in* A. A. Echelle, I. Kornfield (eds.), *Evolution of Fish Species Flocks*, *op. cit.*, p. 231-249.

74. J. A. Endler (1988), « *Sexual selection and predation risk in guppies* », *Nature* 332, p. 593-594.

75. M. Borgerhoff-Mulder (1988), « *Kipsigis bridewealth payments* », *in* L. Betzig, M. Borgerhoff-Mulder, P. Turke (eds.), *Human Reproductive Behaviour. A Darwinian Perspective*, Cambridge, Cambridge Univ. Press, p. 65-82.

76. R. Dawkins (1977), *Het zelfzuchtig erfdeel*, Utrecht, Bruna.

77. W. D. Hamilton (1964), « *The genetical theory of social behaviour* », *J. Theor. Biol.* 7, p. 1-52.

78. M. 't Hart (1978), *De stekelbaars*, Utrecht, Het Spectrum.

79. P. Sevenster (1961), « *A causal analysis of a displacement activity (fanning in Gasterosteus aculeatus L.)* », *Behaviour (Supp.)* 9, p. 1-170.

80. T. Goldschmidt, Th. C. M. Bakker (1990), « *Determinants of reproductive sucess of male sticklebacks in the field and in the laboratory* », *Neth. J. Zool.* 40, p. 664-687.

81. T. Goldschmidt (1991), « *Egg mimics in haplochromine cichlids (Pisces, Perciformes) from Lake Victoria* », *Ethology* 88, p. 177-190.

82. M. Andersson (1994), *Sexual Selection*, Princeton, New Jersey, Princeton University Press.

83. Th. C. M. Bakker (1993), *The Evolution of Male Ornamentation through female Choice in Three-Spined Sticklebacks, Gasterosteus aculeatus L., Habilitationsschrift*, Université de Berne.

84. R. Lande (1982), « *Rapid origin of sexual isolation and character divergence in a cline* », *Evolution* 36, p. 213-223.

85. L.-F. Céline (1952), *Voyage au bout de la nuit*, Paris, Galllimard.

86. A. Zahavi (1975), « *Mate selection, a selection for a handicap* », *J. Theor. Biol.* 53, p. 205-214.

87. J. R. Krebs, N. B. Davies (1991), *Behavioural Ecology. An Evolutionary Approach* », Oxford, Blackwell.

88. W. D. Hamilton, M. Zuk (1982), « *Heritable true fitness and bright birds : a role for parasites ?* », *Science* 218, p. 384-387.

89. J. Cronly-Dillon, S. C. Sharma (1968), « *Effect of season and sex on the phototopic sensitivity of the three-spined stickleback* », *J. Exp. Biol.* 49, p. 679-687.

90. M. Milinski, Th. C. M. Bakker (1990), « *Female sticklebacks use male coloration in mate choice and hence avoid parasitized males* », *Nature* 344, p. 330-333.

91. S. G. Pruett-Jones (1992), « *Independent versus nonindependent mate choice : do females copy each other ?* », *Am. Nat.* 140, p. 1000-1009.

92. M. Milinski, Th. C. M. Bakker (1992), « *Costs influence sequential mate choice in sticklebacks* », *Proc. R. Soc. Lond.* 250, p. 229-233.

93. L. A. Dugatkin, J. G. J. Godin (1992), *« Reversal of female mate choice by copying in the guppy (Poecilia reticulata) », Proc. R. Soc. Lond.* 249, p. 179-184.

94. R. M. Gibson, J. Höglund (1992*), « Copying and sexual selection », Trends Ecol. Evol.* 7, p. 229-231.

95. M. Ridley, C. Rechten (1981), *« Female sticklebacks prefer to spawn with males whose nests contain eggs », Behaviour* 76, p. 152-161.

96. I. G. Jamieson, P. W. Colgan (1989), *« Eggs in the nests of males and their effects on mate choice of female sticklebacks », Anim. Behav.* 38, p. 859-865.

97. N. Tinbergen (1951), *The Study of Instinct*, Oxford, Oxford Univ. Press.

98. J. van den Assem (1967), *« Territory in the three-spined stickleback, Gasterosteus aculeatus L. An experimental study in intra-specific competition », Behaviour (Supp.)* 16, p. 1-194.

99. T. Goldschmidt, Th. C. M. Bakker, E. Feuth de Bruijn (1993), *« Selective copying in mate choice of female sticklebacks », Anim. Behav.* 45, p. 541-547.

100. T. Goldschmidt, S. A. Foster, P. Sevenster (1992*), « Inter-nest distance and sneaking in the three-spined stickleback », Anim. Behav.* 44, p. 793-795.

101. J. H. Crook (1964), *« The evolution of social organization and visual communication in the weaver birds (Ploceinae) », Behaviour (Supp.)* 10, p. 1-178.

102. J. G. van Rhijn, M. S. Westerterp-Plantenga (1989), *Ethologie : Veroorzaking, ontwikkeling, functie en evolutie van gedrag*, Groningue, Wolters-Noordhoff.

103. N. B. Davies (1991), *« Mating system », in* J. R. Krebs, N. B. Davies (eds.), *Behavioural Ecology. An Evolutionary Approach*, Oxford, Blackwell, p. 263-294.

104. S. T. Emlen, L. W. Oring (1977), *« Ecology, sexual selection and the evolution of mating systems », Science* 197, p. 215-223.

105. H. Michaux (1967), *Un barbare en Asie*, Paris, Gallimard.

106. J. H. Crook, S. J. Crook (1988), « Tibetan polyandry : problems of adaptation and fitness », *in* L. Betzig, M. Borgerhoff-Mulder, P. Turke (eds.), *Human Reproductive Behaviour, a Darwinian Perspective*, New York, Cambridge Univ. Press, p. 97-114.

107. G. W. Barlow (1991), *« Mating systems among cichlid fishes », in M. H. A.* Keenleyside (ed.), *Cichlid Fishes, Behaviour, Ecology and Evolution, op. cit.*, p. 173-191.

108. M. Taborsky (1984), *« Broodcare helpers in the cichlid fish Lam-*

prologus brichardi : their costs and benefits », *Anim. Behav.* 32, p. 1236-1252.

109. G. P. Baerends (1986), *« The functional organisation of the reproductive behaviour in cichlid fish »*, *Annls Mus. R. Afr. Cent. Sci. Zool.* 251, p. 3-5.

110. M. H. A. Keenleyside (1991), *« Parental care »*, *in* M. H. A. Keenleyside (ed.), *Cichlid Fishes, Behaviour, Ecology and Evolution*, *op. cit.*, p. 191-208.

111. T. Sato (1994), *« A brood parasitic catfish of mouthbrooding cichlid fishes in Lake Tanganyika »*, *Nature* 323, p. 58-59.

112. T. Sato (1994), *« Active accumulation of spawning substrate : A determinant of extreme polygyny in a shell-brooding cichlid fish »*, *Anim. Behav.* 48, p. 669-678.

113. B. J. Le Bœuf (1974), *« Male-male competition and reproductive sucess in elephant seals »*, *Am. Zool.* 14, p. 163-176.

114. C. Russel, W. M. S. Russel (1990), *« Cultural evolution of behaviour »*, *Neth. J. Zool.* 40, p. 745-762.

115. N. E. Collias, E. C. Collias (1984), *Nest Building and Bird Behaviour*, Princeton, N. J., Princeton Univ. Press.

116. D. Barash (1987), *De haas en de schildpad. Cultuur, biologie en de aard van de mens*, Amsterdam, Bert Bakker.

117. T. Odijk, B. Oosterhoff (1992), *« Sociaal-economische en culturele veranderingen in Igombe, een vissersgemeenschap in Tanzania, tengevolge van de introductie van nijlbaars in het Victoriameer »*, *Scriptie*, Katholieke Universiteit Nijmegen.

118. D. Lack (1947), *Darwin's Finches*, Cambridge, Cambridge Univ. Press.

119. H. Kruuk (1967), *« Competition for food between vultures in East Africa »*, *Ardea* 3-4, p. 170-193.

120. E. O. Wilson (1992), *The Diversity of Life*, Cambridge, Mass, The Belknap Press.

121. P. R. Ehrlich (1986), *The Machinery of Nature*, New York, Simon & Schuster.

122. R. H. MacArthur (1972), *Geographical Ecology*, New York, Harper and Row.

123. T. Goldschmidt, F. Witte, J. de Visser (1990), *« Ecological segregation in zooplanktivorous haplochromine species (Pisces, Cichlidæ) from Lake Victoria »*, *Oikos* 58, p. 343-355.

124. F. Witte (1984), *« Ecological differentiation in Lake Victoria haplochromines : comparison of cichlid species flocks in African lakes »*, *in* A. A. Echelle, I. Kornfield (eds.), *Evolution of Fish Species Flocks*, *op. cit.*, p. 155-167.

125. H. J. van der Meer, G. Ch. Anker (1984), « *Retinal resolving power and sensitivity of the phototopic system in seven haplochromine species (Cichlidæ, Teleostei)* », *Neth. J. Zool.* 34, p. 137-209.

126. T. W. Schoener (1989), « *The ecological niche* », *in* J. M. Cherrett (ed.), *Ecological Concepts*, Oxford, Blackwell Scientific Publications, p. 79-113.

127. D. R. Strong, D. Simberhoff, L. G. Abele, A. B. Thistle (1984), *Ecological Communities : Conceptual Issues and the Evidence*, Princeton, N. J., Princeton Univ. Press.

128. P. L. Chesson, N. Huntly (1989), « *Short-term instabilities and long-term community dynamics* », *Trends Ecol. Evol.* 4, p. 293-298.

129. A. M. Anderson (1961), « *Further observation concerning the proposed introduction of Nile perch into Lake Victoria* », *E. Afr. For. J.* 26, p. 195-201.

130. G. Fryer (1960), « *Concerning the proposed introduction of Nile perch into Lake Victoria* », *E. Afric. J. Agr.* 25, p. 267-270.

131. R. H. Lowe-McConnell (1993), « *Fish faunas of the African Great Lakes : Origins, diversity and vulnerability* », *Conservation Biology* 7, p. 634-643.

132. B. Kinloch (1972), *The Shamba Raiders, Memories of a Game Warden*, Londres, Collins and Harvill Press.

133. R. Ogutu-Ohwayo (1990), « *The decline of the native fishes of Lakes Victoria and Kyoga (East Africa) and the impact of introduced species, especially the Nile perch, Lates niloticus, and the Nile tilapia, Oreochromis niloticus* », *Environ. Biol. Fishes* 27, p. 81-96.

134. R. Ogutu-Ohwayo (1990), « *The reduction in fish species diversity in Lakes Victoria and Kyoga (East Africa) following human exploitation and introduction on non-native fishes* », *J. Fish Biol.* 37, p. 207-208.

135. J. Stoneman, J. F. Rogers (1970), « *Increase in fish production achieved by stocking exotic species (Lake Kyoga, Uganda)* », *Occas. Pap. Fish. Dept. Uganda* 3, p. 16-19.

136. D. M. Raup (1993), *Extinction, Bad Genes or Bad Luck*, Oxford, Oxford Univ. Press.

137. R. A. Prins, H. M. van Emden (eds.) (1989), *Het verdwijnen van soorten*, Amsterdam, KNAW.

138. T. J. Foose (1994), « *Riders of the lost ark : the role of captive breeding in conservation strategies* », *in* L. Kaufman, K. Mallory (eds.), *The Last Extinction*, Cambridge, MIT Press, p. 149-178.

139. J. Smit (1989), « *Een catastrofale milieucrisis 66,5 miljoen jaar geleden* », *in* R. A. Prins, H. M. van Emden (eds.), *Het verdwijnen van soorten*, Amsterdam, KNAW, p. 41-59.

140. D. M. Raup, J. J. Sepkoski (1984), *« Periodicity of extinctions in the geologic past », Proc. Nat. Ac. Sci. (USA)* 81, p. 801-805.

141. D. M. Raup, J. J. Sepkoski (1986), *« Periodic extinction of families and genera », Science* 231, p. 833-836.

142. C. Patterson, A. B. Smith (1989), *« Periodicity in extinction : the role of systematics », Ecology* 70, p. 802-811.

143. N. F. Hughes (1983), *A Study of the Nile Perch, an Introduced Predator in the Kavirondo Gulf of Lake Victoria*, Oxford, Oxford Univ. Press.

144. F. Witte, T. Goldschmidt, J. Wanink, M. J. P. van Oijen, P. C. Goudswaard, E. L. M. Witte-Maas, N. Boutton (1992), *« The destruction of an endemic species flock : quantitative data on the decline of the haplochromine cichlids of Lake Victoria », Environ. Biol. Fish.* 34, p. 1-28.

145. C. Brönmark, J. G. Miner (1992), *« Predator-induced phenotypical change in body morphology in Crucian carp », Science* 258, p. 1348-1350.

146. L. Kaufman (1993), *« Why the ark is sinking », in* L. Kaufman, K. Mallory (eds.), *The Last Extinction*, Cambridge, MIT Press, p. 1-41.

147. H. U. Reyer (1980), *« Flexible helper structure as an ecological adaptation in the pied kingfisher (Ceryle rudis rudis L.) », Behav. Ecol. Sociobiol.* 6, p. 219-227.

148. F. Witte, T. Goldschmidt, J. Wanink (1995), *« Dynamics of the haplochromine cichlid fauna and other ecological changes in the Mwanza Gulf », in* T. J. Pitcher, P. J. B. Hart (eds.), *Impact of Species Changes on African Lakes*, Londres, Chapman & Hall, p. 83-110.

149. C. D. N. Barel, P. Dorit, G. Fryer, N. Hughes, P. B. N. Jackson, H. Kawanabe, R. H. Lowe-McConnell, M. Nagoshi, E. Trewavas, F. Witte, K. Yamaoka (1985), *« Destruction of Fisheries in Africa's Lakes », Nature* 315, p. 19-20.

150. D. G. Meyers, J. R. Stricker (1984), *Trophic Interactions within Aquatic Ecosystems*, Colorado, Westview Press.

151. O. C. Mkumbo, W. Ligtvoet (1992), *« Changes in the diet of Nile perch, Lates niloticus (L.) in the Mwanza Gulf, Lake Victoria », Hydrobiologia* 232, p. 79-83.

152. T. Goldschmidt, F. Witte, J. Wanink (1993), *« Cascading effects of the introduced Nile perch on the detritivorous/phytoplanktivorous species in the sublittoral areas of Lake Victoria », Conservation Biology* 7, p. 686-700.

153. J. Ogari, S. Dadzie (1988), *« The food of Nile perch, Lates niloticus (L.), after the disappearance of the haplochromine cichlids in Nyanza Gulf of Lake Victoria (Kenya) », J. Fish Biol.* 32, p. 571-577.

154. J. Wanink (1991), *« Survival in a perturbed environment : the effects of Nile perch introduction on the zooplanktivorous fish community of Lake Victoria », in* O. Ravera (ed.), *Terrestrial and Aquatic Ecosystems : Perturbation and Recovery*, Chichester, Ellis Horwood Ltd., p. 269-275.

155. W. Ligtvoet, F. Witte (1991), *Perturbation through predator introduction : effects on food web and fish yields in Lake Victoria (East Africa), in* O. Ravera (ed.), *Terrestrial and Aquatic Ecosystems : Perturbation and Recovery,* Chichester, Ellis Horwood Ltd., p. 263-268.

156. S. R. Carpenter, J. F. Kitchell, J. R. Hodgson (1985), *« Cascading trophic interactions and lake productivity », Bioscience* 35, p. 634-639.

157. P. B. O. Ochumba, D. I. Kibaara (1989), *« Observations on the blue-green algal blooms in the open waters of Lake Victoria, Kenya », Afr. J. Ecol.* 27, p. 23-34.

158. L. S. Kaufman (1992), *« Catastrophic change in a species-rich freshwater ecosystem : the lessons of Lake Victoria », Bioscience* 42, p. 846-858.

159. J. F. Talling (1966), *The annual cycle of stratification and phytoplankton growth in Lake Victoria, East Africa,* Int. Rev. Gesamt. Hydrobiol. 51, p. 545-621.

160. L. Kaufman, P. B. O. Ochumba (1993), *« Evolutionary and conservation biology of cichlid fishes as revealed by faunal remnants in northern Lake Victoria », Conservation Biology* 7, p. 719-729.

161. A. Cohen (1992), *« Criteria for developing underwater reserves in Lake Tanganyika », SIL Mitteilungen* 23, p. 109-116.

162. C. Andrews (1992), *« The role of zoos and aquaria in the conservation of the fishes from Africa's Great Lakes », Mitt. Int. Verein. Limnol.* 23, p. 117-120.

163. R. E. Hecky (1993), *« The eutrophication of Lake Victoria », Verh. Internat. Verein. Limnol.* 25, p. 39-48.

164. T. Twongo (1993), *« The spread of water hyacinth on Lakes Victoria and Kyoga and some implications for aquatic biodiversity and fisheries », People, Fisheries, Biodiversity and the Future of Lake Victoria* 93, p. 3-42.

165. P. B. O. Ochumba (1987), *« Periodic massive fish kills in the Kenyan part of Lake Victoria », Water Qual. Bull.* 12, p. 119-122.

Table

RÉALISATION : PAO ÉDITIONS DU SEUIL
IMPRESSION : NORMANDIE ROTO IMPRESSION S.A.S. À LONRAI
DÉPÔT LÉGAL : FÉVRIER 2003. N° 37601- (023105)
IMPRIMÉ EN FRANCE